南海北部近海渔业资源与环境

Fishery Resources and Environments in the Northern South China Sea

陈作志　张魁　蔡研聪　孙铭帅　等 著

海洋出版社

2021年·北京

内容简介

本书是农业财政项目"南海北部近海渔业资源调查"的重要研究成果之一。内容包括南海北部近海渔业资源的种类组成、数量分布、主要经济种类生物学特性、资源量与可捕量；渔业生态环境理化因子如温度、盐度、溶解氧、pH、无机盐、鱼卵仔鱼、浮游植物、浮游动物等。内容丰富，资料新颖，研究结果可为我国南海区近海渔业资源管理和养护措施的制定与完善提供依据。

本书可供各级渔业主管部门及相关高等院校、研究所和技术推广站等单位的教学和科研人员参考。

图书在版编目（CIP）数据

南海北部近海渔业资源与环境 / 陈作志等著. — 北京：海洋出版社，2021.11
ISBN 978-7-5210-0839-5

Ⅰ. ①南… Ⅱ. ①陈… Ⅲ. ①南海－近海渔业－水产资源－海洋环境 Ⅳ. ①S931

中国版本图书馆CIP数据核字(2021)第213300号

审图号： GS（2021）6255号

责任编辑：杨　明
责任印制：安　淼

海洋出版社 出版发行
http://www.oceanpress.com.cn
北京市海淀区大慧寺路 8 号　　邮编：100081
廊坊一二〇六印刷厂印刷　　新华书店北京发行所经销
2021年11月第1版　　2021年11月第1次印刷
开本：787mm×1092mm　　1 / 16　　印张：20.75
字数：391千字　　定价：160.00元

发行部：010-62100090　　邮购部：010-62100072　　总编室：010-62100034
海洋版图书印、装错误可随时退换

《南海北部近海渔业资源与环境》
编写组

（按姓氏拼音排列）

蔡研聪　陈作志　范江涛　巩秀玉

龚玉艳　黄洪辉　黄梓荣　江艳娥

孔啸兰　廖秀丽　林昭进　粟　丽

邱永松　孙铭帅　许友伟　张　魁

张　俊

前　言

渔业资源是发展渔业的物质基础和人类食物的重要来源之一。养护和合理利用海洋渔业资源对促进渔业可持续发展、保护生物多样性、维护国家生物安全具有重要意义。海洋渔业资源调查是一项长期性、基础性和公益性工作，其结果是政府制定渔业管理政策的基本依据。国家对开展渔业资源调查、合理利用和管理渔业资源以及维护渔业生物多样性工作十分重视。1992 年加入世界《生物多样性保护公约》，我国立法要求各级政府要经常性地开展渔业资源调查工作。2000 年修订的《渔业法》在第 22条中规定，"国务院渔业行政主管部门负责组织渔业资源的调查和评估，为实行捕捞限额制度提供科学依据"。2006 年，国务院颁布的《中国水生生物资源养护行动纲要》（国发 [2006]9 号），首次从国家层面提出了"建立健全渔业资源调查和评估体系"，同时指出"加大水生生物资源养护方面的科研投入，对水生生物资源和水域生态环境进行调查和监测"。2013 年，《国务院关于促进海洋渔业持续健康发展的若干意见》（国发 [2013]11 号）进一步明确要求，"每五年开展一次渔业资源全面调查，常年开展监测和评估"。

南海是我国重要的渔业产区，其渔业资源支撑着 7 万多艘渔船捕捞生产，主要由广东、广西、海南和香港、澳门特区所利用，年产量约 300 万 t，其中 95% 以上来自于 200 m 以浅的南海北部近岸陆架海域。为了摸清我国南海北部近海渔业资源及其生态环境状况，系统掌握渔业资源的开发现状及变动趋势，为海洋渔业资源总量管理、限额捕捞和伏季休渔等新时期渔业管理政策的制定与完善提供基础数据和科技支撑，农业部于 2014 年启动了"南海北部近海渔业资源调查"专项。

第一阶段海上调查于 2014 年 7 月至 2017 年 5 月完成，共进行了 2 周年 8 个航次现场调查，调查范围覆盖了南海北部近海海域 107°00′—118°00′E，200 m 等深线以浅至近岸 10 m 水深海域。完成了渔业资源及栖息地生态环境现场取样调查 780 多站次，获得各类样品 4 800 多份。本次调查采用渔业资源和生态环境同步调查的方式，渔业资源包括走航式声学调查、底拖网调查和现场渔船观测等内容。完成了全部样品的分析、数据处理和入库，共获得各类有效数据 30 多万个。

专项调查由农业财政经费资助开展和完成。在项目实施期间，农业农村部渔业渔政管理局有关领导和技术专家组给予了亲切关怀、悉心指导和热心帮助；项目承担单位给予了高度重视和大力支持。海上调查工作的顺利完成得益于中国水产科学研究院南海水产研究所海上调查科研人员、"北渔 60011"号渔业资源调查监测船相关人员的通力协作、紧密配合和无私奉献。在室内工作阶段，袁梦、王岩、郭建忠、马孟磊、王欢欢、耿平、黄佳兴、彭露、晏然等研究生做了大量的生物学测定工作。在此，我们对所有为本项成果提供指导、帮助和支持的单位、领导、同仁和研究生表示衷心的感谢！

专著共分六章，第一章由陈作志、黄梓荣、孙铭帅、许友伟编写；第二章由廖秀丽、巩秀玉、粟丽、龚玉艳、林昭进编写；第三章由蔡研聪编写；第四章由江艳娥、范江涛、龚玉艳、孔啸兰、张魁编写；第五章由张魁、孙铭帅、许友伟编写；第六章由陈作志、邱永松编写；报告最后由陈作志、张魁统稿。孙铭帅、蔡研聪负责完成了渔业资源平面分布图的编绘及地图审核工作。

由于时间仓促、水平所限，书中错误难免，敬请批评指正。

陈作志

2021 年 10 月于广州

目　录

第一章

调查与评估方法

第一节　调查海域和站位布设

　　南海北部近海是渔业资源栖息、繁殖、索饵和育肥的重要场所，也是渔业捕捞生产的主要区域，对维系优质动物蛋白产出和海洋生态安全等方面具有极其重要的作用和地位。根据农业农村部"海洋渔业资源调查与探捕（近海）"项目实施方案，结合南海北部近海渔业资源生物学特性，2014—2017 年按 7—8 月（夏季）、10—11 月（秋季）、1—2 月（冬季）和 4—5 月（春季）进行了 2 周年 8 个航次的调查。本书的基础数据除特别标明外，均来自 2014—2015 年的 4 个航次现场调查资料。

　　调查海域为南海北部近海 200 m 等深线以浅的海域，调查范围 107°00′—118°00′E、17°00′—23°00′ N，调查海区面积约 37.4 万 km²。按照《海洋调查规范》（GB/T 12763—2007）和《海洋监测规范》（GB17378—2007）及相关观测与分析技术规范和规程的要求，结合南海北部海域的渔业资源沿水深成带状分布的基本特征，按断面沿水深梯度进行设站和采样，这样不仅可以较好反映不同水深区域的资源状况，同时可以减少海上调查航程和作业时间。

　　北部湾站点为 38 个，其中北部湾沿岸站点 N1 ~ N22 共 22 个（N 断面），共同渔区站点（S1、S2、S4、S5、S8、S9、S11、S12、S14、S16、S17、S19、S20、S22、S23、S25）共 16 个（S 断面）；海南岛南部及北部湾口近海 200 m 等深线设置 3 个断面，由于该海域海底坡度较大，断面布设采样站点相对较少，位于莺歌海断面（A1、A4、A5、A6、A7、A9）6 个站（A 断面）、三亚断面（B5、B6、B7、B8、B9）5 个站（B 断面）、万宁断面（C4、C6、C7、C8、C9）5 个站（C 断面），海南岛南部及北部湾口近海采样站点数共 16 个。在海南岛以东近海 200 m 等深线以浅海域，自西向东布设 5 条大致与等深线正交的断面，各断面沿水深梯度布设采样站点，站点位置分别设在 10 m、20 m、30 m、40 m、60 m、80 m、100 m、140 m 和 200 m 水深处，湛江断面 D1 ~ D9（D 断面）、阳江断面 E1 ~ E9（E 断面）、珠江口断面 F1 ~ F9（F 断面）、汕尾断面 G1 ～ G9（G 断面）、汕头断面 H1 ～ H9（H 断面），每条断面有 9 个站点，南海北部海南岛以东近海采样站点数共 45 个。因此，南海北部近海渔业资源调查项目的调查站点总数共 99 个，调查站点位置和经纬度见图 1.1 和表 1.1。

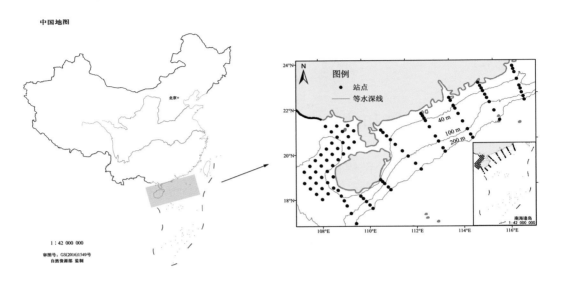

图1.1　南海北部近海调查站位

表1.1　调查站点坐标

站点	纬度（N）	经度（E）	站点	纬度（N）	经度（E）
S1	20°00.00′	108°30.00′	C6	18°40.80′	110°38.40′
S2	20°00.00′	108°00.00′	C7	18°35.11′	110°43.45′
S4	19°45.00′	108°15.00′	C8	18°25.44′	110°52.20′
S5	19°45.00′	107°45.00′	C9	18°17.97′	110°58.54′
S8	19°30.00′	108°00.00′	D1	20°57.96′	110°42.00′
S9	19°30.00′	107°30.00′	D2	20°51.54′	110°47.40′
S11	19°15.00′	107°45.00′	D3	20°41.70′	110°56.40′
S12	19°15.00′	107°15.00′	D4	20°30.72′	111°06.00′
S14	19°00.00′	107°30.00′	D5	20°17.55′	111°17.97′
S16	18°45.00′	107°45.00′	D6	19°59.11′	111°35.09′
S17	18°45.00′	107°15.00′	D7	19°44.23′	111°49.57′
S19	18°30.00′	108°00.00′	D8	19°23.58′	112°07.80′

续表

站点	纬度（N）	经度（E）	站点	纬度（N）	经度（E）
S20	18°30.00′	107°30.00′	D9	19°07.28′	112°21.59′
S22	18°15.00′	108°15.00′	E1	21°34.37′	112°33.06′
S23	18°15.00′	107°45.00′	E2	21°28.20′	112°36.60′
S25	18°00.00′	108°00.00′	E3	21°21.60′	112°40.20′
N1	21°15.00′	108°15.00′	E4	21°15.00′	112°43.20′
N2	21°15.00′	108°45.00′	E5	20°57.91′	112°52.23′
N3	21°15.00′	109°15.00′	E6	20°31.50′	113°05.96′
N4	21°00.00′	108°30.00′	E7	20°17.55′	113°13.03′
N5	21°00.00′	109°00.00′	E8	19°58.71′	113°23.12′
N6	21°00.00′	109°30.00′	E9	19°49.31′	113°28.25′
N7	20°45.00′	108°45.00′	F1	22°10.68′	113°50.97′
N8	20°45.00′	109°15.00′	F2	22°02.92′	113°54.33′
N9	20°30.00′	108°30.00′	F3	21°48.99′	114°01.07′
N10	20°30.00′	109°00.00′	F4	21°40.80′	114°04.80′
N11	20°30.00′	109°30.00′	F5	21°26.05′	114°11.98′
N12	20°15.00′	108°15.00′	F6	21°05.28′	114°21.79′
N13	20°15.00′	108°45.00′	F7	20°43.32′	114°32.40′
N14	20°15.00′	109°15.00′	F8	20°28.13′	114°39.44′
N15	20°00.00′	109°00.00′	F9	20°18.93′	114°44.06′
N16	19°45.00′	108°45.00′	G1	22°43.34′	115°13.32′
N17	19°30.00′	108°30.00′	G2	22°34.47′	115°17.53′
N18	19°15.00′	108°15.00′	G3	22°27.00′	115°21.30′
N19	19°00.00′	108°00.00′	G4	22°19.81′	115°24.44′
N20	19°00.00′	108°30.00′	G5	22°09.58′	115°28.99′
N21	18°45.00′	108°15.00′	G6	22°00.65′	115°33.04′
N22	18°30.00′	108°30.00′	G7	21°48.84′	115°38.40′
A1	18°23.40′	108°41.40′	G8	21°25.24′	115°48.66′
A4	18°07.70′	108°49.04′	G9	20°58.80′	116°00.66′

站点	纬度（N）	经度（E）	站点	纬度（N）	经度（E）
A5	17°54.50′	108°56.31′	H1	23°17.58′	116°50.97′
A6	17°40.51′	109°03.43′	H2	23°09.00′	116°52.80′
A7	17°19.56′	109°12.87′	H3	23°00.00′	116°55.20′
A9	16°51.00′	109°25.20′	H4	22°41.70′	116°59.40′
B5	18°05.16′	109°39.82′	H5	22°23.23′	117°03.47′
B6	17°58.29′	109°46.27′	H6	22°15.00′	117°06.00′
B7	17°49.86′	109°53.74′	H7	22°04.86′	117°07.91′
B8	17°39.87′	110°01.96′	H8	21°54.00′	117°10.80′
B9	17°30.14′	110°09.45′	H9	21°45.00′	117°12.60′
C4	18°46.15′	110°33.57′	调查站点总数共 99 个		

第二节　调查船

海上调查工作主要由广西北海市顺通南沙海洋渔业有限公司所辖的"北渔60011"渔船承担本项目的调查任务。该船主机功率 441 kW，辅机功率 88.2×2 kW，船体总长 36.8 m，宽度 6.8 m，吃水深度 3.8 m，总吨位 242 t。底层渔业资源调查采样使用该渔轮生产作业通常使用的 404 目底拖网网具和船上的捕捞装备，渔业声学调查采用 SIMRAD EY60 加挂在船舷边进行。此外，为进行规定项目的渔业环境因子观测，调查组在渔轮上安装了采样绞车，并配置了一些必要的调查器材。

第三节　调查项目及样品采集

样品的采集和分析方法按照农业农村部水产行业标准《海洋渔业资源调查规范》（SC/T 9403—2012）、《海洋调查规范——海洋生物调查》（GB 12763.6—2007）和《海洋监测规范》（GB17378—1998）执行。

一、渔业生态环境因子

渔业生态环境要素调查项目包括水温、盐度、pH、溶解氧、叶绿素 a、无机氮、活性磷酸盐、活性硅酸盐、浮游植物、浮游动物、鱼卵及仔稚鱼等。

（一）海洋水文调查

水样采用颠倒采水器采集，采集水层为表层、10 m 和 20 m。溶解氧采用 YSI-55 便携式溶氧仪现场测定，pH 值采用数显式 PHS-pH 计电测法测量，深度、温度和盐度用 CTD（温盐深仪，型号 AML Plus X）测定。

（二）浮游生物调查

浮游生物包括浮游植物和浮游动物。浮游动物采用大型浮游生物网水柱垂直采集，网长 280 cm、网口内径 80 cm、网口面积 0.5 m²，网筛绢规格 0.507 mm；浮游植物采用小型浮游生物网水柱垂直采集，网长 280 cm、网口内径 37 cm，网口面积 0.1 m²，网筛绢规格 0.077 mm。

（三）鱼卵、仔稚鱼调查

采用大型浮游生物网水平匀速拖取，每站拖取时间 10 分钟。网采样品均用中性甲醛溶液固定，加入量为 5%。

二、渔业资源底拖网调查

渔业资源以定点拖网取样为主。每季在各预定采样站拖网采样 1 次，为排除鱼类昼夜垂直移动造成的误差，拖网采样均在白天进行。调查船在到站前 2 海里放网，向预定站位方向拖曳 1 h，部分网次因遇海底障碍物或流刺网作业等原因而提前或推迟起网。每网次采样均分别测定和记录放网和起网时间、船位和水深等参数。各网次采样的拖速在 2.5 ～ 3.5 节之间，调查期间的平均拖速为 3.33 节。各站次渔获样品在现场处理后冰冻或固定保存，航次结束后运回实验室进行分析和测定。

渔获样品较少时（<20 kg），将全部样品保存并运回实验室用于分析测定；渔获物较多时，先挑出大个体和稀有种类的样品并全部保存，其余种类样品随机取样并另外保存。每一站位均进行主要种类（包括鱼类、虾类、蟹类、头足类等）的生物学测定，主要经济鱼种、优势种随机留出 50 尾以上供生物学测定（少于 50 尾的全留测），测定的项目有体长、体重、胃饱满度、性腺发育等。

三、渔业水声学调查

声学数据由双频 Simrad EY60 便携式分裂波束科学探鱼仪采集，声学仪器通过钢架固定于船体左舷中部，按照国际通用的标准目标方法进行仪器校正，设备主要技术参数见表 1.2。

表1.2 Simrad EY60 主要技术参数设置

技术参数	参数设置		单位
	70 kHz 换能器	200 kHz 换能器	
发射频率	800	800	W
脉冲宽度	0.512	0.512	ms
探测范围	1000	1000	m
换能器增益	27.00	27.00	dB
纵向波束角度 3dB beam width	7.00	7.00	degree
横向波束角度 3dB beam width	7.00	7.00	degree
吸收系数	0.018	0.083	$dB \cdot m^{-2}$
声速	1535	1535	$m \cdot s^{-1}$
波束等效立体角	−21	−21	dB

第四节 数据处理与评估方法

一、渔业生态环境数据

现场观测分析水温、盐度和海水化学各要素，填报分析记录表和综合报表。亚硝酸盐、硝酸盐和铵盐的测定采用萘基乙二胺分光光度法，仪器选用精科紫外可见光 7 230 G；活性磷酸盐的检测方法采用磷钼蓝法，仪器选用精科紫外可见光 7 230 G；CTD 现场测定深度、温度、盐度，溶解氧采用 YSI−55 便携式溶氧仪现场测定，pH 值采用数显式 PHS−pH 计电测法测量，并利用 SST（Sea-Sun-Tech）公司提供的标准数据读取软件包（SST-SDA）进行处理和分析数据。

浮游植物用浓缩计数法取样显微分类计数；浮游动物称量湿重总生物量和饵料生物量，并分类计数个体数量；鱼卵、仔稚鱼全样分类计数；底栖生物测定湿重生物量和分类计数个体数量。

所有测定和分析数据经校核、审定后录入项目数据录入系统，并进行相关统计分析。

二、底拖网数据

采样记录和样品分析数据经整理、核对和种名编码后录入，数据录入采用拖网数据录入系统。调查数据在使用计算机程序进行初步处理后主要运用电子表格进行计算和分析。以各站次各种类的渔获数据为基础，计算了渔获组成、渔获率及现存资源密度等参数，并绘制各主要类别和种类的渔获率分布图。生物学测定种类为蓝圆鲹、竹荚鱼、带鱼、刺鲳、印度无齿鲳、大头白姑鱼、多齿蛇鲻、花斑蛇鲻、二长棘犁齿鲷、短尾大眼鲷、金线鱼、深水金线鱼、条尾绯鲤和中国枪乌贼 14 种。现存资源密度的估算采用扫海面积法；各种平面分布图的绘制使用 ArcView GIS 软件包。

根据南海北部近海海域的生态特征及实际调查的数据，采用相对重要性指数（IRI）计算优势种，公式如下：

$$IRI = (N + W) F$$

其中，N 为某一种类的尾数占总尾数的百分比；W 为某一种类的重量占总重量的百分比；F 为某一种类出现的站位数占调查总站位数的百分比，即出现频率。

扫海面积法的计算公式为：

$$\rho = C / aq$$

$$B = \rho \times A$$

其中，ρ 为资源密度，C 为平均每小时拖网渔获量，a 为网具每小时扫海面积（根据扫海宽度和平均拖速计算，本次调查每小时底拖网扫海面积为 $0.158~km^2$），q 为网具的捕获率（取 0.5），B 为总资源量，A 为调查海区总面积 [根据地理坐标值分区进行计算得出南海北部近海的海域面积约为 $3.74 \times 10^5~km^2$（$1.09 \times 10^5~n.mi^2$）]。

三、渔业水声学数据

利用 Echoview 渔业声学数据处理系统（version 6.1）进行声学数据分析。所有声学数据都被逐一仔细检查，非走航时段内的数据不用于资源量计算。声学数据分析水层是 5 ~ 300 m。基本积分航程单元设为 5 n.mi。积分阈值设置为 −70 dB。对于背景噪声较多的区域，采用 Background noise removal 1 对背景噪声进行后期消除。调查区域内各鱼种生物量密度 Biomass density (tonnes/n.mi²) 的计算公式为：

$$\rho^b(tonnes/n.mi^2) = \frac{\%contribution}{100} \times \frac{NASC}{4\pi\overline{\sigma}} \times \frac{W}{1\,000}$$

其中，$\overline{\sigma} = \sum_{all~species} \left(\frac{\%contribution}{100} \times 10^{\frac{TS}{10}} \right)$，$TS = 20 \cdot \log_{10} L + b_{20}$，$L = (w_i \times 10^3 / a)^{1/b}$

每航次总体生物量密度按照总体平均体重（kg）及总体平均计算获得，鱼类的分类分布情况按照该种类在每个站位的渔获物尾数百分比（%）、该种类在该站位的平均体重（kg）及总体平均计算获得。计算生物量时使用的海域面积为南海北部近海各区域面积之和，包括北部湾海域、琼南海域、粤西海域、珠江口海域及粤东海域，约109 000 n.mi^2。

统计每个季节以及每个站位渔获物中各种类的尾数比例（%）、平均体长（mm）、平均体重（kg）等，并根据 TS–L 经验公式及 b_{20} 经验值，计算各种类理论 TS 值，计算时体长以 cm 为单位计算。其中，b_{20} 取值参考黄海水产研究所声学专家测定值。部分站位拖网时间不足 60 min 的，按时间比重补偿渔获量，即渔获量 *60/ 实际拖网时间。南海北部近海声学评估的各种类参数见表 1.3。

表1.3　声学评估的各种类参数 b_{20}, a, b

分类	主要种类	b_{20}	a	b
鲐鱼类	鲐鱼	−72.5	0.0104	3.1500
鲳鱼类	刺鲳	−80.0	0.0297	3.0500
蓝圆鲹	蓝圆鲹	−72.5	0.0139	2.9900
竹䇲鱼	竹䇲鱼	−72.5	0.0106	3.1000
带鱼	带鱼、南海带鱼	−66.1	0.0239	2.8450
马面鲀类	黄鳍马面鲀	−72.5	0.0570	2.6000
白姑鱼类	大头白姑鱼	−68.0	0.0207	3.0500
蛇鲻类	花斑蛇鲻、多齿蛇鲻	−68.0	0.0096	3.0400
二长棘犁齿鲷	二长棘犁齿鲷	−68.0	0.0432	2.9700
大眼鲷类	长尾大眼鲷、短尾大眼鲷	−68.0	0.0328	2.9000
金线鱼类	日本金线鱼、金线鱼	−68.0	0.0378	2.8200
绯鲤类	条尾绯鲤	−72.5	0.0285	2.9700
篮子鱼类	黄斑篮子鱼	−71.0	0.0081	3.2560
沙丁鱼类	金色小沙丁鱼、裘氏小沙丁鱼	−72.5	0.0194	2.8700
剑尖枪乌贼	剑尖枪乌贼	−76.0	0.2028	2.2657
中国枪乌贼	中国枪乌贼	−76.0	0.2196	2.2277
其他头足类	杜氏枪乌贼、金乌贼	−76.0	0.2134	2.2500
其他评估种类	发光鲷等	−68.0	0.0230	3.0500

为更好的表示评估种类集中分布区域，报告中使用适当的制图软件，并采用反距离权重插值方法设置最佳幂值对数据进行空间分析，例如夏季航次最佳幂值 2.0，秋季航次最佳幂值 2.0，冬季航次最佳幂值 2.1，春季航次最佳幂值 1.0 等。由于声学数据与渔获物数据采集位点不完全对应，因此在对每种评估种类进行集中区域表达时，

采用了栅格计算器，即获得尾数密度以及重尾比这两种插值后的图层，并转换成栅格图层，利用栅格计算器将两种图层进行乘法叠加，即获得相应的评估种类的区域分布特征图。对于平均密度分布，则利用栅格计算器将四个栅格图层相加后取平均值。但由于插值本身是对离散数据的一种补充预测方法，是为了更好的表示分布特征，因此插值后的数据平均值会有较大变化，图例中数值仅供参考，平均密度及生物量以离散数据为准。

反距离权重插值方法是一种加权平均插值方法，可以把离散数据插值成结构化的网格数据，该方法基于一种假设：彼此距离较近的事物比彼此距离较远的事物更相似，并且假定每个测量点都有一种局部影响，而这种影响会随着距离的增大而减小，与鱼类目标聚群分布规律相吻合，为反距离权重插值法在鱼类资源评估方面的应用提供了理论支持。

四、最大可持续产量（MSY）评估

鉴于数据的可得性及置信度，主要采用剩余产量模型和 Cadima 经验公式等两种方法来评估南海北部近海渔业资源 MSY 及可捕量。

（一）剩余产量模型

研究所使用的剩余产量模型是一种简化的剩余产量模型，该方法由 Martell & Froese (2013) 提出，并在世界一些地区和渔业中得到了成功的应用。这种模型的特点在于，它只需要产量数据以及恢复力（内禀增长率 r）的先验信息就可以评估 MSY，在东北大西洋 48 个群体以及全球 98 个群体的渔业数据中得到验证，对于渔业数据缺乏的渔业非常有效。

1. 模型结构

$$B_t = \lambda_0 k \exp(v_t)$$

$$B_{t+1} = [B_t + rB_t(1 - B_t / k) - C_t] \exp(v_t)$$

其中，B_t 为 t 年的资源量，k 为环境容量，C_t 为 t 年的渔获量；假定过程误差符合对数正态分布，因此 v_t 均值为 0，方差为 σ^2 的标准正态分布；λ_0 为起始资源量水平 B_1 / k。

采用如下伯努利分布作为似然函数：

$$L(\Theta \mid C_t) = 1 \qquad \lambda_{01} \leqslant B_{n+1} / k \leqslant \lambda_{02}$$
$$= 0 \qquad \lambda_{01} \geqslant B_{n+1} / k \geqslant \lambda_{02}$$

其中，Θ 为模型中的参数向量，$[\lambda_{01}, \lambda_{02}]$ 为最终年份资源量水平的先验分布区间。

这样的似然函数可以保证 r-k 参数组合得到种群状态的有效解。

重要性重抽样（Sampling importance resampling，SIR）方法被用来计算参数的后验分布，每次计算的迭代次数为 100 000 次。利用得到的 r-k 联合后验分布计算 MSY，MSY = 0.25 rk，根据保守的渔业管理策略，采用 MSY 的 69% ～ 83% 作为南海区渔业资源总可捕量的设置标准。

2. 数据来源

南海区渔业数据（1950—2015 年海洋捕捞总产量、总渔船功率和主要经济鱼类产量）来自南海区渔政局统计资料以及渔业统计年鉴。南海区渔业产量绝大部分来自南海北部近海，南海中南部大宗中上层渔业资源目前仍未形成规模，因此，利用南海区渔业统计产量评估的 MSY 和总可捕量为南海北部近海海域，不包括南海中南部深海区域。另外，由于南海区渔业产量多数没有按种统计，而是以类来统计，例如蓝圆鲹和竹荚鱼的俗名均为巴浪鱼，归为蓝圆鲹类；金线鱼、日本金线鱼和深水金线鱼等统称为金线鱼类，因此，MSY 也以统计数据中的类来评估；少数种类按照单鱼种评估，比如海鳗。

3. 先验分布设置

研究中内禀增长率和资源量水平的先验分布均采用均匀分布形式。利用 Fishbase 数据库的鱼类恢复力分级法，通过生长参数 K、性成熟年龄 t_m、最大年龄 t_{max} 和繁殖力来确定鱼类的恢复力水平，从而确定内禀增长率 r 的先验分布区间（表 1.4）。资源量水平的先验分布则根据评估对象的开发状态以及产量与数据中最大产量的比值来确定。

研究中评估对象的数据详情以及参数先验分布设置见表 1.5。由于南海区渔业种类繁多，难以确定其内禀增长率的先验分布，参考同纬度海域综合种群内禀增长率评估结果，本研究设置了 4 种不同的先验分布（0.6 ～ 1.5；0.4 ～ 1.5；0.6 ～ 1.7；0.4 ～ 1.7），以评估不同内禀增长率先验分布区间对 MSY 评估结果的影响。建模和数据分析都在 R 语言完成。

表1.4 Fishbase中用于确定内禀增长率先验分布的恢复力水平分级表

恢复力	极低	低	中等	高
生长参数 K	<0.05	0.05 ～ 0.15	0.16 ～ 0.3	>0.3
性成熟年龄 t_m	>10	5 ～ 10	2 ～ 4	<1
最大年龄 t_{max}	>30	11 ～ 30	4 ～ 10	1 ～ 3
繁殖力	<10	10 ～ 100	100 ～ 1 000	> 10 000
内禀增长率 r	0.015 ～ 0.1	0.05 ～ 0.5	0.2 ～ 1	0.6 ～ 1.5

表1.5 评估对象的产量数据序列及参数先验分布设置

评估对象	主要种类	产量数据序列	内禀增长率先验分布	起始年份相对资源量先验分布	最终年份相对资源量先验分布
南海区	所有种类	1950—2015	/	[0.6, 0.9]	[0.3, 0.7]
带鱼类	带鱼 南海带鱼	1979—2015	[0.2, 1]	[0.4, 0.8]	[0.3, 0.7]
金线鱼类	金线鱼 日本金线鱼	1985—2015	[0.6, 1.5]	[0.4, 0.8]	[0.3, 0.7]
石斑鱼类	青石斑鱼 双棘石斑鱼	1985—2015	[0.05, 0.5]	[0.4, 0.8]	[0.3, 0.7]
海鳗	海鳗	1985—2015	[0.05, 0.5]	[0.4, 0.8]	[0.3, 0.7]
鲳类	刺鲳	1979—2015	[0.2, 1]	[0.4, 0.8]	[0.3, 0.7]
鰤	鰤	1979—2015	[0.6, 1.5]	[0.4, 0.8]	[0.2, 0.6]
鲐鱼类	鲐	1989—2015	[0.2, 1]	[0.3, 0.6]	[0.3, 0.6]
沙丁鱼类	金色小沙丁 裘氏小沙丁	1990—2015	[0.6, 1.5]	[0.4, 0.8]	[0.3, 0.6]
蓝圆鲹和竹荚鱼	蓝圆鲹 竹荚鱼	1979—2015	[0.6, 1.5]	[0.3, 0.7]	[0.3, 0.7]
马面鲀类	黄鳍马面鲀	1979—2015	[0.6, 1.5]	[0.3, 0.7]	[0.2, 0.6]
鲷类	二长棘犁齿鲷 短尾大眼鲷	1979—2015	[0.6, 1.5]	[0.4, 0.8]	[0.3, 0.7]

注："[ ]"表示均匀分布区间。

（二）Cadima 经验公式

Cadima 经验公式如下：

$$MSY = 0.5 (Y + MB)$$

其中，Y 为年总渔获量，M 为自然死亡系数，B 为同一年份的平均资源生物量。

2015 年产量统计数据来自南海区捕捞信息网络以及渔业统计年鉴；M 采用类群主要种类的已有研究结果（Pauly 经验公式），设定一个取值范围；B 依据 2014—2015 年"海洋渔业资源调查与探捕（近海）"项目南海区水声学调查评估结果。可捕量根据 MSY 下限的 69% ~ 83% 确定。

第二章
生物资源栖息环境

第一节 海水理化因子

一、水温

（一）表层

春季，表层水温以粤东沿岸以及北部湾北部海域较低，粤西、海南岛东部海域水温相对较高，总体呈现近岸低离岸高的特征；夏季，南海北部近海表层水温分布差异较小，粤西和北部湾北部略高于其他区域；秋季，表层水温从粤东往粤西逐渐升高，等值线与岸线呈一定角度且接近平行分布，显示整个海域受到沿岸流的影响；冬季，表层水温分布近岸低离岸高，且空间差异较大，等温线基本与岸线平行。

（二）10 m 层

春季，10 m 层水温以北部湾顶部最低，粤东沿岸次之，而粤西沿岸水温略高，离岸高于沿岸；夏季，10 m 层的水温普遍介于 29 ~ 30℃，近岸略低于离岸；秋季，水温从粤东往西逐渐升高，北部湾水温明显高于其他区域；冬季，10 m 层的水温空间分布与表层较为相似，近岸低而离岸高。

（三）20 m 层

春季，20 m 层水温分布以北部湾顶部最低，约为 22℃，广东沿岸普遍为 24℃，从近岸向离岸逐渐升高；夏季，20 m 层水温的差异明显，粤西、粤东近海出现水温的低值区，而北部湾的水温相对较高，同时随着离岸距离的增大，水温逐渐升高；秋季，水温分布粤东略低，往西部逐渐升高，北部湾最高；冬季，20 m 层水温的空间分布与表层及 10 m 层相似，均为由近岸向离岸逐渐升高，且等温线大致与岸线平行。

二、盐度

（一）表层

春季，表层盐度的等值线在珠江口西侧的分布特别密集，显示河流冲淡水与外海水的相互作用；夏季，表层盐度整体上呈现近岸低而离岸高的特征，随着水深的增加，盐度逐渐升高；秋季，盐度离岸高于近岸，其中在粤西海域出现一个高值区；冬季，盐度整体上呈现近岸低而离岸高的特征，随着水深的增加，盐度逐渐升高。

（二）10 m 层

春季，10 m 层盐度分布与表层类似，珠江口西侧等值线呈伞形分布，而粤东沿岸盐度与外海相近，显示受外海水的影响；夏季，10 m 层盐度在粤西海域、北部湾的北部和南部均出现高值区；秋季，10 m 层盐度在粤西海域出现一个高值区，整体上离岸高于近岸；冬季，10 m 层盐度近岸略低于离岸，海南岛南部对开的海域盐度较高。

（三）20 m 层

春季，20 m 层等值线在珠江口两侧明显受到挤压呈密集的伞形分布，其他区域盐度差异小；夏季，20 m 层盐度在北部湾北部、南部和粤西海域均出现小范围高值区；秋季，20 m 层盐度在北部湾北部较低（32 左右），其余海域普遍介于 33 ~ 34，近岸略低于离岸；冬季，20 m 层盐度分布亦是离岸高于近岸，海南岛周围的开阔水域盐度均达 34。

三、酸碱度（pH）

（一）表层

春季，表层 pH 值分布从珠江口往西逐渐降低；夏季，表层 pH 值在整个调查区域的差异很小，在 8.2 左右；秋季，表层 pH 值在整个海域的差异很小，均在 8.3 左右；冬季，表层 pH 值以粤东海域及北部湾顶部最高为 8.3，其他区域均为 8.2 左右。

（二）10 m 层

春季，10 m 层和表层的 pH 值分布趋势基本一致，从珠江口往西逐渐降低；夏季，10 m 层 pH 值海域分布差异很小，普遍在 8.2 左右；秋季，10 m 层 pH 值在海域的分布较均匀，空间差异很小，在 8.3 附近；冬季，10 m 层 pH 值除粤东海域略高为 8.3 外，其余区域均为 8.2。

（三）20 m 层

春季，20 m 层的 pH 值在珠江口对开海域及粤东出现与岸线平行的分布，从珠江口往西亦基本呈逐渐降低的趋势；夏季，20 m 层 pH 值在北部湾顶部和粤西近岸略低，其余区域均为 8.2 左右，分布较均匀；秋季，20 m 层的 pH 值在整个海域的分布均匀，空间差异很小，在 8.3 左右；冬季，20 m 层依然在粤东出现 8.3 的高值区，粤西靠近雷州半岛处出现 8.1 的低值区，其他区域均为 8.2。

四、溶解氧

（一）表层

春季，表层溶解氧浓度在北部湾北部及海南岛西南部均出现大于 8 mg/L 的高值区，其他区域的分布差异小，大约在 7 ~ 7.5 mg/L；夏季，表层溶解氧浓度在整个海域的分布较为均匀，差异不明显；秋季，表层溶解氧浓度在整个海域的分布差异很小，都在 7 mg/L 左右；冬季，表层溶解氧浓度在整个海域的分布较为均匀，沿岸略高于离岸。

（二）10 m 层

春季，10 m 层溶解氧浓度普遍低于表层，珠江口和粤西沿岸溶解氧较低，在 6 ~ 6.5 mg/L，而北部湾顶部、粤东沿岸、海南岛周围海域均略高，约在 7 mg/L 左右；夏季，10 m 层溶解氧浓度以琼州海峡、北部湾中部、粤东沿海略高；秋季，溶解氧浓度在整个海域的分布较均匀，约在 7 mg/L 左右；冬季，溶解氧浓度以大陆沿岸海域略高，离岸略低。

（三）20 m 层

春季，20 m 层溶解氧浓度在珠江口海域较低，其余区域差异不大，大约介于 6.5 ~ 7 mg/L，空间分布差异小；夏季，20 m 层溶解氧浓度离岸高于近岸，特别是北部湾顶部，溶解氧浓度相对较低；秋季，溶解氧浓度在粤西海域略低于其他区域，粤东普遍为 7 mg/L 左右；冬季，溶解氧浓度近岸高于离岸，但空间差异不大。

第二节　营养盐

一、无机氮

（一）表层

春季，调查海域表层水中无机氮浓度范围为 0.007 ~ 0.740 mg/L，平均值为 0.075 mg/L。其中最小值出现在 N16 站，最大值出现在 H01 站。此次调查表层无机氮各站间差异较大，高值区集中在汕头和珠江口海域，表现出由近岸向外海逐渐降低的趋势。由图 2.1 可见，各断面间表层水中无机氮浓度差异较小，浓度最低的为北部湾沿岸和共同渔业区，最高的为珠江口断面。

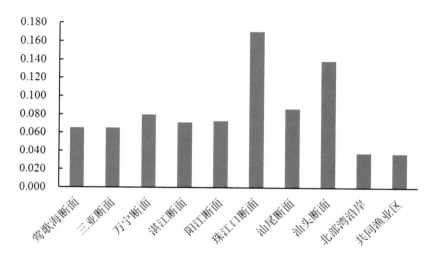

图2.1　春季表层水中无机氮浓度各断面平均值对比图（mg/L）

夏季，调查海域表层水中无机氮浓度范围为 0.006 ~ 0.916 mg/L，平均值为 0.133 mg/L。其中最小值出现在 G3 站，最大值出现在 N7 站。此次调查表层无机氮各站间差异较大，高值区集中在北部湾近岸海域，表现出由西北近岸向东南外海逐渐降低的趋势。由图 2.2 可见，各断面间表层水中无机氮浓度差异较大，浓度最低的为三亚和汕尾断面，最高的为北部湾近岸断面，其他几个断面较为均匀。

秋季，调查海域表层水中无机氮浓度范围为 0.007 ~ 0.365 mg/L，平均值为 0.076 mg/L。其中最小值出现在 E7 站，最大值出现在 H1 站。此次调查表层无机氮各站间差异较大，高值区集中在汕头和北部湾近岸海域，表现出由近岸向外海逐渐降低的趋势。由图 2.3 可见，各断面间表层水中无机氮浓度差异较小，浓度最低的为珠江口断面，最高的为汕头断面。

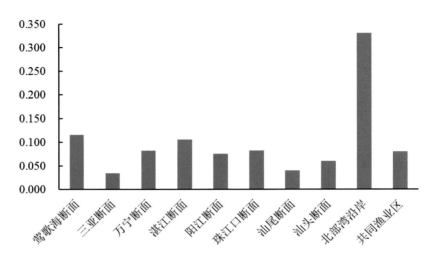

图2.2 夏季表层水中无机氮浓度各断面平均值对比图（mg/L）

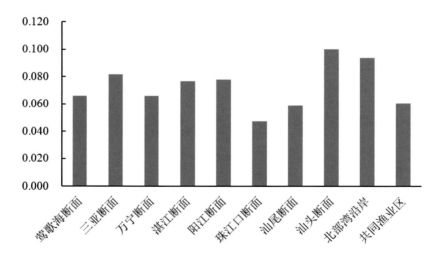

图2.3 秋季表层水中无机氮浓度各断面平均值对比图（mg/L）

冬季，调查海域表层水中无机氮浓度范围为 0.019 ~ 0.586 mg/L，平均值为 0.181 mg/L。其中最小值出现在 A6 站，最大值出现在 G1 站。此次调查表层无机氮各站间差异较大，高值区集中在北部湾近岸海域和汕尾沿岸海域，表现出由西北近岸向东南外海逐渐降低的趋势。由图 2.4 可见，各断面间表层水中无机氮浓度差异较大，浓度最低的为莺歌海断面，最高的为北部湾近岸断面，其他几个断面差异较大。

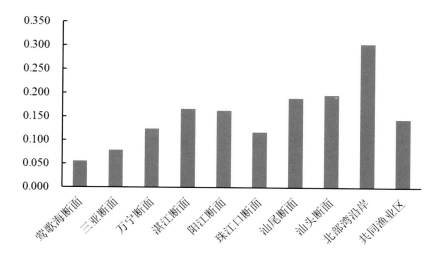

图2.4　冬季表层水中无机氮浓度各断面平均值对比图（mg/L）

（二）10 m 层

春季，调查海域 10 m 层水中无机氮浓度范围为 0.006 ~ 0.352 mg/L，平均值为 0.064 mg/L。其中最小值出现在 N16 站，最大值出现在 F1 站。此次调查 10 m 层无机氮平面分布和表层基本一致，站间差异较大，高值区集中在珠江口海域，由近岸向外海呈现先降低再升高的变化趋势。各断面间变化趋势可见图 2.5，各断面间 10 m 层无机氮变化趋势和表层相一致，各断面间差异较小，浓度最低的为共同渔业区断面，最高的为珠江口断面，其次为汕尾和万宁断面。

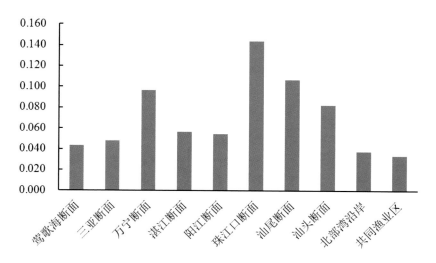

图2.5　春季10 m层水中无机氮浓度各断面平均值对比图（mg/L）

夏季，调查海域 10 m 层水中无机氮浓度范围为 0.005 ～ 0.714 mg/L，平均值为 0.098 mg/L。其中最小值出现在 G3 站，最大值出现在 N12 站。此次调查 10 m 层无机氮平面分布和表层基本一致，站间差异较大，高值区集中在北部湾近岸海域，表现出由西北近岸向东南外海逐渐降低的趋势；各断面间变化趋势可见图 2.6，各断面 10 m 层变化趋势和表层相一致，各断面间差异较大，浓度最低的为阳江和汕尾断面，最高的为北部湾近岸断面，其他几个断面较为均匀。

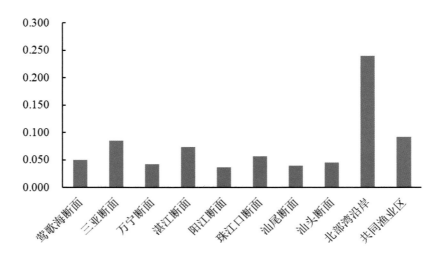

图2.6　夏季10 m层水中无机氮浓度各断面平均值对比图（mg/L）

秋季，调查海域 10 m 层水中无机氮浓度范围为 0.018 ～ 0.347 mg/L，平均值为 0.073 mg/L。其中最小值出现在 E7 站，最大值出现在 H1 站。此次调查 10 m 层无机氮平面分布和表层基本一致，站间差异较大，高值区集中在汕头和北部湾近岸海域，表现出由近岸向外海逐渐降低的趋势；各断面间变化趋势可见图 2.7，各断面 10 m 层变化趋势和表层相一致，各断面间差异较小，浓度最低的为珠江口断面，最高的为汕头断面，其次为三亚断面。

冬季，调查海域 10 m 层水中无机氮浓度范围为 0.023 ～ 0.516 mg/L，平均值为 0.173 mg/L。其中最小值出现在 A6 站，最大值出现在 G1 站。此次调查 10 m 层无机氮平面分布和表层基本一致，站间差异较大，高值区集中在北部湾近岸海域，汕尾近岸次之，表现出由西北近岸向东南外海逐渐降低的趋势；各断面间变化趋势可见图 2.8，各断面间 10 m 层变化趋势和表层相一致，各断面间差异较大，浓度最低的为莺歌海和三亚断面，最高的为北部湾近岸断面，其他几个断面差异较大。

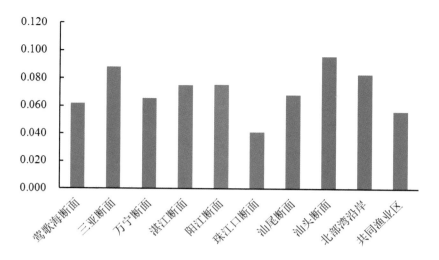

图2.7　秋季10 m层水中无机氮浓度各断面平均值对比图（mg/L）

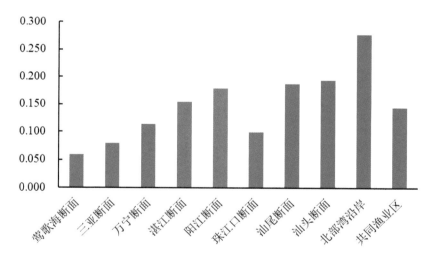

图2.8　冬季10 m层水中无机氮浓度各断面平均值对比图（mg/L）

（三）20 m层

春季，调查海域 20 m 层水中无机氮浓度范围为 0.007 ~ 0.224 mg/L，平均值为 0.057 mg/L。其中最小值出现在 N16 站，最大值出现在 H8 站。此次调查 20 m 层无机氮平面分布和表层不一致，站间差异较大，高值区集中在近岸海域，基本表现出由近岸向外海逐渐降低的趋势，其中珠江口断面和汕尾断面南端无机氮浓度较高；各断面间变化趋势可见图 2.9，各断面间差异较小，浓度最低的为北部湾海域，最高的为珠江口断面，其他几个断面较为均匀。

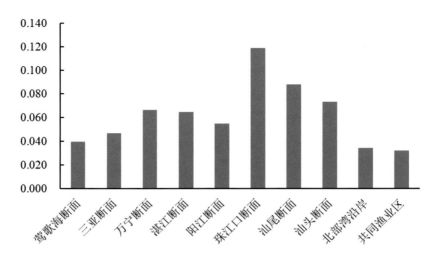

图2.9 春季20 m层水中无机氮浓度各断面平均值对比图（mg/L）

夏季，调查海域 20 m 层水中无机氮浓度范围为 0.003 ~ 0.858 mg/L，平均值为 0.099 mg/L。其中最小值出现在 G3 站，最大值出现在 N5 站。此次调查 20 m 层无机氮平面分布和表层基本一致，站间差异较大，高值区集中在北部湾近岸海域，表现出由西北近岸向东南外海逐渐降低的趋势；各断面间变化趋势可见图 2.10，各断面 20 m 层变化趋势和表层相一致，各断面间差异较大，浓度最低的为汕头和汕尾断面，最高的为北部湾近岸和共同渔业区断面，其他几个断面较为均匀。

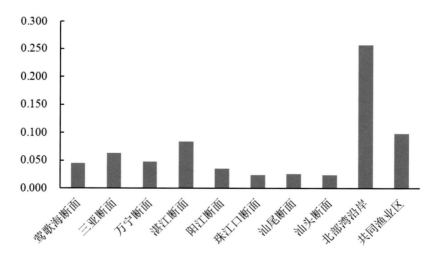

图2.10 夏季 20 m层水中无机氮浓度各断面平均值对比图（mg/L）

秋季，调查海域 20 m 层水中无机氮浓度范围为 0.017 ~ 0.200 mg/L，平均值为 0.060 mg/L。其中最小值出现在 F9 站，最大值出现在 E2 站。此次调查 20 m 层无机氮平面分布和表层基本一致，站间差异较大，高值区集中在近岸海域，表现出由近岸向外海逐渐降低的趋势；各断面间变化趋势可见图 2.11，各断面间差异较小，浓度最低的为珠江口断面，最高的为北部湾近岸海域和汕头断面，其他几个断面较为均匀。

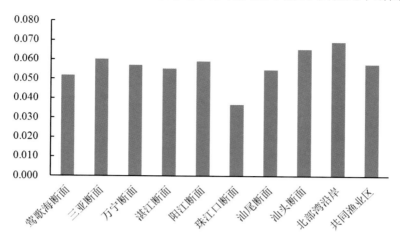

图2.11　秋季20 m层水中无机氮浓度各断面平均值对比图（mg/L）

冬季，调查海域 20 m 层水中无机氮浓度范围为 0.024 ～ 0.888 mg/L，平均值为 0.181 mg/L。其中最小值出现在 A6 站，最大值出现在 N1 站。此次调查 20 m 层无机氮平面分布和表层基本一致，站间差异较大，高值区集中在北部湾近岸海域，表现出由西北近岸向东南外海逐渐降低的趋势；各断面间变化趋势可见图 2.12，各断面间 20 m 层变化趋势和表层相一致，各断面间差异较大，无机氮浓度最低的为莺歌海断面，最高的为北部湾近岸断面，其他几个断面差异较大。

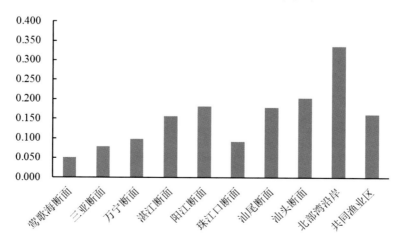

图2.12　冬季20 m层水中无机氮浓度各断面平均值对比图（mg/L）

二、活性磷酸盐

（一）表层

春季，调查海域表层水中活性磷酸盐浓度范围 0.000 3 ~ 0.012 mg/L，平均值为 0.002 mg/L。其中最小值出现在 A09、E07、G08、N09、N22、S20 站，最大值出现在 A06 站。此次调查表层活性磷酸盐各站间差异较大，高值区出现在汕头沿岸海域、珠江口以南和莺歌海区域，呈现由沿岸向外海逐渐降低的趋势。各断面间对比见图 2.13，各断面间表层水中活性磷酸盐浓度差异较大，浓度最低的为共同渔业区，最高的为汕头和莺歌海断面，其次是珠江口和汕尾断面，其他几个断面活性磷酸盐含量较低。

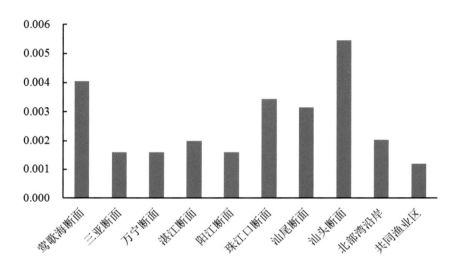

图2.13　春季表层水中活性磷酸盐浓度各断面平均值对比图（mg/L）

夏季，调查海域表层水中活性磷酸盐浓度范围为 0.001 ~ 0.405 mg/L，平均值为 0.026 mg/L。其中最小值出现在 A4、A5、A9 和 C7 站，最大值出现在 N3 站。此次调查表层活性磷酸盐各站间差异较大，高值区出现在湛江西部海域、北部湾近岸海域和万宁断面海域，其他海域均为低值区，浓度均较低。各断面间对比见图 2.14，各断面间表层水中活性磷酸盐浓度差异较大，浓度最低的为莺歌海断面，最高的为湛江、万宁和北部湾沿岸断面，其他几个断面较为均匀。

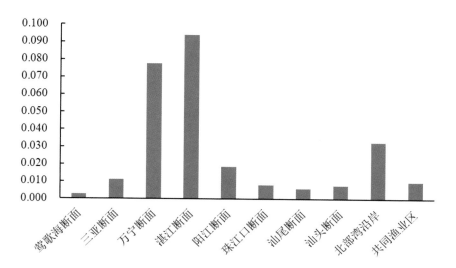

图2.14　夏季表层水中活性磷酸盐浓度各断面平均值对比图（mg/L）

秋季，调查海域表层水中活性磷酸盐浓度范围为 0.001 ～ 0.039 mg/L，平均值为 0.006 mg/L。其中最小值出现在 B9、D3、D9 站等，最大值出现在 H1 站。此次调查表层活性磷酸盐各站间差异较大，高值区出现在汕头沿岸海域、阳江沿岸和北部湾近岸海域，呈现由沿岸向外海逐渐降低的趋势。各断面间对比见图 2.15，各断面间表层水中活性磷酸盐浓度差异较大，浓度最低的为湛江断面和莺歌海断面，最高的为阳江和汕头断面，其他几个断面较为均匀。

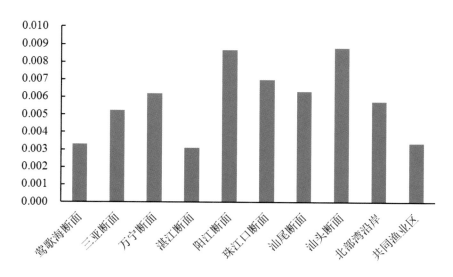

图2.15　秋季表层水中活性磷酸盐浓度各断面平均值对比图（mg/L）

冬季，调查海域表层水中活性磷酸盐浓度范围为 0.000 3 ～ 0.031 mg/L，平均值为 0.007 mg/L。其中最小值出现在 C8 和 D8 站，最大值出现在 H2 站。此次调查表层活性磷酸盐各站间差异较大，高值区出现在汕头和汕尾沿岸海域，北部湾和阳江近岸海域次之。各断面间对比见图 2.16，各断面间表层水中活性磷酸盐浓度差异较大，浓度最低的为三亚断面，最高的为北部湾沿岸断面，汕头断面次之，其他几个断面差异较大。

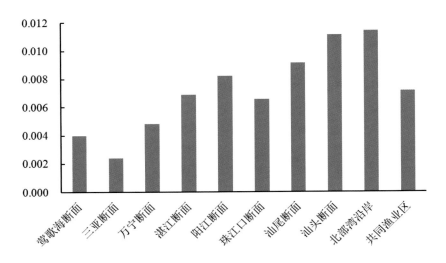

图2.16 冬季表层水中活性磷酸盐浓度各断面平均值对比图（mg/L）

（二）10 m 层

春季，调查海域 10 m 层水中活性磷酸盐浓度范围为 0.000 3 ～ 0.019 mg/L，平均值为 0.002 mg/L。其中最小值出现在 A5、C8、C9、S16 等站，最大值出现在 G9 站。此次调查 10 m 层活性磷酸盐平面高值区集中在汕尾断面南部海域和汕头断面，其他各区域为较为均匀的低值区；各断面间变化趋势可见图 2.17，万宁断面均值最低，汕头和汕尾断面均值略高于其他断面，除此外的其他几个断面差异不大。

夏季，调查海域 10 m 层水中活性磷酸盐浓度范围为 0.001 ～ 0.223 mg/L，平均值为 0.021 mg/L。其中最小值出现在 A1、A4、A5 等站，最大值出现在 C8 站。此次调查 10 m 层活性磷酸盐平面分布出现三个高值区集中在湛江以东海域、万宁东南海域和阳江以南海域，其他各区域为均匀的低值区；各断面间变化趋势可见图 2.18，湛江断面均值明显高于其他断面，其次是万宁和阳江断面也明显偏高，除此之外的其他几个断面均较低且分布均匀。

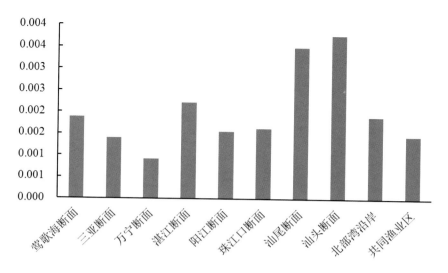

图2.17　春季10 m层水中活性磷酸盐浓度各断面平均值对比图（mg/L）

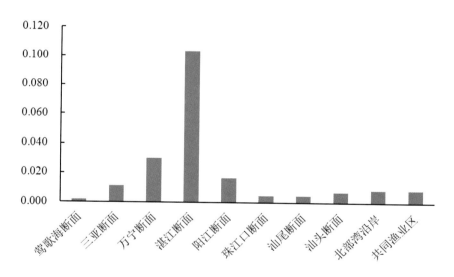

图2.18　夏季10 m层水中活性磷酸盐浓度各断面平均值对比图（mg/L）

秋季，调查海域 10 m 层水中活性磷酸盐浓度范围为 0.001 ～ 0.125 mg/L，平均值为 0.007 mg/L。其中最小值出现在 B7、C7、D6 等站，最大值出现在 A6 站。此次调查 10 m 层活性磷酸盐平面高值区集中在莺歌海附近海域，其他各区域为均匀的低值区；各断面间变化趋势可见图 2.19，莺歌海断面均值明显高于其他断面，除此之外的其他几个断面均较低且分布均匀。

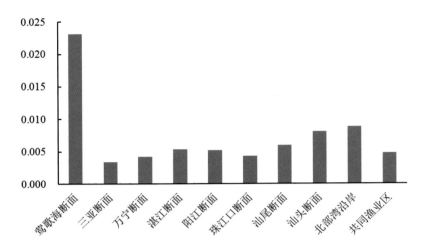

图2.19　秋季10 m层水中活性磷酸盐浓度各断面平均值对比图（mg/L）

冬季，调查海域 10 m 层水中活性磷酸盐浓度范围为 0.000 3 ~ 0.018 mg/L，平均值为 0.007 mg/L。其中最小值出现在 A6、C7、D6 和 B5 等站，最大值出现在 G1 站。此次调查 10 m 层活性磷酸盐平面分布出现 4 个高值区集中在汕尾和汕头，北部湾次之；各断面间变化趋势可见图 2.20，三亚断面活性磷酸盐均值最低，北部湾沿岸断面均值略高于其他断面，其他几个断面差异较大。

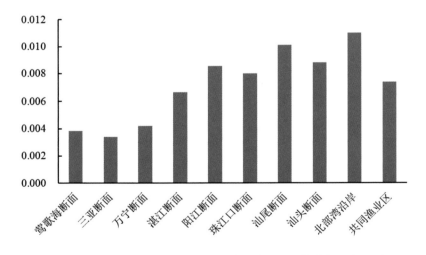

图2.20　冬季10 m层水中活性磷酸盐浓度各断面平均值对比图（mg/L）

（三）20 m 层

春季，调查海域 20 m 层水中活性磷酸盐浓度范围为 0.000 3 ~ 0.019 mg/L，平均值为 0.002 mg/L。其中最小值出现在 N13、S19、S23 站，最大值出现在 H3 站。此次调查 20 m 层活性磷酸盐高值区均分布在汕头断面、汕尾沿海和湛江断面中部，呈现出由沿岸向外海逐渐降低的趋势；各断面间变化趋势可见图 2.21，平均值最高的为汕头断面，最低的为三亚断面，其他各断面间均值差异不大。

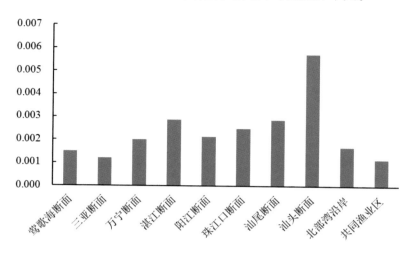

图2.21 春季20 m层水中活性磷酸盐浓度各断面平均值对比图（mg/L）

夏季，调查海域 20 m 层水中活性磷酸盐浓度范围为 0.001 ~ 0.171 mg/L，平均值为 0.019 mg/L。其中最小值出现在 A4、A5 等站，最大值出现在 C8 站。此次调查 20 m 层和 10 m 层活性磷酸盐平面分布趋势相一致，出现四个高值区集中在湛江以东海域、万宁东南海域、阳江以南海域和汕尾海域，其他各区域为均匀的低值区；各断面间变化趋势可见图 2.22，湛江断面和万宁均值明显高于其他断面，除此之外的其他几个断面均较低且分布均匀。

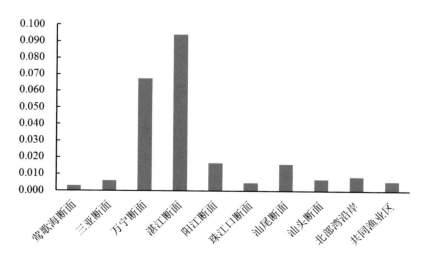

图2.22 夏季20 m层水中活性磷酸盐浓度各断面平均值对比图（mg/L）

秋季，调查海域 20 m 层水中活性磷酸盐浓度范围为 0.001 ～ 0.018 mg/L，平均值为 0.004 mg/L。其中最小值出现在 A9、B5、B7 等站，最大值出现在 D3 站。此次调查 20 m 层活性磷酸盐高值区均分布在汕头、汕尾、阳江和湛江沿岸海域，呈现出由沿岸向外海逐渐降低的趋势；各断面间变化趋势可见图 2.23，平均值最高的为汕头和汕尾断面，最低的为三亚断面，其他各断面间均值差异较小。

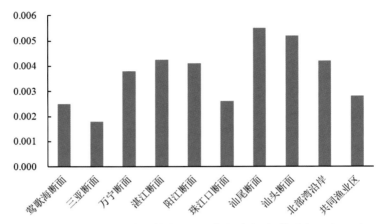

图2.23　秋季20 m层水中活性磷酸盐浓度各断面平均值对比图（mg/L）

冬季，调查海域 20 m 层水中活性磷酸盐浓度范围为 0.000 3 ～ 0.017 mg/L，平均值为 0.007 mg/L。其中最小值出现在 D6、D8 和 D9 站，最大值出现在 H1 站。此次调查 20 m 层和 10 m 层活性磷酸盐平面分布趋势相一致，出现四个高值区集中在汕尾沿岸海域、汕头沿岸海域、北部湾沿岸海域，且汕尾断面南部和阳江断面南部活性磷酸盐浓度偏高；各断面间变化趋势可见图 2.24，北部湾沿岸断面均值高于其他断面，其次是共同渔业区，汕头、汕尾和阳江断面平均值基本相同，除此之外的其他几个断面差异大。

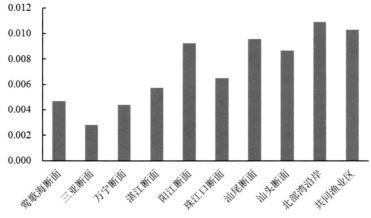

图2.24　冬季 20 m层水中活性磷酸盐浓度各断面平均值对比图（mg/L）

三、硅酸盐

（一）表层

春季，调查海域表层水中硅酸盐浓度范围为 0.001 ~ 0.139 mg/L，平均值为 0.042 mg/L。其中最小值出现在 D1 和 D3 站，最大值出现在 N2 站。此次调查表层硅酸盐各站间差异较大，高值区出现在北部湾沿岸海域，次高值区为莺歌海断面，整体呈现由沿岸向外海逐渐降低的趋势。各断面间对比见图 2.25，表层水中硅酸盐浓度差异较大，浓度最低的为万宁断面，最高为北部湾断面，珠江口海域次之，其他几个断面差异较大。

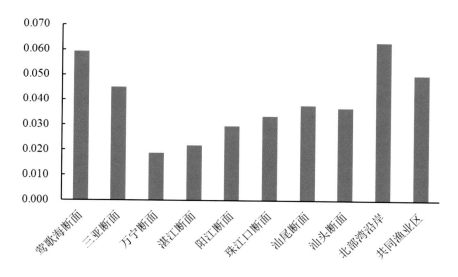

图2.25　春季表层水中硅酸盐浓度各断面平均值对比图（mg/L）

夏季，调查海域表层水中硅酸盐浓度范围为 0.032 ~ 1.354 mg/L，平均值为 0.305 mg/L。其中最小值出现在 S9 站，最大值出现在 N3 站。此次调查表层硅酸盐各站间差异较大，高值区出现在北部湾沿岸海域，次高值区为珠江口断面，低值区为阳江和湛江附近海域，整体趋势呈现由沿岸向外海逐渐降低。各断面间对比见图 2.26，各断面间表层水中硅酸盐浓度差异较大，浓度最低的为阳江断面，最高为北部湾沿岸断面，其他几个断面较为均匀。

秋季，调查海域表层水中硅酸盐浓度范围为 0.031 ~ 1.095 mg/L，平均值为 0.205 mg/L。其中最小值出现在 H5 站，最大值出现在 H2 站。此次调查表层硅酸盐各站间差异较大，高值区出现在北部湾沿岸海域，次高值区为阳江近岸海域，整体呈现由沿岸向外海逐渐降低的趋势。各断面间对比见图 2.27，各断面间表层水中硅酸盐浓度差异较大，浓度最低的为三亚断面，最高为北部湾沿岸和阳江断面，其他几个断面较为均匀。

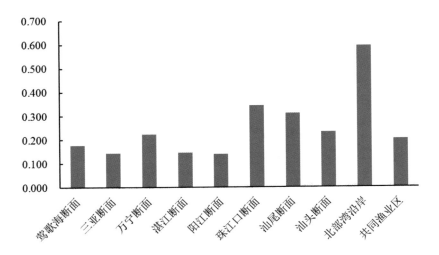

图2.26　夏季表层水中硅酸盐浓度各断面平均值对比图（mg/L）

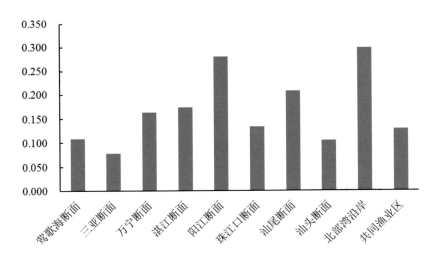

图2.27　秋季表层水中硅酸盐浓度各断面平均值对比图（mg/L）

冬季，调查海域表层水中硅酸盐浓度范围为 0.014 ～ 0.594 mg/L，平均值为 0.147 mg/L。其中最小值出现在 E7 站，最大值出现在 N2 站。此次调查表层硅酸盐各站间差异较大，高值区出现在北部湾沿岸海域，次高值区为汕尾断面和汕头断面，低值区为莺歌海断面，整体趋势呈现由沿岸向外海逐渐降低。各断面间对比见图 2.28，各断面间表层水中硅酸盐浓度差异较大，浓度最低的为三亚断面，最高为北部湾沿岸断面，其他几个断面差异较大。

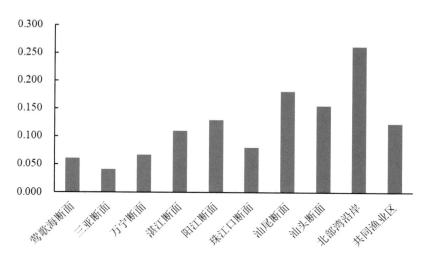

图2.28　冬季表层水中硅酸盐浓度各断面平均值对比图（mg/L）

（二）10 m 层

春季，调查海域 10 m 层水中硅酸盐浓度范围为 0.001 ~ 0.13 mg/L，平均值为 0.042 mg/L。其中最小值出现在 D3 站，最大值出现在 N2 站。此次调查 10 m 层硅酸盐平面分布的高值区出现在北部湾沿岸海域，次高值区为共同渔业区，整体呈现由沿岸向外海逐渐降低的趋势。各断面间对比见图 2.29，各断面间表层水中硅酸盐浓度差异较大，浓度最低的为万宁断面和湛江断面，最高为北部湾沿岸，共同渔业区次之，其他几个断面差异较大。

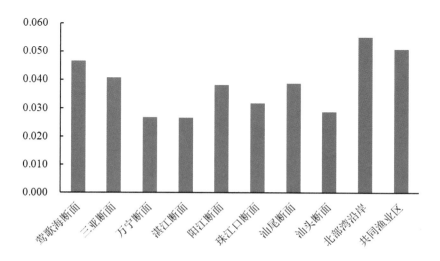

图2.29　春季10 m层水中硅酸盐浓度各断面平均值对比图（mg/L）

夏季，调查海域 10 m 层水中硅酸盐浓度范围为 0.003 ~ 2.126 mg/L，平均值为 0.316 mg/L。其中最小值出现在 S14 站，最大值出现在 N3 站。此次调查 10 m 层硅酸盐平面分布的高值区出现在北部湾沿岸海域，其他各区域为均匀的低值区，总体分布趋势呈现由西北部沿岸向外海逐渐降低；各断面间变化趋势可见图 2.30，北部湾沿岸断面均值明显高于其他断面，其他几个断面均较低且分布均匀。

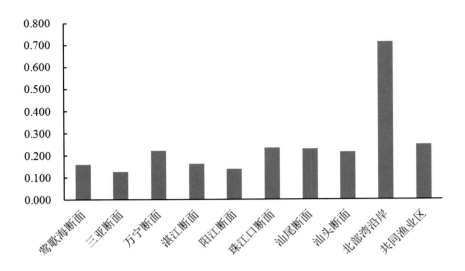

图2.30 夏季10 m层水中硅酸盐浓度各断面平均值对比图（mg/L）

秋季，调查海域 10 m 层水中硅酸盐浓度范围为 0.026 ~ 1.091 mg/L，平均值为 0.192 mg/L。其中最小值出现在 H5 站，最大值出现在 H1 站。此次调查 10 m 层硅酸盐平面分布的高值区出现在北部湾沿岸海域，次高值区为阳江近岸海域，整体呈现由沿岸向外海逐渐降低的趋势。各断面间对比见图 2.31，各断面间表层水中硅酸盐浓度差异较大，浓度最低的为三亚断面，最高为北部湾沿岸和阳江断面，其他几个断面较为均匀。

冬季，调查海域 10 m 层水中硅酸盐浓度范围为 0.010 ~ 0.554 mg/L，平均值为 0.145 mg/L。其中最小值出现在 C8 站，最大值出现在 N2 站。此次调查 10 m 层硅酸盐平面分布的高值区出现在北部湾沿岸海域和汕尾断面，阳江沿岸和珠江口区域次之，总体分布趋势呈现由西北部沿岸向外海逐渐降低；各断面间变化趋势可见图 2.32，北部湾沿岸断面均值明显高于其他断面，三亚断面值最低，其他几个断面分布差异较大。

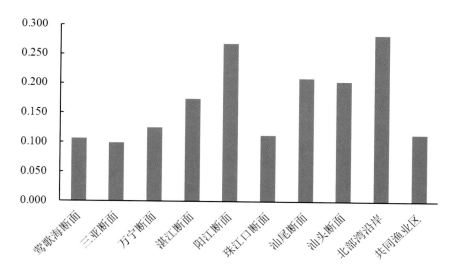

图2.31　秋季10 m层水中硅酸盐浓度各断面平均值对比图（mg/L）

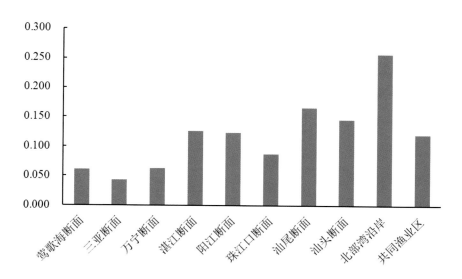

图2.32　冬季10 m层水中硅酸盐浓度各断面平均值对比图（mg/L）

（三）20 m 层

春季，调查海域 20 m 层水中硅酸盐浓度范围为 0.001 ～ 0.129 mg/L，平均值为 0.041 mg/L。其中最小值出现在 D3 站，最大值出现在 N2 站。此次调查 20 m 层高值区出现在北部湾沿岸断面，次高值区为共同渔业区和莺歌海断面，可见图 2.33，北部湾和莺歌海均值高于其他断面，万宁断面均值最小，其他几个断面差异不大。

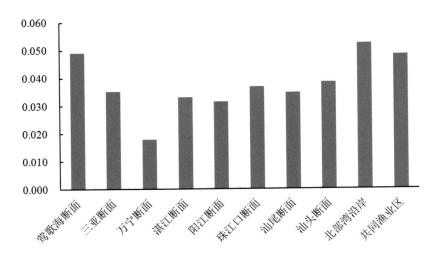

图2.33　春季20 m层水中硅酸盐浓度各断面平均值对比图（mg/L）

　　夏季，调查海域 20 m 层水中硅酸盐浓度范围为 0.015 ~ 2.133 mg/L，平均值为 0.318 mg/L。其中最小值出现在 S23 站，最大值出现在 N5 站。此次调查 20 m 层和 10 m 层硅酸盐平面分布趋势相一致，高值区出现在北部湾沿岸海域，其他各区域为均匀的低值区，总体分布趋势呈现由西北部沿岸向外海逐渐降低；各断面间变化趋势可见图 2.34，北部湾沿岸断面均值明显高于其他断面，其他几个断面均较低且分布均匀。

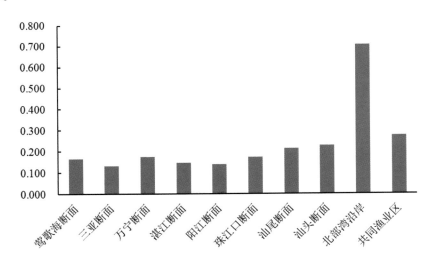

图2.34　夏季20 m层水中硅酸盐浓度各断面平均值对比图（mg/L）

　　秋季，调查海域 20 m 层水中硅酸盐浓度范围为 0.025 ~ 0.799 mg/L，平均值为 0.172 mg/L。其中最小值出现在 H5 站，最大值出现在 G3 站。此次调查 20 m 层高值区出现在北部湾沿岸海域，次高值区为汕尾和阳江沿岸海域，总体分布呈现由沿岸向外海逐渐降低趋势；各断面间变化趋势可见图2.35，北部湾沿岸、汕尾和阳江断面均值明显高于其他断面，三亚断面均值最小，其他几个断面分布均匀。

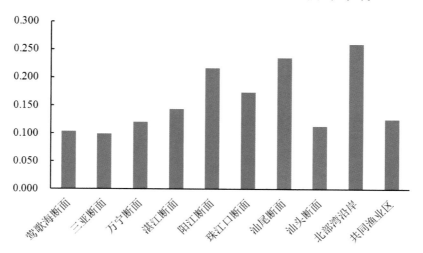

图2.35　秋季20 m层水中硅酸盐浓度各断面平均值对比图（mg/L）

冬季，调查海域 20 m 层水中硅酸盐浓度范围为 0.001 ～ 0.606 mg/L，平均值为 0.133 mg/L。其中最小值出现在 E6 站，最大值出现在 N2 站。此次调查 20 m 层和其他 2 层硅酸盐平面分布趋势相一致，高值区出现在北部湾沿岸海域，汕头断面和汕尾断面次之，总体分布趋势呈现由西北部沿岸向外海逐渐降低；各断面间变化趋势可见图 2.36，北部湾沿岸断面均值明显高于其他断面，三亚断面均值最低，其他几个断面分布差异较大。

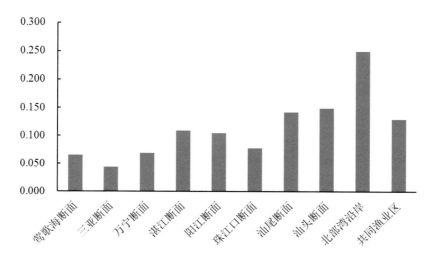

图2.36　冬季20 m层水中硅酸盐浓度各断面平均值对比图（mg/L）

第三节　叶绿素 a

春季，表层叶绿素 a 浓度普遍很低，其中北部湾约为 0.3 mg/m³，广东沿岸基本为 0.5 mg/m³，珠江口东侧海域出现 1 mg/m³ 的略高值，而海南岛东部则低于 0.3 mg/m³；夏季，表层叶绿素 a 浓度以珠江口及粤东海域较高，粤西以及北部湾海域较低，且沿岸高于离岸；秋季，表层叶绿素 a 浓度普遍很低，其中粤西、珠江口海域、北部湾均约为 1 mg/m³，而海南岛东部则低于 0.5 mg/m³；冬季，表层叶绿素 a 浓度以珠江口、粤东海域以及北部湾顶部较高，粤西以及北部湾大部分海域较低，且沿岸高于离岸。

第四节　浮游植物

一、种类组成

本次浮游植物调查经鉴定有硅藻、甲藻、蓝藻、绿藻、金藻、黄藻和裸藻共 7 大门类 110 属 620 种（含变种、变型及个别未定种，见附录 1）。其中，硅藻门的种类最多，有 68 属 377 种，占种类数的 60.80%；其次为甲藻门，有 25 属 218 种，占 35.16%，其他种类（主要有蓝藻、金藻、绿藻和黄藻等）17 属 25 种，占 4.04%（表 2.1）。调查期间各季节均出现的种类主要有透明辐杆藻、变异辐杆藻、锤状中鼓藻、活动盒形藻、高盒形藻、中华盒形藻、窄隙角毛藻、大西洋角毛藻、北方角毛藻、短孢角毛藻、扁面角毛藻、并基角毛藻、垂缘角毛藻、洛氏角毛藻、短刺角毛藻、拟弯角毛藻、小环毛藻、蛇目圆筛藻、偏心圆筛藻、巨圆筛藻、琼氏圆筛藻、虹彩圆筛藻、辐射圆筛藻、布氏双尾藻、太阳双尾藻、短角弯角藻、萎软几内亚藻、霍氏半管藻、膜质半管藻、中华半管藻、哈氏半盘藻、丹麦细柱藻、具槽直链藻、簇生菱形藻、奇异棍形藻、柔弱拟菱形藻、尖刺拟菱形藻、翼根管藻纤细变型、距端根管藻、柔弱根管藻、覆瓦根管藻、刚毛根管藻、中肋骨条藻、掌状冠盖藻、细弱海链藻、泰晤士扭鞘藻、菱形海线藻、佛氏海毛藻、二齿双管藻、三叉双管藻、梭角藻、驼背角藻、网纹角藻、线形角藻、大角角藻、马西里亚角藻、三叉角藻、三角角藻、大鸟尾藻、锥形原多甲藻、扁平原多甲藻、新月梨甲藻、菱形梨甲藻、红海束毛藻和小等刺硅鞭藻等 155 种。

（一）春季

春季，浮游植物调查共出现 6 门 87 属 402 种，其中硅藻 54 属 248 种，占 61.69%，甲藻22属141种，占35.07%，蓝藻7属9种，占2.24%，金藻2属2种，占0.50%，绿藻1属1种，占0.25%，裸藻1属1种，占0.25%。硅藻类出现的种类主要有翼根管藻纤细变型、翼根管藻、洛氏角毛藻、头状菱形藻、螺形菱形藻、菱形海线藻、菱形海线藻小型变种、长笔尖形根管藻、宽笔尖形根管藻、佛氏海毛藻、畸形圆筛藻、威氏圆筛藻、细弱海链藻和短角弯角藻等；甲藻类主要有二齿双管藻、波状角藻、微小原甲藻、具尾鳍藻、梭角藻和三角角藻等；蓝藻类主要有红海束毛藻等。

（二）夏季

夏季，南海北部浮游植物共出现5门72属293种，其中硅藻49属182种，占62.12%，甲藻16属103种，占35.15%，蓝藻4属4种，占1.37%，金藻1属3种，占1.02%，绿藻1属1种，占0.34%。硅藻出现种类主要有拟弯角毛藻、菱软几内亚藻、变异辐杆藻、柔弱拟菱形藻、尖刺拟菱形藻、菱形海线藻、中肋骨条藻、窄隙角毛藻、密聚角毛藻、秘鲁角毛藻、距端根管藻、斯氏根管藻、佛氏海毛藻、辐射圆筛藻和细弱圆筛藻等；甲藻类在夏季出现的主要种类有二齿双管藻、三角角藻、叉角藻、梭角藻、三叉角藻、大角角藻、长刺角甲藻、海洋原多甲藻、具尾鳍藻、勇士鳍藻和菱形梨甲藻等；蓝藻类主要有红海束毛藻、金藻类主要出现种类为小等刺硅鞭藻等。

（三）秋季

秋季，秋季调查浮游植物共出现6门87属410种，其中硅藻53属239种，占58.29%，甲藻22属156种，占38.05%，蓝藻6属7种，占1.71%，金藻3属4种，占0.98%，绿藻1属2种，占0.49%，黄藻2属2种，占0.49%。秋季硅藻类出现的种类主要有并基角毛藻、密聚角毛藻、旋链角毛藻、海洋角毛藻、窄隙角毛藻、菱形海线藻、佛氏海毛藻、笔尖形根管藻、透明辐杆藻、覆瓦根管藻、弯端菱形藻、锤状中鼓藻、细弱海链藻和柔弱拟菱形藻等；秋季出现的甲藻类主要有大角角藻、梭角藻、三叉角藻、具尾鳍藻和拟夜光梨甲藻等。

（四）冬季

冬季，冬季调查浮游植物共出现6门77属344种，其中硅藻52属220种，占63.95%，甲藻16属113种，占32.85%，蓝藻6属8种，占2.33%，金藻1属1种，占0.29%，绿藻1属1种，占0.29%，黄藻1属1种，占0.29%。冬季出现的硅藻类主要有细弱海链藻、佛氏海毛藻、威氏圆筛藻、苏氏圆筛藻、螺形菱形藻、透明辐杆藻和柔弱拟菱形藻等，出现的甲藻类主要有拟夜光梨甲藻、勇士鳍藻、短角角藻、叉角藻和三角角藻等。

表2.1　南海北部近海浮游植物种类组成

类群	总计		春季		夏季		秋季		冬季	
	种数	%	种数	%	种数	%	种数	%	种数	%
硅藻	377	60.80	248	61.69	182	62.12	239	58.29	220	63.95
甲藻	218	35.16	141	35.07	103	35.15	156	38.05	113	32.85
蓝藻	14	2.26	9	2.24	4	1.37	7	1.71	8	2.33
金藻	4	0.65	2	0.50	3	1.02	4	0.98	1	0.29
绿藻	4	0.65	1	0.25	1	0.34	2	0.49	1	0.29
黄藻	2	0.32	0	0	0	0	2	0.49	1	0.29
裸藻	1	0.16	1	0.25	0	0	0	0	0	0
总计	620	100	402	100	293	100	410	100	344	100

二、生态类型

南海北部近海海域地处热带及亚热带，浮游植物种类组成既有典型热带种，也有亚热带种及广温性种；既有适高盐性种，也有广盐性广布种。根据种类的生态特性、生态环境及分布特点，可将该海域浮游植物划分成河口性、温带性、热带性及广温广盐性等几个主要生态类型。

（一）河口性生态类型

由江河径流带入，并向河口外扩展，主要为适低盐性及半咸淡水种，主要的代表种有蛇目圆筛藻、中肋骨条藻、佛氏海毛藻、泰晤士扭鞘藻、锤状中鼓藻、细弱角毛藻、牟氏角毛藻、威格海母角毛藻、大角角藻、三叉角藻、颤藻、微囊藻和网球藻等，主要分布在河口区及其外缘一带。

（二）温带性类型

1. 近海性种类

主要分布于沿岸及近海的广布性种类，主要的代表种有星脐圆筛藻、翼根管藻纤细变型、伯氏根管藻、斯氏根管藻、拟弯角毛藻、洛氏角毛藻、窄隙角毛藻、菱形海线藻、变异辐杆藻、柔弱拟菱形藻、日本星杆藻、丹麦细柱藻、中华盒形藻、霍氏半管藻、叉角藻、梭角藻和海洋原多甲藻等。

2. 外海性种类

主要分布于外海较深水域的高盐性种，主要的代表种有细弱海链藻、并基角毛藻、爱氏角毛藻、距端根管藻、粗根管藻、钝棘根管藻半刺变型、丛毛辐杆藻、佛朗梯形藻、具尾鳍藻、偏转角藻、圆头角藻、腊台角藻、马西里亚角藻、方鸟尾藻和纺锤梨甲藻等。

（三）热带性类型

1. 近海性种类

主要分布于沿岸及近海的热带性强的种类，主要的代表种有远距角毛藻、异角角毛藻、平滑角毛藻、短刺角毛藻、假双刺角毛藻、脆根管藻、线形圆筛藻、奇异棍形藻、南方星纹藻、海洋环毛藻、伽氏筛盘藻、太阳漂流藻、萎软几内亚藻、长角弯角藻、长刺角甲藻、短角角藻、波状角藻、兀鹰角藻苏门答腊变种和优美原多甲藻等。

2. 外海性种类

主要分布于外海的高温高盐性种类，主要的代表种有大西洋角毛藻、大西洋角毛藻骨条变种、秘鲁角毛藻、密聚角毛藻、圆柱根管藻、长辐杆藻、太阳双尾藻、哈氏半盘藻、大洋脆杆藻、奇长角藻、歧分角藻舞姿变型、驼背角藻、美丽鸟尾藻、单刺足甲藻和六异刺硅鞭藻八角变种等。

（四）广温广盐性种类

分布于河口外缘及近岸的广布种，主要的代表种有扁面角毛藻、柔弱角毛藻、旋链角毛藻、翼根管藻纤细变型、伯氏根管藻、小眼圆筛藻、菱形海线藻、洛氏菱形藻、长菱形藻、长菱形藻弯端变种、活动盒形藻、簇生菱形藻、小环毛藻、中肋骨条藻、锤状中鼓藻、三角角藻广盐变种、大角角藻窄变种和夜光藻等。

三、栖息密度

（一）数量分布

1. 年均丰度

调查期间，南海北部近海浮游植物数量变化范围为 $1.45 \times 10^4 \sim 25\,711.61 \times 10^4$ 个/m³，平均 $1\,202.84 \times 10^4$ 个/m³，栖息密度组成以硅藻类占绝对优势，约占总密度的 98.52%；其他藻类次之，占 1.15%，甲藻类仅占 0.33%。

平面分布显示，南海北部近岸水域浮游植物密度明显高于远岸，粤西 D 断面至粤东 H 断面近岸水域出现较高密度密集区。近半数站点浮游植物栖息密度低于 100×10^4 个/m³，主要分布在 100 m 以深水域。

2. 春季

春季南海北部近海浮游植物栖息密度范围为 $0.31 \times 10^4 \sim 5\,796.11 \times 10^4$ 个/m³，

平均为 220.60×10⁴ 个/m³。浮游植物栖息密度组成以硅藻类为主，范围为 $0.28×10^4$ ～ $5\,788.44×10^4$ 个/m³，均值为 $214.40×10^4$ 个/m³，占 97.20%；其次为甲藻类，范围为 $0.03×10^4$ ～ $32.53×10^4$ 个/m³，均值为 $3.80×10^4$ 个/m³，占 1.72%；其他藻类平均栖息密度最低，范围为 0 ～ $95.24×10^4$ 个/m³，均值为 $2.39×10^4$ 个/m³，占 1.08%。浮游植物栖息密度水平分布表现出北部湾 S 断面最高（均值 $1\,026.11×10^4$ 个/m³），其次 H 断面（均值 $250.01×10^4$ 个/m³），C 断面最低（均值 $1.22×10^4$ 个/m³）；高值区主要集中在北部湾和汕头站点，低值主要在海南岛以东的离岸站点。

3. 夏季

夏季南海北部近海浮游植物栖息密度范围为 $0.13×10^4$ ～ $75\,706.29×10^4$ 个/m³，平均为 $1\,135.30×10^4$ 个/m³。浮游植物栖息密度组成以硅藻类为主，范围为 $0.11×10^4$ ～ $74\,768.25×10^4$ 个/m³，均值为 $1\,093.72×10^4$ 个/m³，占 96.34%；其次为其他藻类，范围为 0 ～ $931.37×10^4$ 个/m³，均值为 $40.83×10^4$ 个/m³，占 3.60%；甲藻类最低，范围为 $0.02×10^4$ ～ $6.67×10^4$ 个/m³，均值为 0.75，占 0.07%。浮游植物栖息密度水平分布表现出 G 断面最高（均值 $9\,451.19×10^4$ 个/m³），其次为 D 断面（均值 $1\,814.26×10^4$ 个/m³），B 断面最低（均值 $17.50×10^4$ 个/m³）；高值区主要集中在汕尾 G 断面和粤西 D 断面的近岸站点，低值主要集中在离岸站点。

4. 秋季

秋季南海北部近海浮游植物栖息密度范围为 $0.50×10^4$ ～ $14\,048.56×10^4$ 个/m³，平均 $678.94×10^4$ 个/m³；浮游植物栖息密度组成以硅藻类为主，范围为 $0.07×10^4$ ～ $13\,780.05×10^4$ 个/m³，均值为 $658.85×10^4$ 个/m³，占 97.04%；其次为其他藻类（主要为蓝藻类），范围为 0 ～ $202.21×10^4$ 个/m³，均值为 $11.78×10^4$ 个/m³，占 1.73%；甲藻类最低，范围为 $0.05×10^4$ ～ $88.14×10^4$ 个/m³，均值为 $8.31×10^4$ 个/m³，占 1.23%。浮游植物栖息密度水平分布表现出北部湾 N 断面最高（均值 $1\,976.71×10^4$ 个/m³），其次为汕头 H 断面（均值 $1\,007.89×10^4$ 个/m³），B 断面最低（$6.85×10^4$ 个/m³）；高值区主要集中在北部湾中部站点和阳江 E 断面至汕头 H 断面近岸站点，低值区主要分布在离岸站点。

5. 冬季

冬季南海北部近海浮游植物栖息密度范围为 $0.18×10^4$ ～ $102\,708.40×10^4$ 个/m³，平均 $2\,776.54×10^4$ 个/m³。浮游植物栖息密度组成以硅藻类为主，范围为 $0.03×10^4$ 个/m³ ～ $102\,707.20×10^4$ 个/m³，均值为 $2\,773.08×10^4$ 个/m³，占 99.88%；其次为甲藻类，范围为 0 ～ $43.33×10^4$ 个/m³，均值为 $3.11×10^4$ 个/m³，占 0.11%；其他藻类最低，范围为 0 ～ $4.83×10^4$ 个/m³，均值为 $0.35×10^4$ 个/m³，占 0.01%。浮游植物栖息密度水平分

布表现出珠江口 F 断面最高（均值 15 417.08 ×10⁴ 个/m³），其次为北部湾 S 断面（6 003.89×10⁴ 个/m³），海南岛三亚 B 断面最低（1.05 ×10⁴ 个/m³）。高值区主要集中在阳江 E 断面至汕头 H 断面的近岸站点，低值区主要集中在海南岛以东的离岸站点。

（二）季节变化

南海北部浮游植物平均栖息密度为 1 202.84×10⁴±3 544.69×10⁴ 个/m³，季节变化趋势表现为冬季最高，夏季次之，春季最低。浮游植物密度组成变化较小，均以硅藻占绝对优势，其中冬季硅藻所占比例最高，夏季最低（表 2.2）。

表2.2　南海北部近海浮游植物栖息密度季节变化

项目	夏季	秋季	冬季	春季	四季均值
范围（×10⁴ 个/m³）	0.13 ～ 75 706.29	0.50 ～ 14 048.56	0.18 ～ 102 708.40	0.31 ～ 5 796.11	1.45 ～ 25 711.61
均值（×10⁴ 个/m³）	1 135.3 ± 7 701.37	678.94 ± 2 112.47	2 776.54 ± 11 913.77	220.6 ± 798.67	1 202.84 ± 3 544.69
硅藻密度比例（%）	96.34	97.04	99.88	97.2	98.52
甲藻密度比例（%）	0.06	1.23	0.11	1.72	1.15
其他密度比例（%）	3.6	1.73	0.01	1.08	0.33

第五节　浮游动物

一、种类组成及生态类群

（一）种类组成

南海北部地处热带及亚热带，西起北部湾，东至粤东海域，南到海南岛以南海域，海域面积宽广，因此，浮游动物种类繁多，组成复杂。经鉴定，本次调查共发现浮游动物 682 种（包括未定种，见附录 2），分类学上隶属于 8 门 20 大类，以节肢动物门的甲壳动物占绝对优势，共 454 种，占全年总种数的 66.57%，其中在甲壳动物中，桡足类种类数最多，共 272 种，占全年甲壳动物总种数的 59.91%（表 2.3）。此外，还发现原生动物门 2 种；刺胞动物门 87 种，其中自育水母类 12 种，水螅水母类 74 种，钵水母类 1 种；栉板动物门 4 种；环节动物门 22 种；软体动物门的浮游腹足类 46 种；节肢动物门的其他甲壳动物，如：枝角类 3 种，介形类 52 种，糠虾类 16 种，涟虫类 4 种，等足类 2 种，端足类 70 种，磷虾类 22 种，十足类 13 种；毛颚动物门 25 种；尾索动物门 42 种，其中有尾类 19 种，海樽类 23 种。另外，还发现浮游幼体 42 类。

1. 春季

春季，浮游动物出现种类数最多，为全年最高峰。经鉴定共发现 488 种，占全年总种数的 71.55%。浮游甲壳动物 308 种，占春季浮游动物总种数的 63.11%，处于第 1 大门类的优势地位，其中桡足类 185 种，占春季甲壳动物总种数的 60.06%；刺胞动物 75 种，占春季总种数的 15.37%，为第 2 大门类；软体动物 42 种，占总种数的 8.61%，为第 3 大门类；尾索动物为第 4 大门类，共 33 种，占总种数的 6.76%；毛颚动物 14 种，占总种数的 2.87%，为第 5 大门类；环节动物门 10 种，占总种数的 2.05%；其他类群总共 6 种。此外，该季节出现的浮游幼体最多，有 40 类。

2. 夏季

夏季，南海北部共发现浮游动物 370 种，是本次调查浮游动物种类数出现的次高峰季节，占全年总种数的 54.25%。其中浮游甲壳动物出现种类数最多，共 285 种，占夏季总种数的 77.03%，浮游桡足类是甲壳动物中出现种类数最多的类群，达 212 种，占夏季甲壳动物总种数的 74.39%；其次是刺胞动物门 31 种，占夏季总种数的 8.38%；第 3 大门类是毛颚动物门，共出现 21 种，占夏季总种数的 5.68%；第 4 大门类是尾索动物门，共出现 17 种，占夏季总种数的 4.59%；第 5 大门类是软体动物门，共出现 10 种，占夏季总种数的 2.70%，环节动物门共出现 6 种，占夏季总种数的 1.62%。此外，该季节出现浮游幼体 15 类。

3. 秋季

秋季，经鉴定共发现 318 种浮游动物，占全年总种数的 46.63%，种类数为全年最低水平。浮游甲壳动物出现 227 种，占秋季浮游动物总种数的 71.38%，仍为第 1 大门类，其中桡足类 141 种，占秋季甲壳动物总种数的 62.11%，为浮游甲壳动物的最大类群；刺胞动物门 36 种，占秋季总种数的 11.32%，为第 2 大门类；毛颚动物为第 3 大门类，共出现 18 种，占总种数的 5.66%；软体动物出现 17 种，占总种数的 5.35%，为第 4 大门类；尾索动物为第 5 大门类，共出现 15 种，占总种数的 4.72 %；其他类群总共 5 种。此外，该季节出现浮游幼体 12 类。

4. 冬季

冬季，经鉴定共发现 358 种浮游动物，占全年总种数的 52.49%，为本次调查出现种类数相对较低的季节。浮游甲壳动物出现 251 种，仍为第 1 大门类，占冬季浮游动物总种类数的 70.11%，其中桡足类 164 种，占冬季甲壳动物总种数的 65.34%，为浮游甲壳动物的最大类群；刺胞动物门 46 种，占冬季总种数的 12.85%，仍为第 2 大门类；软体动物出现 22 种，占总种数的 6.15%，为第 3 大门类；毛颚动物为第 4 大门类，共出现 18 种，占总种数的 5.03%；尾索动物出现 12 种，占总种数的 3.35%，为第 5 大门类；其他类群总共 9 种。此外，该季节出现浮游幼体 15 类。

表2.3　南海北部近海不同季节浮游动物种类组成及百分比

门类	类群	春季		夏季		秋季		冬季		全年	
		种数	占比/%	种数	占比/%	种数	占比/%	种数	占比/%	种数	占比/%
原生动物门	等辐骨虫类	1	0.20	—	—	—	—	—	—	1	0.15
	有孔虫类	1	0.20	—	—	—	—	—	—	1	0.15
刺胞动物门	自育水母类	10	2.05	5	1.35	4	1.26	7	1.96	12	1.76
	水螅水母类	64	13.11	26	7.03	32	10.06	39	10.89	74	10.85
	钵水母类	1	0.20	—	—	—	—	—	—	1	0.15
栉板动物门	栉水母类	4	0.82	—	—	1	0.31	2	0.56	4	0.59
环节动物门	多毛类	10	2.05	6	1.62	4	1.26	7	1.96	22	3.23
软体动物门	腹足类	42	8.61	10	2.70	17	5.35	22	6.15	46	6.74
	枝角类	3	0.61	3	0.81	3	0.94	—	—	3	0.44
	介形类	35	7.17	11	2.97	20	6.29	28	7.82	52	7.62
	桡足类	185	37.91	212	57.30	141	44.34	164	45.81	272	39.88
	糠虾类	8	1.64	12	3.24	10	3.14	9	2.51	22	2.35
节肢动物门	涟虫类	4	0.82	1	0.27	—	—	1	0.28	4	0.59
	等足类	1	0.20	—	—	1	0.31	1	0.28	2	0.29
	端足类	55	11.27	28	7.57	27	8.49	30	8.38	70	10.26
	磷虾类	11	2.25	10	2.70	16	5.03	11	3.07	22	3.23
	十足类	6	1.23	8	2.16	9	2.83	7	1.96	13	1.91
毛颚动物门	毛颚类	14	2.87	21	5.68	18	5.66	18	5.03	25	3.67
尾索动物门	有尾类	17	3.48	5	1.35	4	1.26	3	0.84	19	2.79
	海樽类	16	3.28	12	3.24	11	3.46	9	2.51	23	3.37
	合计	488	100.00	370	100.00	318	100.00	358	100.00	682	100.00
	浮游幼体类	40		15		12		15		42	

（二）生态类群

根据浮游动物的生态习性和分布，本次调查海域的浮游动物可分为如下 5 种生态类型：

1. 沿岸低盐类型

代表种有锥形宽水蚤、红小毛猛水蚤、钳形歪水蚤、刺尾纺锤水蚤、椭圆长足水蚤、针刺真浮萤、贝德福滨箭虫、多变箭虫、柔弱滨箭虫、半球美螅水母、四刺刺糠虾、中华节糠虾、中华假磷虾和汉森莹虾等。主要分布在盐度较低的沿岸水域和内湾海域，生活水深在 60 m 范围以内，出现种数较少，但数量较大，在全年均为优势种。绝大多数为暖水沿岸种，少数为暖温沿岸种。

2. 广温广盐类型

广温广盐类型是南海浮游动物的主要类型。代表种有中华哲水蚤、幼平头水蚤、微刺哲水蚤、弓角基齿哲水蚤、亚强次真哲水蚤、拟长腹剑水蚤、小拟哲水蚤、后圆真浮萤、肥胖三角溞、龙翼箭虫、肥胖软箭虫、百陶带箭虫、尖笔帽螺、宽额假磷虾、柔弱磷虾、细节糠虾、斑点真海精蛾、裂颏蛮蛾、尖角水母、扭歪爪室水母、双生水母、四叶小舌水母、方拟多面水母等。这一类型分布广，出现种类多，数量大，各季均有优势种出现。

3. 低温广盐类型

多出现在温度较低的冬春季，主要种类有波状感棒水母、扁胃高手水母、透明扁齿螺、双突猫萤、短盘首蚕、短额磷虾等。这类浮游动物分布范围广，种类较少，数量不占优势。

4. 高温广盐类型

多出现在温度较高的夏、秋季。代表种包括针丽哲水蚤、**精致真刺水蚤**、普通波水蚤、**角锚哲水蚤**、异尾宽水蚤、小型大眼水蚤、半口壮丽水母、华丽盛装水母、史氏圆囊溞、**中型莹虾**、太平洋撬虫、**软拟海樽**等这类动物分布亦较广，调查期间出现在温度较高的夏、秋季，个体数量较少。

5. 高温高盐类型

代表种有窄缝真刺水蚤、强次真哲水蚤、长尾亮羽水蚤、细枪水蚤、拟长腹剑水蚤、波氏袖水蚤、粗新哲水蚤、双翼平头水蚤、瘦乳点水蚤、顶大多面水母、拟铃浅室水母、肥胖吸海萤、短形小浮萤等，这类动物主要分布在靠外海海域，数量较低，一般不形成较高数量的密集区。

二、丰度

（一）平面分布

1. 年均丰度

调查期间，南海北部浮游动物丰度范围为 5.98 ～ 3 257.89 个/m³，4 季平均 177.50 个/m³。大部分调查站位年均丰度范围在 100 ～ 200 个/m³ 之间，约占调查海域的 55.56%，广泛分布在 40 ～ 200 m 水深范围；其次是 50 ～ 100 个/m³ 之间的站位，约占调查海域的 20.20%，主要分布在 100 ～ 200 m 水深范围及北部湾中、南部；年均丰度在 200 ～ 500 个/m³ 之间的站位约占调查海域的 17.17%，主要分布在 10 ～ 40 m 水深范围，500 ～ 1 000 个/m³ 密集区主要分布在 10 m 水深附近，约占调查海域的 4.04%；大于 1 000 个/m³ 的高值区仅出现在湛江湾口外的海域，而低于 50 个/m³ 的低值区出现 2 个站位，均出现在粤东外海海域，分别位于汕头断面的 200 m 水深海域及汕尾断面的 40 ～ 100 m 水深范围。

南海北部浮游动物年均丰度的平面分布总体呈现广东沿岸断面高于北部湾，近海高于外海海域，北部湾北部高于南部海域，密集区主要出现在 40 m 等深线内。

2. 春季

南海北部春季丰度变化范围为 5.98 ～ 3257.89 个/m³，平均为 347.67 个/m³，为调查期间均值最高季节。春季丰度总体较高，200 ～ 500 个/m³ 范围的高丰度区分布较广，约占调查海域的 35.35%，主要分布在 40 ～ 100 m 水深范围内海域；其次是丰度为 100 ～ 200 个/m³ 范围的站位，约占调查海域的 27.27%，主要分布在 100 ～ 200 m 水深范围内海域；50 ～ 100 个/m³ 范围的站位，约占调查海域的 14.14%，主要分布在北部湾南部和 100 ～ 200 m 水深范围内海域；500 ～ 1000 个/m³ 范围的较高丰度密集区主要分布在 10 ～ 40 m 水深范围内海域，约占调查海域的 9.09%；而大于 1000 个/m³ 的最高丰度密集区，主要分布在雷州半岛东、西部近岸海域及汕尾断面的 10 ～ 40 m 水深范围内海域。

3. 夏季

南海北部浮游动物夏季丰度范围为 15.77 ～ 993.33 个/m³，平均 130.28 个/m³，高于秋季。平面分布呈现明显的带状分布趋势，即广东沿岸调查断面高于北部湾，近岸水域高于外海的分布规律，海南岛南部断面丰度与北部湾更相似，高密集区主要分布在广东沿岸 10 m 水深附近及湛江断面海域。以 50 ～ 100 个/m³ 和 100 ～ 200 个/m³ 范围为主，其分布海域分别占调查水域的 34.34% 和 30.30%；10 ～ 50 个/m³ 丰度范围约占 20.20%；200 ～ 500 个/m³ 丰度密集区约占 2.12%；500 ～ 1 000 个/m³ 丰度高密集区约占 3.03%。

4. 秋季

南海北部秋季丰度变化范围为 8.46 ～ 227.30 个/m³，平均 90.44 个/m³，为全年最低值。平面分布呈现近岸水域高于外海的分布规律，广东沿岸调查断面略高于北部湾，高密集区主要分布在北部湾北部和粤东海域。丰度在 50 ～ 100 个/m³ 范围的水域分布最广，约占调查海域的 41.41%，主要分布在水深 40m 等深线以外海域；其次是丰度为 100 ～ 200 个/m³ 范围的丰度密集区，约占调查水域的 32.32%，主要分布在 10 ～ 40 m 水深范围；10 ～ 50 个/m³ 范围的站位约占调查水域的 23.23%，主要分布在湛江断面、海南南部沿岸断面及北部湾南部海域；大于 200 个/m³ 的站位仅有 2 个，均分布在汕尾和汕头断面的 10m 等深线附近。

5. 冬季

南海北部冬季丰度变化范围为 7.56 ～ 660.18 个/m³，平均为 141.60 个/m³，均值略高于夏季，平面分布呈现广东沿岸调查断面高于北部湾，近岸水域高于外海的分布规律，与夏季相似，高密集区主要分布在北部湾北部，湛江断面和珠江口及以东断面的 40 m 以内海域，以及万宁断面海域。丰度在 100 ～ 200 个/m³ 范围的水域分布最广，约占调查海域的 34.34%，主要分布在 40 ～ 100 m 水深范围内海域；其次是丰度为 50 ～ 100 个/m³ 范围的站位，约占调查水域的 29.29%，主要分布在北部湾中、南部和阳江断面海域；200 ～ 500 个/m³ 范围的丰度密集区主要分布在 10 ～ 40 m 水深范围内海域和万宁断面海域，约占调查水域的 20.20%；小于 50 个/m³ 的站位主要分布在 200m 等深线附近及北部湾中、南部海域；而大于 500 个/m³ 的站位仅有 2 个，均分别分布在湛江和汕尾断面的 10 ～ 40 m 水深范围内。

（二）季节变化

南海北部浮游动物丰度年均值为 177.50 个/m³，季节变化明显，尤以春季丰度最高，为 347.67 个/m³；其次为冬、夏季，两季节丰度较为接近，分别为 141.60 个/m³和 130.28 个/m³；秋季丰度最低，为 90.44 个/m³（表 2.4）。

表2.4 南海北部浮游动物丰度季节变化及均值

	春季	夏季	秋季	冬季	年均值
均值（个/m³）	347.67	130.28	90.44	141.60	177.50
最大值（个/m³）	3257.89	993.33	227.30	660.18	1021.68
最小值（个/m³）	5.98	15.77	8.46	7.56	45.66

三、湿重生物量

（一）平面分布

1. 年均湿重生物量

调查期间，南海北部浮游动物湿重生物量范围为 4.54 ～ 810.67 mg/m³，平均 108.40 mg/m³。大部分调查站位在 50 ～ 100 mg/m³，约占调查海域的 53.54%，广泛分布在北部湾及 40 ～ 200 m 水深等深线范围；其次是 100 ～ 200 mg/m³，约占调查海域的 32.32%，广泛分布在近海 10 ～ 100 m 水深等深线范围；200 ～ 500 mg/m³ 的湿重生物量密集区主要出现在近海 40 m 以内海域，约占调查海域的 7.07%。

南海北部浮游动物年均湿重生物量的平面分布与年均丰度相似，总体呈现广东沿岸断面高于北部湾，近海高于外海海域，密集区主要出现在 40 m 等深线内，北部湾年均湿重生物量分布相对较为均匀。

2. 春季

南海北部春季湿重生物量变化范围为 4.54 ～ 805.33 mg/m³，平均为 127.04 mg/m³。100 ～ 200 mg/m³ 范围的湿重生物量分布较广，约占调查海域的 39.39%，主要分布在 10 ～ 100 m 水深范围内海域；其次是 50 ～ 100 mg/m³ 范围的站位，约占调查海域的 33.33%，主要分布在 40 ～ 200 m 水深范围内海域；10 ～ 50 mg/m³ 范围的较低湿重生物量站位主要零星分布在北部湾及 200 m 水深等深线附近，约占调查海域的 12.12%；200 ～ 500 mg/m³ 范围的较高湿重生物量密集区主要分布在 10 ～ 100 m 水深范围内海域，约占调查海域的 9.09%；而 800 ～ 1000 mg/m³ 的最高丰度密集区，主要分布在湛江和汕尾断面的 10m 水深附近，约占调查海域的 3.03%。

3. 夏季

南海北部浮游动物夏季湿重生物量范围为 8.33 ～ 810.67 mg/m³，平均 102.38 mg/m³。平面分布呈现广东沿岸高于北部湾，近岸水域高于外海的分布规律。以 10 ～ 50 mg/m³ 和 50 ～ 100 mg/m³ 范围为主，其分布海域分别占调查海域的 32.32% 和 35.35%，主要分布在北部湾和近海 40 ～ 200 m 水深等深线范围；200 ～ 500 mg/m³ 湿重生物量密集区主要分布在近海 40 m 水深等深线以内海域，约占调查水域的 11.11%；500 ～ 1 000 mg/m³ 的高湿重生物量站位有 2 个，分别位于湛江断面 10 m 水深附近和珠江口断面的 40 ～ 100 m 水深等深线范围内。

4. 秋季

南海北部秋季湿重生物量变化范围为 7.85 ～ 244.44 mg/m³，平均 76.33 mg/m³，为全年最低值。平面分布呈现广东沿岸略高于北部湾，广东沿岸的近岸水域高于外海的分布规律，北部湾湿重生物量分布较均匀。50 ～ 100 mg/m³ 范围的水域分布最广，约占调查海域的 50.50%，主要分布在北部湾和水深 40 ～ 100 m 等深线范围海域；其次是湿重生物量为 10 ～ 50 mg/m³ 范围的站位，约占调查海域的 30.30%，主要分布在 40 ～ 200 m 水深范围；100 ～ 200 mg/m³ 范围的较高密集区约占调查水域的 20.20%，主要分布在广东沿岸 40 m 水深等深线以内及汕头断面海域；200 ～ 500 mg/m³ 范围的高湿重生物量站位仅有 2 个，均分布在汕尾断面的 40 m 水深等深线附近。

5. 冬季

南海北部冬季湿重生物量变化范围为 12.63 ～ 585.47 mg/m³，平均为 127.85 mg/m³，为调查期间湿重生物量最高季节，平面分布呈现广东沿岸调查断面高于北部湾，近岸水域高于外海的分布规律，与夏季相似。50 ～ 100 mg/m³ 范围的水域分布最广，约占调查海域的 38.38%，主要分布在 40 ～ 200 m 水深范围内海域；其次是 100 ～ 200 mg/m³ 范围的站位，约占调查水域的 31.31%，主要分布在 40 ～ 100 m 范围内海域；200 ～ 500 mg/m³ 范围的湿重生物量密集区主要分布在 10 ～ 40 m 水深范围内海域，约占调查水域的 17.17%；小于 50 mg/m³ 的站位主要分布在北部湾南部海域；而大于 500 mg/m³ 的站位仅有 1 个，分布在湛江断面的 10 ～ 40 m 水深范围内。

（二）季节变化

调查期间，南海北部浮游动物湿重生物量年均值为 108.40 mg/m³，春、冬季湿重生物量均较高，分别为 127.04 mg/m³ 和 127.85 mg/m³；夏季次之，为 102.38 mg/m³；**秋季湿重生物量最低**，为 76.33 mg/m³（表 2.5）。

表2.5　南海北部浮游动物湿重生物量季节变化及均值

	春季	夏季	秋季	冬季	年均值
均值（mg/m³）	127.04	102.38	76.33	127.85	108.40
最大值（mg/m³）	805.33	810.67	244.44	585.47	406.42
最小值（mg/m³）	4.54	8.33	7.85	12.63	36.81

四、主要类群

（一）浮游甲壳动物

浮游甲壳类包括的种类繁多，其中大部分种类终生营浮游生活，有些种类则在某个阶段营浮游生活。这类动物因其种类多、数量大、分布广而在浮游生物中占有极为重要的地位，是海洋经济动物特别是经济鱼类的主要饵料。

本次调查，浮游甲壳类数量占浮游动物总数量的80.21%，主要包括枝角类、介形类、桡足类、糠虾类、涟虫类、等足类、端足类、磷虾类和十足类。

1. 桡足类

桡足类是浮游甲壳动物中最重要、最具经济意义的类群，在浮游动物种类组成和数量分布中均占最主要的地位。本调查海区出现的桡足类丰度占全调查海区浮游动物总丰度的63.41%（表2.6）。

表2.6 南海北部浮游动物各类群总丰度及百分比组成季节变化

类群	春季		夏季		秋季		冬季		总计	
	丰度 （个/m³）	占比 %	丰度 （个/m³）	占比 %	丰度 （个/m³）	占比 %	丰度 （个/m³）	占比 %	丰度 （个/m³）	占比 %
等辐骨虫类	20.85	0.06	—	—	—	—	—	—	20.85	0.03
有孔虫类	164.82	0.48	—	—					164.82	0.23
自育水母类	85.56	0.25	7.96	0.09	6.42	0.11	21.39	0.19	121.33	0.17
水螅水母类	624.09	1.81	109.06	0.82	69.05	0.73	84.87	0.56	887.07	1.26
钵水母类	0.08	0.00	—	—	—	—			0.08	0.00
栉水母类	10.88	0.03	—	—	1.94	0.02	<0.01	<0.01	12.82	0.02
多毛类	4.85	0.01	3.35	0.03	0.70	0.01	3.37	0.02	12.27	0.02
腹足类	249.23	0.72	43.46	0.34	84.13	0.94	57.33	0.41	434.15	0.62
枝角类	9 192.06	26.71	107.98	0.84	74.87	0.84	—	—	9 374.91	13.34
介形类	776.78	2.26	76.12	0.59	68.37	0.76	87.97	0.63	1 009.24	1.44
桡足类	14 282.41	41.49	11 106.11	86.11	7 451.50	83.22	11 732.16	83.69	4 4572.18	63.41
糠虾类	4.48	0.01	15.28	0.12	11.81	0.13	11.77	0.08	43.34	0.06
涟虫类	4.28	0.01	0.16	<0.01	—	—	0.50	<0.01	4.94	0.01
等足类	10.27	0.03	—	—	0.26	<0.01	0.58	<0.01	11.11	0.02
端足类	79.25	0.23	86.86	0.67	63.56	0.71	103.23	0.74	332.90	0.47
磷虾类	6.16	0.02	5.85	0.05	13.77	0.15	32.76	0.23	58.54	0.08
十足类	566.79	1.65	90.90	0.70	138.36	1.55	175.72	1.25	971.77	1.38
毛颚类	1 548.83	4.50	592.37	4.59	631.81	7.06	1 000.34	7.14	3 773.35	5.37
有尾类	253.63	0.74	18.30	0.14	8.23	0.09	54.44	0.39	334.60	0.48

类群	春季		夏季		秋季		冬季		总计	
	丰度 (个/m³)	占比 %	丰度 (个/m³)	占比 %	丰度 (个/m³)	占比 %	丰度 (个/m³)	占比 %	丰度 (个/m³)	占比 %
海樽类	1 270.74	3.69	315.27	2.44	34.59	0.39	138.31	0.99	1 758.91	2.50
浮游幼体类	5 263.66	15.29	318.57	2.47	294.30	3.29	513.50	3.66	6 390.03	9.09
总计	34 419.70	100.00	12 897.6	100.00	8 953.67	100.00	14 018.24	100.00	70 289.21	100.00

南海北部浮游桡足类出现的种类多，全年出现了 2 种较优势的种类，分别为锥形宽水蚤和异尾宽水蚤，年均优势度为 0.10 和 0.08；3 季节均为优势种（优势度 ≥ 0.02）的有 3 种，分别为**微驼隆哲水蚤，小拟哲水蚤和亚强次真哲水蚤，3 季优势度均值分别为 0.04，0.06 和 0.04**；2 季均为优势种的也有 2 种，分别为强额拟哲水蚤和狭额次真哲水蚤，优势度均值分别为 0.06 和 0.02。仅在 1 个季节形成优势的种类较多，有 6 种，分别为微刺哲水蚤、中华哲水蚤、精致真刺水蚤、平滑真刺水蚤、齿三锥水蚤和针刺拟哲水蚤，优势度范围在 0.02 ~ 0.04 之间（表 2.7）。

表2.7　南海北部近海浮游动物优势种（平均丰度：个/m³）

优势种	春季		夏季		秋季		冬季	
	优势度	平均丰度	优势度	平均丰度	优势度	平均丰度	优势度	平均丰度
微驼隆哲水蚤	<0.02	0.92	0.03	4.66	0.04	4.05	0.05	7.19
微刺哲水蚤	0.03	9.31	<0.02	1.10	<0.02	0.63	<0.02	0.30
中华哲水蚤	—	—	<0.02	0.53	—	—	0.03	7.82
精致真刺水蚤	<0.02	0.26	<0.02	2.03	<0.02	1.47	0.02	3.49
平滑真刺水蚤	<0.02	0.10	<0.02	2.15	<0.02	1.55	0.02	3.76
齿三锥水蚤	<0.02	<0.01	0.02	4.30				
针刺拟哲水蚤	<0.02	5.97	<0.02	2.60	<0.02	2.41	0.04	5.64
强额拟哲水蚤	<0.02	0.15	<0.02	4.51	0.05	5.74	0.07	10.34
小拟哲水蚤	<0.02	4.45	0.04	7.83	0.07	7.42	0.08	11.98
亚强次真哲水蚤	<0.02	2.46	0.03	5.18	0.05	4.75	0.05	7.45
狭额次真哲水蚤	<0.02	0.63	<0.02	3.13	0.02	2.33	0.02	3.71
异尾宽水蚤	0.03	11.15	0.11	15.21	0.09	8.96	0.09	13.25

续表

优势种	春季		夏季		秋季		冬季	
	优势度	平均丰度	优势度	平均丰度	优势度	平均丰度	优势度	平均丰度
锥形宽水蚤	0.10	43.22	0.13	17.35	0.09	8.79	0.07	10.25
鸟喙尖头溞	0.10	80.15	<0.02	0.48	<0.02	0.15	—	—
百陶带箭虫	<0.02	0.54	<0.02	1.97	<0.02	1.59	0.02	3.27
肥胖软箭虫	0.04	12.85	<0.02	2.07	0.03	2.80	<0.02	3.07

南海北部桡足类丰度的季节变化明显，调查期间呈现出单峰型特征。春季丰度最高，夏季略降低，秋季降低至全年最低水平，而冬季又有回升，略高于夏季。

春季，桡足类总丰度为 14 282.41 个/m³，为全年最高，占春季浮游动物总丰度的41.49%。锥形宽水蚤是该季节优势度最高的桡足类优势种，其丰度占春季桡足类总丰度的 29.96%；其次是异尾宽水蚤，占春季桡足类总丰度的 7.73%；第三优势是微刺哲水蚤，占春季桡足类总丰度的 6.45%。

夏季，南海北部桡足类总丰度为 11 106.11 个/m³，占夏季浮游动物总丰度的86.11%。海区优势种均为桡足类，优势度最高的是锥形宽水蚤，其丰度占夏季桡足类总丰度的 15.46%；其次是异尾宽水蚤，丰度占该季桡足类总丰度的 13.56%；第三是小拟哲水蚤，丰度占该季桡足类总丰度的 6.98%；此外，微驼隆哲水蚤、齿三锥水蚤和亚强次真哲水蚤的丰度亦占一定比例，合计占夏季桡足类总丰度的 15.76%。

秋季，桡足类总丰度为 7 451.50 个/m³，为全年最低水平，占秋季浮游动物总丰度的83.22%，除 1 种毛颚类优势种外，其他优势种均为桡足类。与夏季相比，秋季桡足类种类数及总丰度均降低，优势种演替不明显，前三优势的种类依然是锥形宽水蚤、异尾宽水蚤和小拟哲水蚤；第四、五优势的是强额拟哲水蚤和亚强次真哲水蚤，两者占秋季桡足类总丰度的 13.93%；此外，微驼隆哲水蚤和狭额次真哲水蚤出现丰度亦较高，合计占秋季桡足类总丰度的 8.47%。

冬季，桡足类总丰度为 11 732.16 个/m³，在秋季降至最低后逐渐回升并略高于夏季总丰度，占冬季浮游动物总丰度的83.69%。与夏秋季比较，冬季种类发生部分演替，出现 12 种桡足类优势种，为全年最多。异尾宽水蚤的优势度最高，其丰度占该季桡足类总丰度的 11.18%；其次是小拟哲水蚤、锥形宽水蚤和强额拟哲水蚤，分别占该季桡足类总丰度的 10.11%、8.65% 和 8.72%；微驼隆哲水蚤、亚强次真哲水蚤和针刺拟哲水蚤的丰度也较高，分别占该季桡足类总丰度的 6.07%、6.28% 和 4.76%；此外，中华哲水蚤、精致真刺水蚤、平滑真刺水蚤和狭额次真哲水蚤亦占一定比例，合计占冬季桡足类总丰度的 15.85%。

（1）锥形宽水蚤

为全年优势种，调查期间出现总数占桡足类全年总数的 17.68%，在整个南海北部海域均有分布，季节不同，主要密集区分布有一定差异。数量高峰期出现在春季，出现总数占桡足类全年总数的 9.60%，秋季出现数量最低，仅占桡足类全年总数的 1.95%。

春季数量升至最高，总数为 4 278.48 个/m³，出现 3 个明显的高密集区，分别分布在雷州半岛的东、西部近岸海域及阳江断面 40m 等深线附近海域，雷州半岛西部近岸海域数量高于 400 个/m³，东部近岸海域数量高于 300 个/m³，阳江断面 40m 等深线附近海域数量高于 150 个/m³。

夏季数量较高，调查期间南海北部海域出现总数量 1 717.29 个/m³，占桡足类全年总数的 3.85%，数量分布相对均匀，但有 2 个明显的密集区，即湛江和汕头断面的近岸海域，两密集区丰度均超过 150 个/m³。广东断面海域丰度高于北部湾海域。

秋季数量降至全年最低，总数降为 870.69 个/m³，分布相对均匀，各测站丰度均低于 50 个/m³。

冬季数量出现回升，总数为 1 014.70 个/m³，占桡足类全年总数的 2.28%，分布也相对均匀，各测站丰度均低于 50 个/m³。

（2）异尾宽水蚤

暖水性近岸表层种类，为全年优势种，调查期间出现总数占桡足类全年总数的 10.79%，在整个南海北部海域均有分布，季节不同，主要密集区分布有一定差异。数量最高出现在夏季，出现总数占桡足类全年总数的 3.38%，秋季出现数量最低，仅占桡足类全年总数的 1.99%。

春季数量为 1 104.26 个/m³，较高密集区主要分布在北部湾中部海域。

夏季数量最高，总数量为 1 505.92 个/m³，占桡足类全年总数的 3.38%，数量分布相对均匀，较高数量密集区的分布与锥形宽水蚤相似。

秋季数量降至全年最低，总数降为 886.88 个/m³，分布相对均匀，各测站丰度均低于 50 个/m³。

冬季数量出现回升，总数为 1 311.87 个/m³，占桡足类全年总数的 2.94%，分布也相对均匀。

（3）微驼隆哲水蚤

热带种，数量以冬季最高，约占该种全年总数的 42.76%，夏季次之，春季最低，仅占该种全年总数的 5.42%。

春季数量最低，在调查海域的出现率仅为 43.43%，主要分布在 40m 以深的海域。仅有 1 个测站丰度高于 10 个/m³，其余出现站位的丰度均低于 10 个/m³。

夏季数量有所回升，占该种全年总数的 27.72%，调查海域 73.74% 的站位有出现，64.65% 的测站丰度低于 10 个/m³，仅有 2 个测站的丰度高于 50 个/m³。

秋季数量比夏季低，约占该种全年总数的 24.06%，调查海域 84.85% 的站位有出现，80.81% 的测站丰度低于 10 个/m³，最大测站丰度也不高于 15 个/m³。

冬季数量达到全年最高峰，总数达到 711.93 个/m³，在调查海域的出现率也最高，达 95.96%。调查海域各测站丰度大部分低于 10 个/m³，约 24.24% 的丰度高于此值。

（4）小拟哲水蚤

暖水种，在各海域均有出现。调查期间数量高峰期出现在冬季，出现总数约占该种全年总数的 37.81%，夏季次之，春季最低，仅占该种全年总数的 14.05%。

春季数量最低，在调查海域的出现率仅为 25.25%。16.16% 的测站丰度低于 10 个/m³，6.06% 的测站丰度在 10～50 个/m³ 之间，最高测站丰度为 115.42 个/m³，位于北部湾北部海域。

夏季数量占全年总数的 24.73%，处于中等水平，42.42% 的测站丰度低于 10 个/m³，28.28% 的测站丰度在 10～50 个/m³ 之间，最高测站丰度低于 50 个/m³。

秋季数量略比夏季降低，约占该种全年总数的 23.42%，54.55% 的测站丰度低于 10 个/m³，最大测站丰度低于 30 个/m³。

冬季数量达到全年最高峰，总数达到 1 185.63 个/m³，除 1 个测站未发现有小拟哲水蚤外，其他调查海域均有出现，出现率达 98.99%。大部分测站丰度低于 10 个/m³，约占海域的 51.52%，10～50 个/m³ 之间的测站丰度值约占海域的 46.46%，最大测站丰度为 77.04 个/m³。

（5）亚强次真哲水蚤

沿岸暖水性种类，在各海域均有出现。调查期间数量高峰期出现在冬季，出现总数约占该种全年总数的 37.54%，夏季次之，春季最低，仅占该种全年总数的 12.39%。

春季数量最低，在调查海域的出现率为 59.60%。53.54% 的测站丰度低于 10 个/m³，6.06% 的测站丰度在 10～50 个/m³ 之间，最高测站丰度低于 50 个/m³，密集区主要分布在北部湾北部海域。

夏季南海北部数量占该种全年总数的 26.14%，处于中等水平，74.75% 的测站丰度低于 10 个/m³，11.11% 的测站丰度在 10～50 个/m³ 之间，最高测站丰度为 55.11 个/m³。

秋季数量略比夏季降低，约占该种全年总数的 23.94%，84.85% 的测站丰度低于

10 个/m³，最大测站丰度低于 20 个/m³。

冬季数量达到全年最高峰，总数达到 737.16 个/m³，出现率达 95.96%。大部分测站丰度低于 10 个/m³，约占海域的 69.70%，10～50 个/m³ 之间的测站丰度值约占海域的 25.25%，最大测站丰度为 41.48 个/m³。

2. 枝角类

小型低等甲壳动物，多分布在淡水湖泊，少数种类生活在海洋。本次调查共出现 3 种，以鸟喙尖头溞数量最高，在春季形成优势度最高（0.10）的优势种。调查期间，枝角类总数量为 93 374.91 个/m³，占甲壳类总数的 16.63%，居甲壳类第二大类群；季节变化明显，春季数量达到全年最高峰，但到夏、秋季数量急剧依次降低，到冬季则降至可检测数量以下。

春季数量暴增，总数达 9 192.06 个/m³，主要密集分布在湛江、阳江、珠江口和汕尾断面的 40m 等深线范围以内，以及北部湾北部海域。

夏季数量较高，总数为 107.98 个/m³，主要分布在北部湾北部海域。

秋季数量降低，总数量为 74.87 个/m³，仅在北部湾中、北部有零星分布。

冬季在整个南海北部海域均未发现有枝角类。

3. 介形类

小型低等甲壳动物，一般分布在热带和亚热带海域，种类和数量均较多。本次调查，南海北部海域共出现 52 种，年总数量为 1 009.24 个/m³，占甲壳类总数的 1.79%，居甲壳类第三大类群；春季数量为整个调查期间最高，夏、秋、冬季则变化不明显，数量在 60～90 个/m³ 之间。

春季数量最高，总数达 776.78 个/m³，几乎在整个南海北部海域均有分布，密集区主要分布在湛江断面的 40m 等深线范围以内。

夏、秋、冬季数量均较低，测站最大丰度均低于 20 个/m³，仅零星分布在调查海域。

4. 十足类

十足类种类繁多，包括虾、蟹等高等甲壳动物，而营浮游生活的种类不多，主要为樱虾科等种类，分布广泛，是经济鱼类的重要饵料。

本次调查共出现 13 个种类，总数量为 971.77 个/m³，占甲壳类总数的 1.72%；居甲壳类第四大类群。主要有正型莹虾、中型莹虾、刷状莹虾、细螯虾、锯齿毛虾和汉森莹虾等。

春季数量为全年最高峰，总数为 566.79 个/m³，占该种全年总数的 58.33%，海域丰度也主要以低于 10 个/m³ 为主，最大丰度为 90.20 个/m³。主要密集分布在湛江、阳江和汕尾断面的 40 m 等深线范围以内，以及北部湾中部海域。

夏季数量最低，为 90.90 个/m³，占该种全年总数的 9.35%，主要分布在阳江、珠江口断面海域及湛江断面的近岸海域，北部湾北部的近岸海域及南部的远岸海域。

秋季数量逐渐升高，总数量为 138.36 个/m³，占全年总数的 14.24%，各测站丰度均低于 10 个/m³，主要分布在湛江、珠江口和汕头断面海域以及北部湾海域。

冬季数量持续上升，总数量为 175.72 个/m³，占该种全年总数的 18.08%，各测站丰度主要以低于 10 个/m³ 为主，在南海北部的大部分海域均有分布。

5. 端足类

绝大多数为海产种类，主要营底栖生活，只有蜮亚目营浮游生活，该类浮游动物分布广，种类多，是海洋浮游动物的重要组成类群之一。

本次调查共发现浮游端足类 70 种，总数量为 332.90 个/m³，占甲壳类总数的 0.59%，主要分布在 40 m 等深线外海域。没有明显的优势种类。

春季总数量为 79.25 个/m³，占该种全年总数的 23.81%，出现率为 72.73%，最大测站丰度为 13.61 个/m³，69.70% 的测站丰度低于 5 个/m³。

夏季数量为 86.86 个/m³，占该种全年总数的 26.09%，处于中等水平。在调查海域的出现率为 44.44%，测站丰度均低于 10 个/m³，基本以低于 5 个/m³ 为主，占调查海域的 41.41%。

秋季数量降至全年最低，总数量为 63.56 个/m³，占该种全年总数的 19.09%，出现率为 51.52%，最大测站丰度为 6.35 个/m³，其他测站均低于 5 个/m³。

冬季数量达到全年最高峰，总数量为 103.23 个/m³，占该种全年总数的 31.01%，出现率为 38.38%，最大测站丰度为 11.85 个/m³，33.33% 的测站丰度低于 5 个/m³。

6. 磷虾类

磷虾是重要的浮游甲壳动物，是许多经济鱼类和须鲸的重要饵料之一。

本次调查共发现磷虾类 22 种，主要种类包括宽额假磷虾、中华假磷虾、二晶柱螯磷虾、三刺燧磷虾、长额磷虾、卷叶磷虾和柔弱磷虾等。调查期间，南海北部磷虾类总数占浮游甲壳类总数的 0.10%。以冬季出现数量最高，其次是秋季，春季数量居第三，夏季数量最低。

春季总数量为 6.16 个/m³，占该种全年总数的 10.52%，出现率为 24.24%，最大测站丰度为 1.41 个/m³，其他测站均低于 1 个/m³。零星分布在北部湾南部及 100 m 等深线外海域。

夏季数量最低，总数量仅为 5.85 个/m³，占该种全年总数的 9.99%。在调查海域的出现率仅为 10.10%，主要分布在三亚断面海域，各测站丰度均低于 2 个/m³。

秋季数量逐渐升高，总数量为 13.77 个/m³，占该种全年总数的 23.52%，出现率为 13.13%，各测站丰度均低于 5 个/m³，仅零星分布在广东沿岸海域。

冬季数量达到全年最高峰，总数量为 32.76 个/m³，占全年总数的 55.96%，出现率为 29.29%，最大测站丰度为 5.33 个/m³，其他测站均低于 5 个/m³。

7. 糠虾类

糠虾在海洋中分布较广，多营底栖生活，但在浮游生物中经常出现，并形成密集群体，因此在海洋浮游动物中占有一定的重要地位。

本次调查，南海北部共出现糠虾类 16 种，总数量占浮游甲壳类总数的 0.08%。以夏季出现数量最高，其次是秋、冬季，春季数量最低。

春季数量为全年最低水平，总数量仅为 4.48 个/m³，占全年总数的 10.34%，出现率为 27.27%，各测站丰度均低于 1 个/m³。

夏季数量最高，总数量为 15.28 个/m³，占该种全年总数的 35.26%。在调查海域的出现率为 13.13%，零星分布在北部湾南部及 100m 等深线以外海域。最大测站丰度为 5.80 个/m³，其他测站均低于 3 个/m³。

秋季数量逐渐降低，总数量为 11.81 个/m³，占该种全年总数的 27.25%，出现率为 16.16%，最大测站丰度为 4.80 个/m³，其他测站均低于 2 个/m³。

冬季数量略低于秋季，总数量为 11.77 个/m³，占该种全年总数的 27.16%，出现率为 10.10%，各测站丰度均低于 4 个/m³。

（二）毛颚动物

南海北部毛颚动物不仅数量高，而且分布广，调查期间出现总数 3 773.35 个/m³，占浮游动物总数的 5.37%，遍及整个调查区。经鉴定，本次调查共出现 25 种，其中以肥胖软箭虫数量最高，调查期间出现总数达 2 057.64 个/m³，占毛颚动物总数的 54.53%，分布最广，调查海域 4 季均有出现，为南海北部秋季和春季的浮游动物优势种之一；其次是百陶带箭虫，出现总数为 730.48 个/m³，占毛颚动物总数的 19.36%，4 季均有出现，为南海北部冬季浮游动物优势种之一。此外，纳嘎带箭虫、凶形猛箭虫、微型中箭虫、太平洋齿箭虫和小形滨箭虫等种类数量也占有一定比例，并在不同季节占据一定次优势地位，显示较为明显的种类更替现象，其他种类数量较少。

调查期间南海北部毛颚动物数量的季节变化明显，以春季数量最多，到夏季降至全年最低，随后秋冬季节逐渐回升。

春季毛颚动物数量达到全年最高峰，总数量为 1 548.83 个/m³，以肥胖软箭虫数量最高，达 1 271.81 个/m³，为海域优势种，其总数占毛颚动物总数的 82.11%；其次是凶形猛箭虫，总数为 111.25 个／m³，占毛颚动物总数的 7.18%；百陶带箭虫数量为 53.88 个／m³，仅占毛颚动物总数的 3.48%，其他种类数量均较低。

夏季南海北部毛颚动物数量为全年最低水平，调查海域总数量为 592.37 个／m³，以肥胖软箭虫数量最高，占毛颚动物总数的 34.55%；其次是百陶带箭虫，占毛颚动物总数量的 32.95%；纳嘎带箭虫数量也较高，占毛颚动物总数量的 23.73%；其他种类数量均较低。

秋季毛颚动物数量逐渐升高，调查海域总数量为 631.81 个／m³，仍以肥胖软箭虫为主要优势种，其总数占毛颚动物总数的 43.81%；百陶带箭虫和纳嘎带箭虫的总数量分别为 157.18 个／m³ 和 157.178 个／m³，仍保持第二、第三优势地位，其他种类出现数量较少。

冬季毛颚动物数量继续升高，海域总数量升至 1000.34 个／m³，该季节出现 2 种浮游动物优势种，分别为百陶带箭虫和肥胖软箭虫，百陶带箭虫为该季节毛颚动物的第一优势种类，数量为 324.21 个／m³，占毛颚动物总数的 43.81%，肥胖软箭虫为该季节毛颚动物的第二优势种类，数量为 304.36 个／m³，占毛颚动物总数的 30.43%；纳嘎带箭虫依然为该季节毛颚动物第三优势种类，数量为 266.48 个／m³，占毛颚动物总数量的 26.64%；凶形猛箭虫数量也有增加，为 43.17 个／m³，占毛颚动物总数量的 4.32%；其他种类数量均较低（图 2.37）。

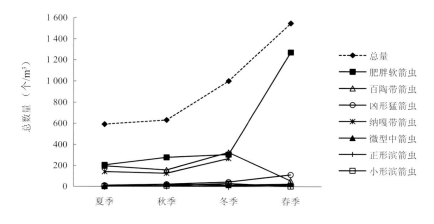

图2.37 南海北部毛颚动物及主要种类数量的季节变化

1. 肥胖软箭虫

肥胖软箭虫是热带大洋种，广泛分布于南海，数量终年均很高，是南海毛颚动物的主要优势种，也是南海浮游动物优势种类，其数量变化在很大程度上决定了毛颚动物总量的平面分布和季节变化。

调查期间，肥胖软箭虫出现数量占毛颚动物总数量的 54.53%，调查海域均有分布，季节变化明显，与毛颚动物一致，以夏季最低，春季最高。

春季数量最高，总数为 1 271.81 个/m³，出现率为 98.99%。61.62% 的测站丰度低于 10 个/m³，34.34% 的测站丰度在 10 ～ 50 个/m³ 之间，此较高密集区主要分布在北部湾及各断面近岸海域；3.03% 的测站丰度在 50 ～ 100 个/m³，此高密集区主要分布在湛江和汕尾断面的 40 m 等深线范围内。

夏季数量最低，出现数量为 204.68 个/m³，出现率为 45.45%。42.42% 的测站丰度低于 10 个/m³，零星分布在调查海域，丰度最高的测站位于汕头断面的 10m 等深线附近，为 57.90 个/m³。

秋季数量逐渐升高，为 276.80 个/m³，出现率为 83.84%。82.82% 的测站丰度低于 10 个/m³，平面分布较均匀，测站最高丰度仅 10.93 个/m³。

冬季数量继续升高，为 304.36 个/m³，出现率为 83.83%。82.82% 的测站丰度低于 10 个/m³，平面分布较均匀，仅有 1 个测站丰度高于 10 个/m³。

2. 百陶带箭虫

我国沿海常见种，以东海数量最多。在调查期间，百陶带箭虫出现数量占毛颚动物总数量的 19.36%，以冬季数量最高，总数达 324.21 个/m³，形成浮游动物优势种。

春季数量最低，总数仅为 53.88 个/m³，出现率为 52.52%。51.51% 的测站丰度低于 5 个/m³，所有测站丰度均低于 10 个/m³。

夏季数量较高，出现数量为 195.21 个/m³，出现率为 52.52%。49.50% 的测站丰度低于 10 个/m³，零星分布在调查海域，丰度最高的测站位于汕尾断面的 10m 等深线附近，为 31.11 个/m³。

秋季数量有所降低，为 157.18 个/m³，出现率为 67.68%。所有测站丰度均低于 10 个/m³，测站最高丰度仅为 8.74 个/m³。

冬季数量增加并达到最高峰，为 324.21 个/m³，在调查海域均有分布。96.97% 的测站丰度低于 10 个/m³，最高测站丰度为 17.78 个/m³，位于汕尾断面的 10 m 等深线附近。

（三）被囊动物

被囊动物是一类低等的脊索动物，属于尾索动物门。除海鞘类营底栖生活外，有尾类和海樽类都营浮游生活。该次调查共发现被囊动物 42 种，其中有尾类 19 种，海樽类 23 种，广泛分布于调查海域。主要种类有软拟海樽、小齿海樽、长尾住囊虫、红住囊虫和双尾纽鳃樽等。

调查期间，南海北部出现被囊类总数 2 093.51 个/m³，占浮游动物总数的 2.98%。以春季数量最高，总数达 1 524.37 个/m³，夏季次之，秋季最低，总数为 42.82 个/m³。

春季数量最高，总数达 1 524.37 个/m³，以海樽类数量占优势，占该季被囊类总数的 83.86%。大部分调查海域均有分布，出现率为 85.86%，56.57% 的测站丰度低于 10 个/m³，其次是 10～50 个/m³ 丰度范围分布海域，约占调查海域的 23.23%；50～100 个/m³ 和 100～500 个/m³ 高丰度分布区共占调查海域的 6.06%，主要分布在湛江和珠江口断面的 40 m 等深线以内和附近海域，以及北部湾北部海域。

夏季数量大大减少，总数为 333.57 个/m³，也以海樽类数量占优势，占被囊类总数的 94.51%。主要分布在珠江口断面海域以及阳江和汕尾断面的 40 m 等深线范围以内海域，其他断面和北部湾南部也有零星分布。

秋季数量降至最低，总数为 42.82 个/m³，以海樽类数量占优势，占被囊类总数的 80.78%。仅零星分布在调查海域，出现率为 17.17%，最大测站丰度为 15.88 个/m³，分布在汕尾断面的 40m 等深线附近海域，其他测站丰度均低于 5 个/m³。

冬季数量有所回升，总数升至 192.75 个/m³，也以海樽类数量占优势，占被囊类总数的 71.76%。仅零星分布在调查海域，出现率为 17.17%，最大测站丰度为 51.51 个/m³，位于汕尾断面的 40m 等深线附近海域，10.10% 的测站丰度低于 10 个/m³，6.06% 的测站丰度在 10～50 个/m³。

1. 软拟海樽

调查期间，该种主要出现在夏春季，以春季数量最高，夏季次之，秋冬季仅偶尔在零星几个站位有出现，丰度也很低。春季出现总数量达到 497.03 个/m³，并主要分布在北部湾北部的 N4 站，丰度达 249.81 个/m³，丰度较高的还有湛江断面（D2）和珠江口断面（F1）的 10m 等深线附近海域站位，分别为 95.24 个/m³ 和 70.71 个/m³；夏季软拟海樽的出现频率最高，为 32.32%，总数量为 147.95 个/m³，主要分布在广东沿岸海域；秋冬季的出现率仅为 8.08% 和 10.10%，总数量分别为 13.99 个/m³ 和 37.99 个/m³。

2. 小齿海樽

数量季节变化明显，本调查以春季数量最高，夏季次之，秋冬季仅零星出现在两三个调查站点。春季出现总数量为 490.16 个/m³，出现率为 67.68%，数量密集区主要分布在湛江和珠江口的 40 m 等深线以内海域，其中以 D1 的丰度最高，达 151.52 个/m³；夏季总数量为 77.06 个/m³，出现率为 24.24%，主要分布在广东沿岸海域；秋冬季的总数量和出现率均很低，秋季仅在粤东海域零星分布，冬季仅在阳江和汕尾断面海域零星分布。

（四）水母类

水母类是一类水分含量很高的生物，该调查主要包括刺胞动物门的自育水母类、水螅水母类、钵水母类和栉板动物门，是浮游动物的重要组成之一。

本次调查共采集水母类 91 种，其中自育水母类 12 种，水螅水母类 74 种，钵水母类 1 种和栉水母类 4 种，广泛分布于调查海域。出现数量较高的种类主要有大西洋五角水母、半口壮丽水母、四叶小舌水母、双生水母、拟细浅室水母和爪室水母等。

调查期间，水母类出现总数为 1 021.30 个/m³，占浮游动物总数的 1.45%，以水螅水母类数量最高，占水母类总数的 86.86%，其次是自育水母类，数量占总数的 11.88%，钵水母和栉水母数量均很低，两者仅占水母类总数的 1.26%。数量季节变化以春季最高，夏、冬季次之，秋季最低。

春季数量最高，总数为 720.61 个/m³，出现率为 95.96%，几乎在整个调查海域均有出现。大部分测站丰度低于 5 个/m³，24.24% 的测站丰度在 5 ~ 10 个/m³，而 15.15% 的测站丰度在 10 ~ 50 个/m³，最高测站丰度为 64.56 个/m³，高密集区主要分布在北部湾北部海域。出现数量较高的种类主要有拟细浅室水母、大西洋五角水母、半口壮丽水母和双生水母。

夏季数量较春季少，总数为 117.02 个/m³，出现率为 35.35%，以阳江断面的 40 m 等深线范围内海域丰度较高。大部分测站丰度低于 10 个/m³，最高测站丰度为 15.30 个/m³。

秋季数量降至最低，总数为 77.41 个/m³，出现率为 26.26%，大部分测站丰度低于 10 个/m³，最高测站丰度为 17.05 个/m³。主要分布在北部湾近岸海域和珠江口、汕尾、汕头断面海域。

冬季水母类数量逐渐回升，总数量为 106.26 个/m³，出现率为 15.15%，大部分测站丰度低于 10 个/m³，最高测站丰度为 27.53 个/m³。主要分布在广东沿岸断面海域。

（五）腹足类

浮游动物中的软体动物主要为各种终生营浮游生活的腹足类。本次调查，南海北部已发现浮游腹足类 46 种，数量较高的有棒笔帽螺、玻杯螺、马蹄琥螺、强卷螺和尖笔帽螺等。

调查期间，南海北部海域腹足类总数为 434.15 个/m³，占浮游动物总数的 0.62%。

数量季节变化明显，以春季数量最高，秋季次之，夏季数量最低。

春季出现数量最高，总数量达 249.23 个/m³，出现率为 80.81%。主要分布在 40 m 等深线附近及以外海域。最大测站丰度为 53.50 个/m³，大部分测站丰度低于 5 个/m³，7.07% 的测站丰度在 5 ~ 10 个/m³，2.02% 的测站丰度在 10 ~ 50 个/m³。

夏季总数量为 43.46 个/m³，是数量最低的季节，出现率为 13.13%，没有明显的数量密集区，仅零星分布在调查海域。最大测站丰度为 20.20 个/m³，其他测站丰度均低于 5 个/m³。

秋季数量较高，海域总数量为 84.13 个/m³，出现率为 16.16%，主要分布在广东沿岸断面海域。大部分测站丰度低于 5 个/m³，5.05% 的测站丰度在 5 ~ 10 个/m³，3.03% 的测站丰度在 10 ~ 50 个/m³。

冬季数量下降，总数量为 57.33 个/m³，出现率为 10.10%。主要分布在 100 m 等深线范围外海域。最大测站丰度为 29.79 个/m³，大部分测站丰度低于 5 个/m³，2.02% 的测站丰度在 5 ~ 10 个/m³。

（六）浮游幼体

海洋浮游幼体是一类临时性浮游生物，包括永久性和阶段性 2 大类型，是浮游动物类群的重要组成之一，多分布在沿岸浅海区。

调查期间，共发现浮游幼体 42 类，总数量为 6 390.03 个/m³，占浮游动物总数的 9.09%，以长尾类幼体数量最高。数量季节变化以春季最高，冬季次之，夏、秋季较低。

春季数量最高，总数为 5 263.66 个/m³，平均 53.17 个/m³。较高密集区主要分布在雷州半岛东部和西部近岸海域，北部湾中部海域、及汕尾断面 40 m 等深线范围以内海域。大部分测站丰度范围在 10 ~ 50 个/m³，占 59.60%，测站丰度在 0 ~ 10 个/m³ 和 50 ~ 100 个/m³ 范围的站位数量均占总站位数的 16.16%，最高测站丰度为 981.33 个/m³，位于雷州半岛西部近岸海域，即北部湾北部靠近雷州半岛的沿岸海域。

夏季出现总数为 318.57 个/m³，平均 3.22 个/m³，为次低水平。较高密集区主要分布在雷州半岛东部和西部近岸海域，阳江断面 40m 等深线范围以内海域，及珠江口断面的 10 m 和 100 m 等深线附近海域。大部分测站丰度低于 5 个/m³，15.15% 的测站丰度范围在 5 ~ 10 个/m³，最高测站丰度为 40.89 个/m³，位于湛江断面的 10 m 等深线附近海域。

秋季数量为全年最低水平，总数为 294.30 个/m³，平均 2.97 个/m³。大部分站位均有分布，以低于 5 个/m³ 的测站丰度值最多，占 75.76%，15.15% 的测站丰度范围在 5 ～ 10 个/m³，最高测站丰度为 13.68 个/m³，位于北部湾北部近岸海域。

冬季数量出现回升，出现总数为 513.50 个/m³，平均 5.19 个/m³。大部分测站丰度低于 5 个/m³，22.22% 的测站丰度范围在 5 ～ 10 个/m³，最高测站丰度为 32.14 个/m³，位于湛江断面的 40 m 等深线以内海域。

（七）长尾类幼体

长尾类幼虫泛指游行亚目及爬行亚目中长尾派的各类幼虫，有时在浮游生物中的数量很大。数量季节变化以春季最高，冬季次之，夏季最低。

春季数量最高，总数为 1 477.19 个/m³，平均 14.92 个/m³，出现率为 91.92%。最高密集区分布在北部湾北部靠近雷州半岛的沿岸海域，较高密集区主要分布在湛江、珠江口、汕尾和汕头断面的 40m 等深线范围以内海域。大部分测站丰度范围在 0 ～ 5 个/m³ 之间，约占 46.46%，23.23% 的测站丰度范围在 5 ～ 10 个/m³ 之间，21.21% 的测站丰度范围在 10 ～ 50 个/m³ 之间，最高测站丰度为 864.00 个/m³，位于雷州半岛西部近岸海域，即北部湾北部靠近雷州半岛的沿岸海域。

夏季总数为 121.44 个/m³，平均 1.23 个/m³，为全年最低水平，出现率为 53.54%。大部分测站丰度低于 5 个/m³，最高测站丰度为 26.67 个/m³，位于湛江断面的 10 m 等深线附近海域。

秋季数量也较低，总数为 125.28 个/m³，平均 1.27 个/m³，出现率为 76.77%。大部分测站丰度低于 5 个/m³，4.04% 的测站丰度范围在 5 ～ 10 个/m³ 之间，最高测站丰度为 6.84 个/m³，位于北部湾北部靠近雷州半岛的沿岸海域。

冬季数量略有回升，出现总数为 201.02 个/m³，平均 2.03 个/m³，出现率为 84.85%。大部分测站丰度低于 5 个/m³，5.05% 的测站丰度范围在 5 ～ 10 个/m³，最高测站丰度为 17.78 个/m³，位于汕尾断面的 10 m 等深线附近海域。

五、基本特征

（一）种类组成及变化特征

本次调查显示南海北部海域浮游动物种类组成和种类数量较以往具有明显差异，本次调查共发现浮游动物 682 种（包括未定种），高于 1959—1960 年调查的 510 种，略低于 1997—2000 年调查的 709 种。

优势种组成总体变化不明显，但在不同调查年份、调查海域和调查季节显示一定差异（表 2.8）。从 1959—1960 年调查到本次调查，一直保持优势地位的优势种有精致真刺水蚤、微刺哲水蚤、亚强次真哲水蚤和肥胖软箭虫等；到 1997—2000 年调查时，叉胸刺水蚤和异尾宽水蚤成为主要优势种之一；到本次调查，锥形宽水蚤和异尾宽水蚤跃居为全年优势种，且优势度都较高。

表2.8　南海北部浮游动物优势种或主要种类的变化

调查年份	优势种或主要种类	调查海域
1959—1960 年	中华哲水蚤、普通波水蚤、精致真刺水蚤、狭额次真哲水蚤、亚强真哲水蚤、微刺哲水蚤、海洋真刺水蚤、中型莹虾、肥胖箭虫、半口壮丽水母	南海北部 200 m 等深线以内
1997—2000 年	叉胸刺水蚤、精致真刺水蚤、普通波水蚤、微刺哲水蚤、亚强真哲水蚤、异尾宽水蚤、中型莹虾、肥胖箭虫、住囊虫	南海北部
2014—2015 年	微驼隆哲水蚤、微刺哲水蚤、中华哲水蚤、精致真刺水蚤、平滑真刺水蚤、齿三锥水蚤、针刺拟哲水蚤、强额拟哲水蚤、小拟哲水蚤、亚强次真哲水蚤、狭额次真哲水蚤、异尾宽水蚤、锥形宽水蚤、鸟喙尖头溞、百陶带箭虫、肥胖软箭虫	南海北部 200 m 等深线以内

（二）丰度分布及变化特征

本次调查的南海北部海域包括北部湾海域，琼南的莺歌海、三亚和万宁 3 个断面海域以及广东沿岸的湛江、阳江、珠江口、汕尾和汕头 5 个断面海域，各调查海域由于水文、地域特征的差异，导致不同海区浮游动物丰度的分布及季节变化显示一定差异（表 2.9）。

表2.9　南海北部浮游动物丰度的时空变化（个/m³）

海域		春季	夏季	秋季	冬季	年均值
南海北部		347.67	130.28	90.44	141.60	177.50
北部湾		358.44	92.11	85.86	104.15	160.14
琼南	莺歌海	205.31	102.92	63.86	101.04	118.28
	三亚	140.24	89.00	50.53	138.42	104.55
	万宁	140.96	59.09	54.18	240.46	123.67
粤沿岸	湛江	939.80	250.12	81.87	189.66	365.36
	阳江	257.51	171.01	94.85	115.18	159.64
	珠江口	224.63	127.64	103.06	171.13	156.62
	汕尾	462.10	166.28	108.23	231.38	242.00
	汕头	133.83	178.23	143.57	132.62	147.06

湛江断面海域的浮游动物丰度最高，年均值为 365.36 个 / m³，季节变化以春季最高，夏、冬季次之，秋季最低；其次是汕尾断面海域，浮游动物年均值为 242.00 个 / m³，季节变化均以春季最高，秋季最低，但冬季高于夏季；北部湾丰度年均值为 160.14 个 / m³，居第三，季节变化与汕尾断面海域相同；丰度较高的还有广东沿岸的阳江、珠江口和汕头断面海域，年均值分别为 159.64 个 / m³，156.62 个 / m³ 和 147.06 个 / m³；琼南海域的浮游动物丰度相对较低，万宁、莺歌海和三亚断面的年均丰度依次降低为 123.67 个 / m³，118.28 个 / m³ 和 104.55 个 / m³。由此可见，南海北部浮游动物丰度以广东沿岸海域最高，其次是北部湾海域，海南南部海域最低。

与历史资料比较，本次调查的浮游动物年均丰度（177.50 个 / m³）远比 1997—2000 年调查的年均丰度（27.52 个 / m³）高。1997—2000 年调查的浮游动物丰度均值呈现双峰型变化特征，以冬季最高，夏季次之，秋季第三，春季最低。本次调查呈现单峰型变化特征，高峰值位于春季，最低值位于秋季，4 季丰度均远高于 1997—2000 年调查的浮游动物丰度（图 2.38）。

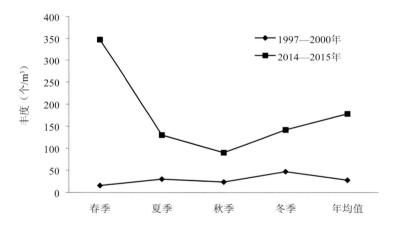

图2.38 南海北部浮游动物丰度的年度及季节变化

（三）生物量分布及变化特征

本次调查，不同海区浮游动物生物量的分布及季节变化也显示了一定差异（表 2.10）。汕尾断面海域的浮游动物生物量最高，年均值为 169.48 mg/m³，季节变化以冬季最高，春季次之，秋、夏季较低；其次是湛江断面海域，浮游动物生物量年均值为 163.95 mg/m³，季节变化以春季最高，其次是夏季，秋季最低；生物量较高的还有珠江口、阳江和三亚断面海域，年均值分别为 133.50 mg/m³，111.26 mg/m³ 和 103.56 mg/m³；汕头和万宁断面海域的生物量年均值也接近 100 mg/m³，北部湾海域的浮游动物生物量处于次低水平，为 84.31 mg/m³；莺歌海断面的浮游动物生物量最低，平均为 70.62 mg/m³。由此可见，南海北部浮游动物生物量以广东沿岸海域最高，其次是海南南部海域，北部湾海域最低，与丰度的平面分布有些差异。

表2.10 南海北部浮游动物生物量的时空变化（mg/m³）

	海域	春季	夏季	秋季	冬季	年均值
	南海北部	127.04	102.38	76.33	127.85	108.40
	北部湾	107.77	63.98	71.68	93.79	84.31
琼南	莺歌海	63.84	91.96	51.85	74.84	70.62
	三亚	104.81	114.41	39.16	155.85	103.56
	万宁	123.68	60.77	35.95	168.12	97.13
粤沿岸	湛江	258.51	174.71	67.75	154.81	163.95
	阳江	123.14	150.30	86.83	84.78	111.26
	珠江口	115.13	160.83	82.79	175.24	133.50
	汕尾	199.46	110.86	116.34	251.26	169.48
	汕头	76.67	100.65	107.04	114.45	99.71

与历史资料比较，本次调查的浮游动物年均生物量（108.40 mg/m³）远比 1997—2000 年调查的年均生物量（25.27 mg/m³）高。两时期调查的浮游动物生物量均以冬季最高，秋季最低，1997—2000 年调查的夏季生物量略高于春季，而本次调查的春季生物量接近冬季，高于夏季。本次调查的 4 季生物量也均远高于 1997—2000 年调查的 4 季生物量（图 2.39）。

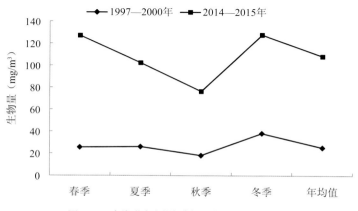

图2.39 南海北部浮游动物生物量的年度及季节变化

第六节 鱼卵仔鱼

一、数量分布

（一）总密度

南海北部近海调查结果显示，鱼卵的平均网采数量为 57.2 粒 / 网，仔稚鱼为 2.3 尾 / 网，总平均密度鱼卵为 388.7 ind./1 000 m³，仔稚鱼为 14.5 ind./1 000 m³。1997—1999 年南海大陆架勘测调查的结果为鱼卵平均网采数量 56.0 粒 / 网，仔稚鱼平均网采数量 9.5 尾 / 网，两次调查相比，鱼卵数量很相近，仔稚鱼数量本次调查结果较少。1964—1965 年南海北部近海渔业资源调查鱼卵平均网采数量为 223.6 粒 / 网，仔稚鱼为 84.6 尾 / 网，本次调查结果鱼卵数量只有其 1/4，仔稚鱼数量只有其 1/10。

（二）区域分布

从全海区的分布来看（表 2.11，表 2.12）全年平均鱼卵密度以北部湾北部海域密度最高，为 1 013 ind./1 000 m³，明显高于其他海域，其次是北部湾中部海域，为 636 ind./1 000 m³，此外粤西湛江断面（D 断面）和粤东汕尾断面（G 断面）鱼卵密度也高于全海区平均水平，分别为 465 ind./1 000 m³ 和 429 ind./1 000 m³。可见北部湾鱼类的产卵数量明显高于海南岛以东海域，但主要集中在北部和中部海域，尤其北部海域产卵数量最多，而南部海域产卵数量很少。仔鱼因采获量太少，区域分布差别不明显。

表2.11　各调查断面鱼卵平均密度（ind./1 000 m³）

断面	A	B	C	D	E	F	G	H	湾北部	湾中部	湾南部	平均
春季	72.5	18.1	41.7	121.3	29.7	28.3	120.7	42.6	59.1	45.7	28.6	52.3
夏季	4.5	3.1	14.2	44.5	31.9	16.9	46.3	36.9	95.8	149.1	13.0	14.1
秋季	64.3	11.0	11.1	19.3	11.2	0.6	1.1	2.8	35.3	19.5	3.4	23.1
冬季	1.2	2.5	10.2	1.0	1.3	5.8	3.6	6.2	215.1	40.0	0.7	56.6
平均	35.6	8.7	19.3	46.5	18.5	12.9	42.9	22.1	101.3	63.6	11.4	36.5

表2.12 各调查断面仔鱼平均密度（ind./1 000 m³）

断面	A	B	C	D	E	F	G	H	湾北部	湾中部	湾南部	平均
春季	10	32	19	25	9	8	7	32	12	47	12	21
夏季	29	11	57	5	2	46	27	13	2	6	5	15
秋季	14	9	14	6	17	7	5	7	19	23	7	12
冬季	1	2	0	2	17	18	8	19	32	12	1	11
平均	14	14	23	10	11	20	12	18	16	22	6	2.3

（三）密度分布

从鱼卵密度的站位分布来看，鱼卵数量分布很不均匀，在295站次采样中，鱼卵密度最高的前10个站次的采获数量就占了全部采获数量的40.9%，这10个站次采样主要分布在近岸水深20 m以浅海域，密集区主要出现在北部湾北部近岸的N1、N3和N6站，湾中部海南岛西北近岸的N14和N15站，其次是湛江近岸的D3站和汕尾红海湾湾外的G2和G3站。仔稚鱼采获数量很少，没有明显的密度区。

二、季节变化

从全海区来看，鱼卵密度以春季最高（558 ind./1 000 m³），夏季其次（520 ind./1 000 m³），秋季最低（155 ind./1 000 m³）。春季和夏季是南海北部鱼类产卵的主要季节，但由于南海北部气温较高，许多鱼类的产卵期较长，因此，全年均有鱼类产卵，季节变化不是特别显著。鱼类产卵高峰从春季开始，夏季略为回落，到秋季为产卵低谷期，冬季鱼类产卵数量又有所回升。冬季鱼卵密度回升的原因是有些种类以冬季为主要产卵期，说明不同鱼类产卵时间有所错开，可减少食物竞争。

在不同海域，鱼卵密度季节变化有所不同，北部湾北部海域以冬季鱼卵密度最大（1 013 ind./1 000 m³），夏季其次（958 ind./1 000 m³），说明北部湾北部海域冬季产卵群体较大，有关资料显示，北部湾北部海域冬季有蓝圆鲹和二长棘犁齿鲷产卵，这种鱼类群体数量均较大。湾中部海域则以夏季鱼卵密度最大，春季其次。说明北部湾海域除了鱼类产卵数量比海南岛以东海域高以外，其鱼类的产卵数量的季节变化也有所不同。

仔稚鱼密度的季节变化以春季较高，以后逐季减少，但各季数量差别不大，主要是仔稚鱼采获数量太少之故。

第三章
渔业资源种类组成
与渔获率

第一节　种类组成

2014—2017 年期间,在南海北部近海海域开展的 8 个底拖网调查航次中,综合《中国海洋生物名录》《拉汉世界鱼类系统名典》以及我国台湾地区鱼类资料库和 FishBase 等在线数据库进行物种鉴定和名称修正,共鉴定出游泳生物 657 种(见附录 3),隶属于 33 目 164 科 360 属(表 3.1)。鱼类共 530 种,隶属于 28 目 133 科 300 属,其中种类数以鲈形目为最多,达到 273 种,而鲉形目和鲽形目位列第二、第三位,分别有 48 和 43 种;甲壳类 102 种,隶属于 2 目 25 科 51 属,种类数最多的是梭子蟹科,为 22 种;头足类 25 种,隶属于 3 目 6 科 9 属,以乌贼目的种类数为最多,达到 10 种。

表3.1　2014—2017年8个航次渔获种类统计

航次	总种类数	鱼类	甲壳类	头足类
2014 年夏季	382	301	63	18
2014 年秋季	453	361	71	21
2015 年冬季	369	287	62	20
2015 年春季	377	298	60	19
2016 年夏季	402	315	68	19
2016 年秋季	381	297	64	20
2017 年冬季	354	266	67	21
2017 年春季	397	308	69	20
8 个航次总计	657	530	102	25

从季节分布上看,渔获种类数最多的季节出现于 2014 年秋季,达到 453 种;其次为 2016 年夏季,为 402 种,而冬季所渔获的种类数最少。鱼类种类数的季节分布

与渔获的总种类数是一致的，表现为以夏秋季为最高，而冬季最低的特征。渔获的甲壳类种类最多的季节仍是 2014 年秋季，达到 71 种；2017 年春季的甲壳类为 69 种，位列其次；甲壳类种类最少的季节出现于 2015 年春季。而头足类与鱼类、甲壳类两大类的季节分布存在较大差异，其并未表现出明显的季节变化特征，种类数总体在18 ～ 21 间变动。

从渔获种类组成可知（图 3.1），鱼类是渔获物种类构成的主要部分，在各航次的比例均超过 75%；其次为甲壳类，其种类数比例在 15.67% ～ 18.92% 间变化，为第二大类群。而甲壳类种类数所占比重最低，均不超过 6%。

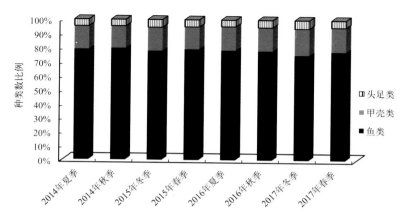

图3.1　2014—2017年8个航次渔获物种类组成比例

第二节　优势种

一、南海北部近海渔业资源群落优势种构成

根据相对重要性指数（IRI）公式计算并评价调查海域内渔业资源群落的优势种。其中，IRI > 500 时，该物种为优势种；100 ～ 500 为常见种；10 ～ 100 为一般种；1 ～ 10 为少见种；< 1 为稀有种。

经由 IRI 指标识别（表 3.2），在 2014—2015 年时期的第一周年调查的夏季航次共有 4 个优势种，分别为发光鲷、竹荚鱼、蓝圆鲹和二长棘犁齿鲷，以发光鲷为第一大优势种，其 IRI 指数达到 1 668.94。而该海域的秋季调查结果显示，这个时期优势种仅有发光鲷和二长棘犁齿鲷，但仍以发光鲷为第一优势种（IRI 为 1 853.18）。在这一周年的冬季渔获结果中，仅发光鲷这一优势种，其 IRI 指数仍较高，为 1 134.54。进入到春季调查阶段，优势种种类数有明显增加，达到 5 种，分别为二长棘犁齿鲷、发光鲷、竹荚鱼、剑尖枪乌贼和多齿蛇鲻，此时第一优势种由二长棘犁齿鲷所替代，

IRI 为 1 492.40，但发光鲷仍居第二，其 IRI 依旧大于 1 000。另外值得注意的是，在 2014—2015 年的第一周年 4 个调查航次中，头足类在春季首次成为优势种类，这一头足类物种为剑尖枪乌贼，IRI 为 627.43。

2016—2017 年的第二周年的调查中（表 3.2），夏季阶段的优势种有 5 种，分别为竹䇲鱼、蓝圆鲹、二长棘犁齿鲷、刺鲳和发光鲷，其中前两者分列第一和第二优势种，竹䇲鱼的 IRI 值高达 3 310.99。在秋季时期，优势种种类下降至 2 种，分别是黄鳍马面鲀和发光鲷，以前者为第一优势种，IRI 达到 1 019.40。进入到冬季，底拖渔获物仅发光鲷这一优势种，IRI 达到 2 393.89。优势种种类数在春季调查阶段又有所增加，达到 4 种。其中，发光鲷仍为第一优势种（IRI 为 1 887.02），竹䇲鱼位列第二（IRI 为 969.68），中国枪乌贼和剑尖枪乌贼两种头足类物种分列第三、第四位。

表3.2　2014—2017年8个航次底拖网渔获物IRI指数前十的物种

调查航次	物种	重量比例 (%)	数量比例 (%)	出现频率 (%)	IRI 相对重要性指数
2014 年夏季	发光鲷	9.46	28.09	44.44	1 668.94
	竹䇲鱼	9.20	4.04	73.74	976.31
	蓝圆鲹	8.29	4.07	75.76	936.09
	二长棘犁齿鲷	6.63	3.82	73.74	770.24
	中国枪乌贼	4.11	1.38	86.87	477.02
	刺鲳	4.05	3.36	44.44	355.88
	剑尖枪乌贼	2.50	3.36	44.44	260.36
	短尾大眼鲷	2.54	1.30	60.61	232.63
	深水金线鱼	3.87	1.33	41.41	215.16
	细纹鲾	0.71	3.78	32.32	145.11
2014 年秋季	发光鲷	11.45	38.14	37.37	1853.18
	二长棘犁齿鲷	5.77	2.05	69.70	545.05
	剑尖枪乌贼	2.48	2.73	61.62	321.34
	中国枪乌贼	2.96	0.89	71.72	276.15
	多齿蛇鲻	2.40	1.93	60.61	262.86
	带鱼	2.77	0.48	66.67	217.08
	弓背鳄齿鱼	1.56	3.30	43.43	211.31
	短尾大眼鲷	2.34	0.70	68.69	208.42
	宽突赤虾	0.56	4.10	40.40	187.92
	蓝圆鲹	1.96	0.74	68.69	185.37

续表

调查航次	物种	重量比例 (%)	数量比例 (%)	出现频率 (%)	IRI 相对重要性指数
2014 年冬季	发光鲷	6.93	24.27	36.36	1 134.54
	剑尖枪乌贼	3.47	4.13	58.59	445.11
	中国枪乌贼	6.00	0.67	55.56	370.20
	多齿蛇鲻	2.32	1.77	71.72	293.41
	二长棘犁齿鲷	4.19	1.33	52.53	289.92
	弓背鳄齿鱼	2.24	4.92	40.40	289.53
	假长缝拟对虾	0.95	6.50	34.34	255.93
	花斑蛇鲻	1.63	1.46	70.71	218.33
	杜氏枪乌贼	4.25	4.39	23.23	200.84
	宽突赤虾	0.57	2.96	48.48	170.82
2015 年春季	二长棘犁齿鲷	8.39	13.02	69.70	1 492.40
	发光鲷	6.47	22.38	38.38	1 107.50
	竹荚鱼	6.26	6.49	79.80	1 017.53
	剑尖枪乌贼	4.56	6.15	58.59	627.43
	多齿蛇鲻	4.20	1.47	88.89	503.83
	中国枪乌贼	4.39	1.37	69.70	401.59
	带鱼	2.83	0.65	76.77	267.42
	深水金线鱼	3.66	1.69	46.46	248.19
	蓝圆鲹	2.86	2.49	44.44	237.54
	刺鲳	2.36	0.64	67.68	203.10
2016 年夏季	竹荚鱼	19.50	20.47	82.83	3 310.99
	蓝圆鲹	12.44	6.07	81.82	1 514.54
	二长棘犁齿鲷	8.68	7.13	61.62	974.36
	刺鲳	10.02	2.35	67.68	836.99
	发光鲷	4.66	16.79	32.32	693.29
	多齿蛇鲻	3.04	1.13	74.75	311.83
	带鱼	2.42	0.38	76.77	214.67
	黄斑鲾	1.68	5.91	24.24	184.01
	剑尖枪乌贼	1.11	1.44	63.64	162.25
	中国枪乌贼	1.78	0.41	70.71	154.84

续表

调查航次	物种	重量比例 (%)	数量比例 (%)	出现频率 (%)	IRI 相对重要性指数
2016 年秋季	黄鳍马面鲀	9.62	22.66	31.58	1 019.40
	发光鲷	6.80	20.78	35.79	987.01
	竹荚鱼	4.06	1.83	64.21	377.68
	剑尖枪乌贼	4.09	1.89	61.05	365.06
	二长棘犁齿鲷	3.75	1.49	56.84	297.79
	丽叶鲹	6.22	5.89	22.11	267.68
	刺鲳	3.04	0.61	63.16	230.47
	中国枪乌贼	2.44	0.40	65.26	185.54
	多齿蛇鲻	1.61	1.07	60	161.00
	蓝圆鲹	1.68	0.40	72.63	150.88
2016 年冬季	发光鲷	14.03	40.53	43.88	2 393.89
	宽突赤虾	8.23	2.55	44.90	484.30
	多齿蛇鲻	2.65	1.64	75.51	324.16
	带鱼	2.62	0.85	74.49	258.33
	中国枪乌贼	4.29	0.33	55.10	255.03
	剑尖枪乌贼	2.49	2.32	51.02	245.61
	竹荚鱼	2.30	0.80	67.35	209.28
	黑边天竺鱼	1.95	2.77	35.71	168.37
	条尾绯鲤	1.96	1.49	40.82	140.71
	鹿斑鲾	1.02	3.38	31.63	139.05
2017 年春季	发光鲷	13.25	36.73	37.76	1 887.02
	竹荚鱼	6.70	5.33	80.61	969.68
	中国枪乌贼	6.20	1.61	80.61	629.62
	剑尖枪乌贼	4.40	4.55	62.24	557.52
	多齿蛇鲻	3.65	1.40	81.63	412.03
	黑边天竺鱼	4.04	4.01	45.92	369.71
	刺鲳	3.75	1.04	65.31	312.88
	蓝圆鲹	1.98	1.19	67.35	213.93
	宽突赤虾	1.20	3.92	36.73	188.05
	二长棘犁齿鲷	1.91	0.91	63.27	178.27

综合两周年的调查结果看，虽然南海北部近海海域优势种的种类组成存在一定的季节变化，但发光鲷是唯一稳居优势种地位的物种，其中在 6 个航次中占据第一优势种。从周年尺度分析，2014—2015 年的第一周年内以发光鲷为第一优势种，资源密度达到 188.29 kg/km²，其余两个优势种为二长棘犁齿鲷和竹荚鱼。而在 2016—2017 年这个调查周年内，发光鲷和竹荚鱼是优势种，仍是以发光鲷为第一优势种，其资源密度约为后者的 2 倍之多（图 3.2）。优势种种类数呈现春夏季高而秋冬季低的特征。另外，头足类仅在春季时期为优势种，主要种类为剑尖枪乌贼和中国枪乌贼。

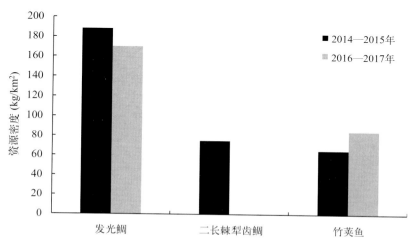

图3.2　2014—2015年和2016—2017年两周年的优势种资源密度状况

二、南海北部近海鱼类的优势种构成

2014—2015 年期间第一周年的调查中（表 3.3），由 IRI 指数判别确定，夏季共有优势种 4 个，分别是发光鲷、竹荚鱼、蓝圆鲹、二长棘犁齿鲷。该时期以发光鲷的 IRI 指数值为最高，达到 1 903.12，是第一优势种；竹荚鱼和蓝圆鲹的 IRI 也均超过 1 000，分列第二、第三位。而进入到秋季时期，优势种的数量有一定的减少，仅发光鲷和二长棘犁齿鲷两种，但前者的 IRI 高达 2 265.47，仍为第一优势种。在冬季，优势种仅有发光鲷一种，其 IRI 指数是位列第二位的弓背鳄齿鱼的 4 倍之多。而该海域春季的渔获结果显示，该时期优势种数量与夏季相当，高于秋冬两季。二长棘犁齿鲷的 IRI 最高，达到 1 917.94，成为第一优势种；发光鲷和竹荚鱼分列第二、第三位，IRI 值也较高，均超过 1 000；多齿蛇鲻在这个调查周年内首次成为优势种，IRI 为 636.62。

2016—2017 年的第二周年调查中（表 3.3），夏季的优势种数量是四季的最高水平，达到 5 种，分别为竹荚鱼、蓝圆鲹、二长棘犁齿鲷、刺鲳和发光鲷。竹荚鱼的 IRI 达到 3 759.50，为夏季的第一优势种。相比于夏季，秋季时期优势种的数量和种类组成发生一定变化，其中以黄鳍马面鲀为第一优势种，IRI 为 1 234.77，其次为发光鲷，IRI 值也超过 1 000。冬季时期的优势种数量处于全年最低水平，仅发光鲷一种，但其 IRI 较高，达到 2 990.36。在春季，该海域的优势种数量增加至 3 种，仍以发光鲷为第一优势种，IRI 值达到 2 458.07，竹荚鱼和多齿蛇鲻 IRI 值分别为 1 269.84 和 541.20，位列第二、第三位。

综合两周年的调查结果分析可得，优势种数量和种类组成存在季节变化，表现为春夏高而冬季低的特征。发光鲷是唯一在全年均为优势种的物种，且主要占据第一优势种的地位。此外，二长棘犁齿鲷和竹荚鱼也是该海域的主要优势种。

表3.3　2014—2017年8个航次底拖网渔获物IRI指数前十的鱼类物种

调查航次	物种	重量比例（%）	数量比例（%）	出现频率（%）	IRI 相对重要性指数
2014 年夏季	发光鲷	10.96	31.86	44.44	1 903.12
	竹荚鱼	10.67	4.58	73.74	1 124.11
	蓝圆鲹	9.60	4.61	75.76	1 077.23
	二长棘犁齿鲷	7.68	4.33	73.74	885.69
	刺鲳	4.69	1.04	71.72	410.83
	短尾大眼鲷	2.94	1.48	60.61	267.65
	深水金线鱼	4.48	1.51	41.41	248.00
	细纹鲳	0.82	4.29	32.32	165.12
	带鱼	2.28	0.44	59.60	162.44
	圆鳞发光鲷	1.93	10.87	12.12	155.15
2014 年秋季	发光鲷	13.88	46.74	37.37	2 265.47
	二长棘犁齿鲷	6.99	2.52	69.70	662.57
	多齿蛇鲻	2.91	2.37	60.61	320.19
	带鱼	3.36	0.59	66.67	263.55
	弓背鳄齿鱼	1.90	4.05	43.43	258.06
	短尾大眼鲷	2.83	0.86	68.69	253.27
	蓝圆鲹	2.38	0.90	68.69	225.37
	竹荚鱼	2.55	1.05	62.63	225.25
	深水金线鱼	3.28	1.78	42.42	214.70
	黄斑鳐	0.75	4.58	37.37	199.27

调查航次	物种	重量比例 (%)	数量比例 (%)	出现频率 (%)	IRI 相对重要性指数
2014 年冬季	发光鲷	9.09	36.41	36.36	1 654.39
	弓背鳄齿鱼	2.94	7.38	40.40	417.20
	多齿蛇鲻	3.04	2.66	71.72	408.70
	二长棘犁齿鲷	5.49	2.00	52.53	393.26
	花斑蛇鲻	2.14	2.19	70.71	305.69
	细纹鲾	1.03	6.35	31.31	230.90
	竹荚鱼	2.62	0.93	55.56	197.31
	黄斑鲾	0.92	4.65	35.35	197.03
	带鱼	2.03	0.63	61.62	163.58
	深水金线鱼	2.22	1.30	37.37	131.72
2015 年春季	二长棘犁齿鲷	10.47	17.05	69.70	1 917.94
	发光鲷	8.07	29.31	38.38	1 434.77
	竹荚鱼	7.81	8.50	79.80	1 301.42
	多齿蛇鲻	5.24	1.92	88.89	636.62
	带鱼	3.53	0.85	76.77	336.70
	深水金线鱼	4.56	2.21	46.46	314.46
	蓝圆鲹	3.57	3.25	44.44	303.18
	花斑蛇鲻	2.35	1.03	75.76	256.15
	刺鲳	2.95	0.84	67.68	256.04
	细纹鲾	1.10	4.49	30.30	169.42
2016 年夏季	竹荚鱼	22.09	23.30	82.83	3 759.50
	蓝圆鲹	14.09	6.91	81.82	1 718.23
	二长棘犁齿鲷	9.84	8.11	61.62	1 106.03
	刺鲳	11.35	2.67	67.68	948.94
	发光鲷	5.28	19.11	32.32	788.20
	多齿蛇鲻	3.44	1.29	74.75	353.68
	带鱼	2.74	0.43	76.77	243.32
	黄斑鲾	1.90	6.72	24.24	209.19
	细纹鲾	0.73	5.67	27.27	174.54
	黄鳍马面鲀	1.73	1.75	34.34	119.50

南海北部近海 渔业资源与环境

续表

调查航次	物种	重量比例(%)	数量比例(%)	出现频率(%)	IRI 相对重要性指数
2016 年秋季	黄鳍马面鲀	12.45	26.65	31.58	1 234.77
	发光鲷	8.80	24.43	35.79	1 189.56
	竹荚鱼	5.25	2.15	64.21	474.96
	二长棘犁齿鲷	4.85	1.76	56.84	375.35
	丽叶鲹	8.05	6.93	22.11	331.03
	刺鲳	3.93	0.72	63.16	293.67
	多齿蛇鲻	2.08	1.26	60	200.74
	蓝圆鲹	2.17	0.47	72.63	191.84
	黄斑鲾	1.12	2.94	36.84	149.50
	棕腹刺鲀	2.45	0.15	53.68	139.63
2016 年冬季	发光鲷	19.86	48.30	43.88	2 990.36
	多齿蛇鲻	3.76	1.95	75.51	431.06
	带鱼	3.71	1.01	74.49	351.45
	竹荚鱼	3.26	0.96	67.34	284.04
	黑边天竺鱼	2.76	3.30	35.71	216.20
	条尾绯鲤	2.77	1.78	40.82	185.53
	鹿斑鲾	1.44	4.02	31.63	172.90
	银色突吻鳗	3.53	0.78	28.57	123.03
	圆鳞发光鲷	1.86	9.34	9.18	102.88
	深水金线鱼	2.46	1.25	27.55	102.37
2017 年春季	发光鲷	17.50	47.61	37.76	2 458.07
	竹荚鱼	8.84	6.91	80.61	1 269.84
	多齿蛇鲻	4.82	1.81	81.63	541.20
	黑边天竺鱼	5.33	5.20	45.92	483.67
	刺鲳	4.95	1.35	65.31	411.41
	蓝圆鲹	2.62	1.56	67.35	280.49
	二长棘犁齿鲷	2.52	1.18	63.27	233.96
	细纹鲾	1.08	4.95	31.63	190.74
	弓背鳄齿鱼	1.29	2.26	45.92	163.31
	深水金线鱼	2.65	1.13	41.84	158.09

三、南海北部甲壳类的优势种构成

2014—2015 年期间的第一周年调查航次中（表 3.4），夏季的甲壳类优势种有 3 种，以猛虾蛄为第一优势种，IRI 值为 822.49，其次为宽突赤虾和中华管鞭虾。在秋季调查阶段，宽突赤虾的 IRI 达到 1 700.55，上升为该季节的第一甲壳类优势种，锈斑蟳和猛虾蛄则是该类群的第二、三优势种。进入冬季阶段，甲壳类优势种的种类发生变化，由假长缝拟对虾、宽突赤虾、鹰爪虾和中华管鞭虾四个物种构成，其中前三者的 IRI 均大于 1000。春季的优势种与冬季总体接近，但是其种类数减少至 3 个，分别是宽突赤虾、假长缝拟对虾和鹰爪虾，以宽突赤虾为甲壳类第一优势种。

2016—2017 年的第二周年调查中（表 3.4），甲壳类优势种数量在夏季达到 5 种，以宽突赤虾为第一优势种，IRI 为 1 013.84，其余依次为武士蟳、猛虾蛄、黑斑口虾蛄和锈斑蟳。秋季的优势种数量和夏季相同，但种类组成有一定差异。该时期的甲壳类第一优势种是红星梭子蟹，宽突赤虾的 IRI 为 861.43，位列第二，其他三种分别是锈斑蟳、猛虾蛄和中华管鞭虾。进入冬季，该海域的优势种数量有明显减少，仅宽突赤虾和武士蟳两种，但前者的 IRI 约为后者的 5 倍。从春季的甲壳类优势种结果可知，其种类组成总体接近于夏季，但数量降低至 4 种，宽突赤虾仍为第一优势种，其余分别为猛虾蛄、黑斑口虾蛄和武士蟳。

综上可知，南海北部近海海域的甲壳类优势种数量和组成在四季有一定差异，但主要均是由对虾科的宽突赤虾和猛虾蛄科的猛虾蛄构成，其中宽突赤虾是唯一在两周年的 8 个航次中均为优势种的物种，其占据甲壳类的绝对优势种地位。

表3.4　2014—2017年8个航次底拖网渔获中IRI指数前十的甲壳类物种

调查航次	物种	重量比例 （%）	数量比例 （%）	出现频率 （%）	IRI 相对重要性指数
2014 年夏季	猛虾蛄	13.74	3.99	46.39	822.49
	宽突赤虾	8.54	17.30	29.90	772.48
	中华管鞭虾	6.39	19.92	20.62	542.31
	假长缝拟对虾	3.67	13.58	19.59	337.94
	武士蟳	6.84	1.12	41.24	328.34
	鹰爪虾	3.45	5.98	27.84	262.61
	红星梭子蟹	6.24	1.13	27.84	205.18
	黑斑口虾蛄	3.04	2.47	36.08	198.63
	三疣梭子蟹	8.45	0.70	17.53	160.42
	口虾蛄	5.27	4.36	16.49	158.82

调查航次	物种	重量比例 (%)	数量比例 (%)	出现频率 (%)	IRI 相对重要性指数
2014 年秋季	宽突赤虾	8.84	32.83	40.82	1 700.55
	锈斑蟳	9.87	0.69	66.33	700.15
	猛虾蛄	13.74	2.91	39.80	662.49
	红星梭子蟹	10.38	1.20	35.71	413.49
	假长缝拟对虾	3.74	9.12	28.57	367.22
	中华管鞭虾	4.21	8.97	25.51	336.18
	武士蟳	5.36	0.65	43.88	263.33
	鹰爪虾	2.99	5.08	27.55	222.25
	黑斑口虾蛄	2.10	1.67	36.73	138.49
	长叉口虾蛄	6.07	2.30	14.29	119.61
2014 年冬季	假长缝拟对虾	14.60	29.15	37.78	1 652.91
	宽突赤虾	8.66	13.27	53.33	1 169.40
	鹰爪虾	10.60	12.77	48.89	1 142.29
	中华管鞭虾	8.53	7.54	34.44	553.54
	东方异腕虾	5.22	20.17	16.67	423.17
	武士蟳	6.51	0.46	41.11	286.32
	长叉口虾蛄	12.53	4.21	11.11	185.97
	锈斑蟳	5.24	0.13	34.44	185.00
	猛虾蛄	3.21	0.49	35.56	131.72
	威迪梭子蟹	1.99	2.39	20.00	87.53
2015 年春季	宽突赤虾	11.54	19.61	36.08	1 124.03
	假长缝拟对虾	8.66	24.17	29.90	981.56
	鹰爪虾	7.80	10.28	32.99	596.30
	武士蟳	5.45	0.85	45.36	285.74
	黑斑口虾蛄	5.31	3.58	31.96	284.04
	中华管鞭虾	6.13	6.21	21.65	267.09
	威迪梭子蟹	5.80	8.88	16.49	242.09
	猛虾蛄	5.34	1.17	35.05	228.27
	长叉口虾蛄	11.24	3.61	10.31	153.18
	直额蟳	1.71	2.43	24.74	102.41

续表

调查航次	物种	重量比例（%）	数量比例（%）	出现频率（%）	IRI 相对重要性指数
2016 年夏季	宽突赤虾	6.85	20.01	37.76	1 013.84
	武士蟳	11.86	3.17	54.08	812.80
	猛虾蛄	10.32	5.11	46.94	724.32
	黑斑口虾蛄	7.48	9.68	33.67	577.84
	锈斑蟳	7.31	1.36	64.29	557.41
	直额蟳	6.03	8.71	20.41	300.72
	假长缝拟对虾	2.46	9.50	24.49	292.81
	红星梭子蟹	6.24	1.14	28.57	210.84
	长叉口虾蛄	6.73	4.45	14.29	159.65
	近缘新对虾	2.98	4.54	19.39	145.75
2016 年秋季	红星梭子蟹	29.19	5.32	30.85	1 064.72
	宽突赤虾	4.75	18.39	37.23	861.43
	锈斑蟳	9.36	1.21	72.34	765.00
	猛虾蛄	9.13	4.84	43.62	609.30
	中华管鞭虾	5.29	12.98	28.72	524.98
	武士蟳	6.12	1.98	56.38	456.84
	银光梭子蟹	1.58	14.48	21.28	341.71
	直额蟳	2.37	3.60	34.04	203.12
	假长缝拟对虾	2.25	8.10	17.02	176.14
	长叉口虾蛄	6.96	6.57	12.77	172.66
2016 年冬季	宽突赤虾	47.39	22.54	45.36	3 171.96
	武士蟳	7.86	3.60	55.67	638.09
	鹰爪虾	3.40	11.52	32.99	492.22
	银光梭子蟹	2.81	10.87	30.93	423.12
	假长缝拟对虾	1.55	10.74	26.80	329.52
	锈斑蟳	4.60	0.44	51.55	260.01
	中华管鞭虾	2.84	7.46	23.71	244.24
	猛虾蛄	3.57	2.50	37.11	225.34
	直额蟳	2.93	5.01	27.84	220.83
	黑斑口虾蛄	2.32	4.19	28.87	187.94

调查航次	物种	重量比例 (%)	数量比例 (%)	出现频率 (%)	IRI 相对重要性指数
2017 年春季	宽突赤虾	11.25	26.50	37.50	1 415.73
	猛虾蛄	13.30	4.50	58.33	1 038.13
	黑斑口虾蛄	9.72	9.55	41.67	803.23
	武士蟳	8.66	2.04	61.46	657.51
	假长缝拟对虾	3.01	9.65	29.17	369.31
	长叉口虾蛄	10.86	7.48	16.67	305.60
	锈斑蟳	4.77	0.53	43.75	232.01
	直额蟳	3.65	3.42	32.29	228.47
	中华管鞭虾	2.25	4.06	29.17	184.20
	红星梭子蟹	5.32	1.54	23.96	164.20

四、南海北部头足类的优势种构成

2014—2015 年时期的第一周年调查航次（表 3.5），夏季的头足类优势种由中国枪乌贼和剑尖枪乌贼组成，二者的 IRI 均较高，均超过 3 500，中国枪乌贼是该季的头足类第一优势种。进入秋季，该海域的头足类优势种增加至 3 种，包括剑尖枪乌贼、中国枪乌贼和金乌贼，仍以中国枪乌贼为第一优势种，其 IRI 高达 4 203.13。相比于秋季，冬季的优势种数量同样是 3 种，但其种类构成全是枪乌贼科，分别为剑尖枪乌贼、中国枪乌贼和杜氏枪乌贼，IRI 值皆高于 1 500。春季所得的头足类优势种组成和数量与冬季相近，其中两个季节的第一、第二优势种是相同的，为剑尖枪乌贼和中国枪乌贼，而第三优势种则由火枪乌贼所替代。

2016—2017 年时期的第二周年航次（表 3.5），头足类优势种在夏季共 3 种，分别为剑尖枪乌贼、中国枪乌贼和金乌贼，以剑尖枪乌贼为第一优势种，IRI 达到 5 054.45。在秋季，头足类的优势种种类组成和数量与夏季相同。冬季的头足类优势种数量仍为 3 种，但全属于枪乌贼科，依次为剑尖枪乌贼、中国枪乌贼和杜氏枪乌贼，剑尖枪乌贼仍占据第一优势种地位，IRI 为 3 588.61。进入春季，头足类的优势种数量减为 2 种，由剑尖枪乌贼和中国枪乌贼构成，二者的 IRI 均超过 5 300，且第一优势种仍为前者。

综合 2014—2017 年期间的两周年的调查结果可知，头足类优势种基本是由枪乌贼科所构成，主要是剑尖枪乌贼和中国枪乌贼。

表3.5 2014—2017年8个航次底拖网渔获物IRI指数前十的头足类物种

调查航次	物种	重量比例 （%）	数量比例 （%）	出现频率 （%）	IRI 相对重要性指数
2014 年夏季	中国枪乌贼	40.33	22.41	87.76	5 505.87
	剑尖枪乌贼	24.53	54.42	44.90	3 544.40
	条纹蛸	11.95	1.50	34.69	466.55
	金乌贼	3.95	2.29	69.39	433.00
	太平洋褶柔鱼	10.30	7.20	24.49	428.47
	火枪乌贼	2.11	5.33	44.90	333.97
	杜氏枪乌贼	2.02	4.90	21.43	148.34
	长蛸	1.40	0.12	23.47	35.70
	田乡枪乌贼	0.31	0.72	21.43	22.01
	莱氏拟乌贼	1.56	0.11	7.14	11.92
2014 年秋季	剑尖枪乌贼	22.16	46.05	61.62	4 203.13
	中国枪乌贼	26.38	15.08	71.72	2 973.65
	金乌贼	16.36	10.34	68.69	1 833.72
	杜氏枪乌贼	4.71	9.89	23.23	339.28
	条纹蛸	7.48	1.96	27.27	257.32
	田乡枪乌贼	1.24	3.32	55.56	253.34
	白斑乌贼	6.28	0.52	24.24	164.74
	虎斑乌贼	5.39	0.24	28.28	159.16
	神户乌贼	1.42	5.52	14.14	98.09
	火枪乌贼	0.97	1.70	32.32	86.33
2014 年冬季	剑尖枪乌贼	20.20	37.34	59.79	3 440.45
	中国枪乌贼	34.93	6.04	56.70	2 323.09
	杜氏枪乌贼	24.78	39.70	23.71	1 528.86
	太平洋褶柔鱼	3.43	8.78	34.02	415.58
	火枪乌贼	2.03	2.04	39.18	159.33
	田乡枪乌贼	1.66	2.87	27.84	126.04
	虎斑乌贼	4.18	0.19	22.68	99.11
	金乌贼	1.40	0.78	30.93	67.25
	莱氏拟乌贼	3.14	0.19	14.43	48.05
	条纹蛸	0.83	0.19	20.62	21.14

调查航次	物种	重量比例 （%）	数量比例 （%）	出现频率 （%）	IRI 相对重要性指数
2015 年春季	剑尖枪乌贼	36.73	66.56	58.59	6 051.11
	中国枪乌贼	35.40	14.81	69.70	3 499.00
	火枪乌贼	11.46	4.59	40.40	648.35
	田乡枪乌贼	3.15	3.69	52.53	358.99
	金乌贼	2.68	1.84	43.43	196.00
	太平洋褶柔鱼	2.36	3.43	33.33	193.03
	条纹蛸	3.33	0.72	28.28	114.48
	杜氏枪乌贼	2.00	3.32	20.20	107.55
	柏氏四盘耳乌贼	0.18	0.41	12.12	7.15
	长蛸	0.61	0.11	9.09	6.52
2016 年夏季	剑尖枪乌贼	24.37	55.06	63.64	5 054.45
	中国枪乌贼	39.24	15.57	70.71	3 875.66
	金乌贼	10.14	8.73	73.74	1 391.50
	条纹蛸	10.24	1.89	31.31	379.90
	杜氏枪乌贼	7.02	9.76	15.15	254.13
	田乡枪乌贼	0.84	2.49	27.27	90.71
	卵蛸	1.41	1.09	25.25	63.03
	柏氏四盘耳乌贼	0.68	2.10	20.20	56.10
	太平洋褶柔鱼	1.03	1.12	14.14	30.46
	莱氏拟乌贼	1.08	0.42	10.10	15.18
2016 年秋季	剑尖枪乌贼	42.40	57.41	62.37	6 224.77
	中国枪乌贼	25.31	12.14	66.67	2 496.97
	金乌贼	7.76	7.07	52.69	781.45
	杜氏枪乌贼	6.29	10.13	25.81	423.81
	虎斑乌贼	6.78	0.53	29.03	212.29
	田乡枪乌贼	1.02	3.30	33.33	144.15
	卵蛸	1.49	0.97	22.58	55.36
	火枪乌贼	0.86	0.84	32.26	54.83
	条纹蛸	1.16	0.35	16.13	24.30
	莱氏拟乌贼	1.12	0.18	17.20	22.33

续表

调查航次	物种	重量比例 （%）	数量比例 （%）	出现频率 （%）	IRI 相对重要性指数
2016 年冬季	剑尖枪乌贼	20.83	48.79	51.55	3 588.61
	中国枪乌贼	35.91	7.03	55.67	2 390.25
	杜氏枪乌贼	13.75	19.85	38.14	1 281.80
	太平洋褶柔鱼	8.52	10.28	23.71	445.89
	金乌贼	3.53	4.38	48.45	383.31
	虎斑乌贼	6.21	0.31	25.77	168.02
	田乡枪乌贼	0.87	2.66	29.90	105.55
	柏氏四盘耳乌贼	1.00	2.26	23.71	77.25
	卵蛸	0.80	0.80	20.62	33.03
	长蛸	1.73	1.07	7.22	20.20
2017 年春季	剑尖枪乌贼	32.40	56.45	62.89	5 587.49
	中国枪乌贼	45.66	19.91	81.44	5 340.52
	田乡枪乌贼	1.99	5.30	50.52	367.96
	杜氏枪乌贼	7.63	7.18	18.56	274.80
	太平洋褶柔鱼	3.95	4.77	23.71	206.83
	金乌贼	1.76	2.65	43.30	190.91
	条纹蛸	1.35	0.34	26.80	45.19
	柏氏四盘耳乌贼	0.55	1.64	17.53	38.44
	长蛸	1.57	0.14	15.46	26.40
	卵蛸	0.58	0.30	15.46	13.50

第三节 渔获率

一、渔获率时空分布

在 2014—2015 年期间的第一周年调查航次中（图 3.3），整个海域渔获率的全年最高水平出现于夏季，平均为 102.13 kg/h。该季节的渔获率以 50 ~ 200 kg/h 为主导，占全部站点的 61.62%。渔获率最大值（441.28 kg/h）和最小值（11.36 kg/h）均出现于珠江口断面，分别位于该断面的深水区和近岸浅水区。在秋季，整个海域的渔获率有所下降，仅次于夏季，在 10.35 ~ 404.83 kg/h 间变动，平均渔获率为 73.50 kg/h。该季节渔获率最大值和最小值则都位于粤东海域，最大渔获率处于汕尾断面深水区，而汕头断面近岸浅水区则存在最低渔获率。进入冬季，渔获率处于全年的最低水平，平均仅为 31.37 kg/h。该海域 80.81% 站点的渔获率低于 50 kg/h，该季节的最大、最小渔获率分别为 160.85 kg/h 和 2.98 kg/h，位于汕头断面深水区和近岸浅水区。春季的渔获率较之于冬季有所提高，平均为 40.57 kg/h，总体在 7.60 ～ 193.15 kg/h 间变化，但以 50 kg/h 的渔获率为主，约占全部站点的 76.77%。此季节渔获率的最大、最小值分别出现于北部湾北部近岸和汕头断面的近岸浅水区。

在 2016—2017 年期间的第二周年调查中（图 3.4），夏季的渔获率仍居于全年之首，其平均达到 75.63 kg/h。最大渔获率高达 553.04 kg/h，位于北部湾南部海域，而最低值则处于北部湾中西部海域，仅 9.44 kg/h。在秋季阶段，渔获率下降明显，当前整个海域的渔获率平均值为 51.54 kg/h，整个海域的渔获率介于 4.61 ～ 463.19 kg/h。海南岛的三亚断面深水区有最高的渔获率，而海南岛东部的万宁断面深水区最低。冬季时期，整个海域的渔获率处于全年的最低值，平均为 40.37 kg/h，全海域渔获率处于 0 ～ 50 kg/h 的站点比例达到 75.76%。这个时期最大渔获率位于三亚断面浅水区，达到 339.41 kg/h；最小渔获率仅有 3.48 kg/h，处于粤东海域的汕头断面浅水区。进入春季，整个海域的渔获率有一定的提高，平均为 59.14 kg/h，仅次于夏季。该时期，全海域的渔获率介于 4.34 ～ 248.63 kg/h，最高、最低渔获率分别位于北部湾南部海域和三亚断面的浅水区。

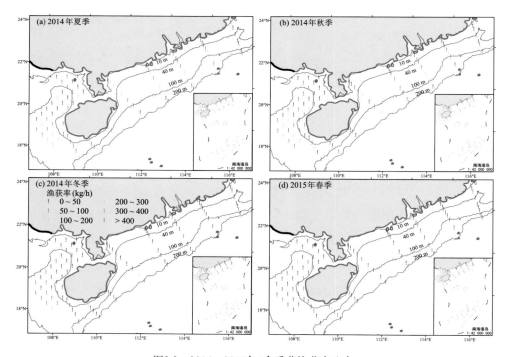

图3.3　2014—2015年4个季节渔获率分布

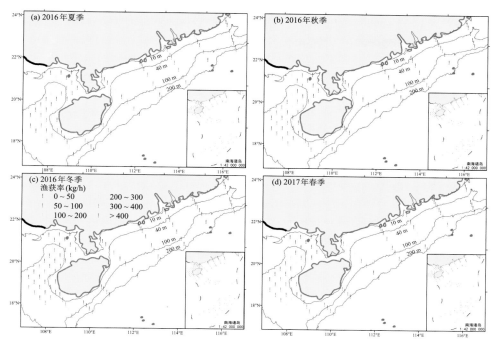

图3.4　2016—2017年4个季节渔获率分布

综合两周年的调查结果，南海北部近海海域的渔获率季节变化特征明显，表现为夏高冬低的特征。另外，粤东海域汕头断面的浅水区是渔获率低值区，而渔获率高值存在较高的年际和季节变动，无明显的分布区。

二、鱼类渔获重量比例的时空分布

从四季的结果可知（图3.5），整个海域鱼类的比重在2014—2015年第一周年调查中总体均较高，其主要分布区为北部湾和粤西至粤东的100 m以深海域。其中，北部湾海域的鱼类比重大于90%的分布区存在一定的季节移动特征，其在春季分布于北部湾北部近岸和中部，进入夏季阶段，高比重分布区扩散至整个北部湾，而此分布区的空间范围在秋季向南缩减，仅存在于北部湾南部海域，冬季时期该分布区位置与秋季一致，但区域范围进一步减小。而另一鱼类高比重分布区——粤西至粤东的100 m以深海域，其空间位置在四季未发生明显变化。

较之于2014—2015年第一周年，除了夏季，2016—2017年的第二周年调查中其余三个季节的鱼类高值分布区均与之前有较大差异（图3.6）。在北部湾海域，春季期间的鱼类比重高于90%的区域仅位于该海域南部。在夏季，整个北部湾的鱼类比重明显增加，约55%的站点渔获鱼类比例超过90%。秋季的高值分布区零星分布于北部湾北部和中部区域，而分布区在冬季则迁移至该海域的南部。高值分布区在粤西至

粤东海域分布格局总体与第一周年相似,在100 m以深水域同样是鱼类的高聚集区域。然而,夏季时期粤西至粤东40 m以浅亦有较多鱼类聚集。

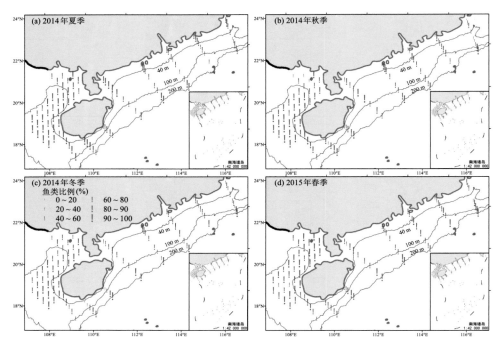

图3.5　2014—2015年4个季节渔获物中鱼类比重空间分布

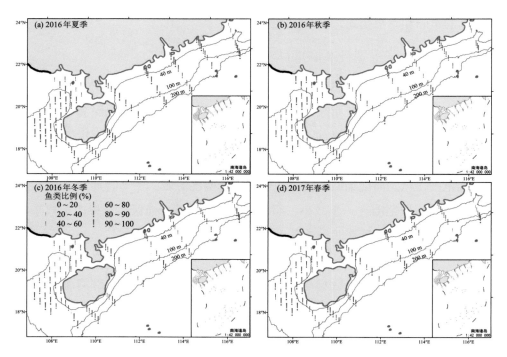

图3.6　2016—2017年4个季节渔获物中鱼类比重空间分布

综合两周年结果，渔获物中鱼类比例较高的季节出现于夏季，同时鱼类占比高的区域主要分布于北部湾和粤西至粤东 100 m 以深的海域。

三、甲壳类渔获重量比例的时空分布

与鱼类相比，南海北部近海海域甲壳类在渔获物中所占比例总体较低（图 3.7）。2014—2015 年第一周年调查中，甲壳类的聚集区在四季无明显的变化，主要分布在北部湾 20.6°N 以北海域和粤西至粤东的 40 m 以浅海域。甲壳类在秋季的渔获比例最高，介于 0 ~ 91.69%，平均为 11.88%；冬季时期甲壳类比重平均为 10.61%，仅次于秋季；而甲壳类在渔获中占比最低的季节出现于夏季，平均比重仅为 5.44%。

在 2016—2017 年第二周年，甲壳类比重的空间分布特征与第一周年总体一致，但比重有一定的提高（图 3.8）。甲壳类渔获比重高的聚集区同样是北部湾 20.6°N 以北海域和粤西至粤东的 40 m 以浅海域。其季节分布特征也是表现为秋冬高而夏季低。

综上可知，甲壳类分布区有明显的聚集特征，高值区域无季节变化特征，区域主要为北部湾 20.6°N 以北海域和粤西至粤东的 40 m 以浅海域。甲壳类渔获比重最高的季节处于秋季，而夏季处于全年最低水平。

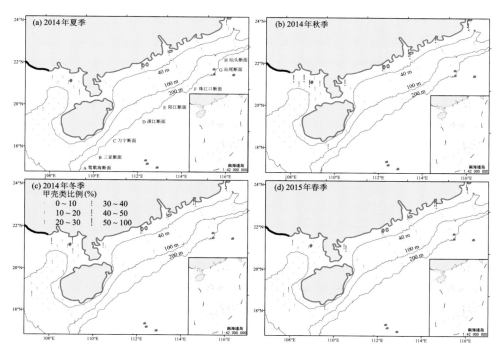

图3.7　2014—2015年4个季节渔获物中甲壳类比重空间分布

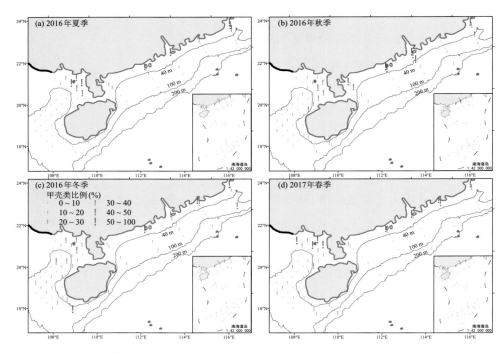

图3.8 2016—2017年4个季节渔获物中甲壳类比重空间分布

四、头足类渔获重量比例的时空分布

在 2014—2015 年第一周年调查中，北部湾海域的头足类渔获比重显著低于南海北部其他海域（图 3.9）。海南岛南部至粤东海域是头足类比重较高的区域，尤其是粤东的汕头断面，其比重在全年都较高。在春季时期，北部湾中部海域也出现一个高值区。从季节分布看，头足类占渔获物比例较高的季节处于冬季，总体在 0 ～ 86.82% 间变化，平均为 16.74%。

第二周年的头足类比重在高值区分布范围上存在季节变化（图 3.10）。在北部湾海域，高值区的分布范围在秋季最广，位于该海域中部与北部；进入春季，高值区范围缩小，分布于北部湾中部；而在夏秋季，头足类占比高的区域基本消失。在南海北部其余海域，头足类集聚区在春、秋、冬三季的分布格局接近，广泛分布于该海域上，而夏季的高值区则主要位于粤东 40 ～ 100 m 的海域。

综合两周年的调查，冬季是渔获物中头足类比例最高的季节，粤东海域的汕头断面全年均有较高比例的头足类集聚。

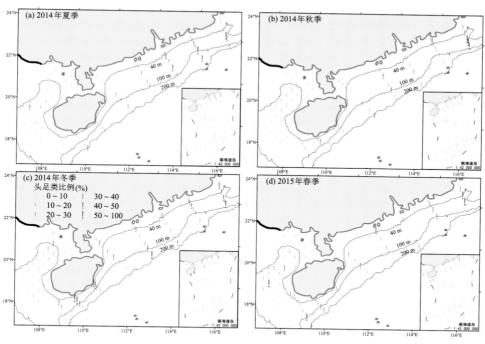

图3.9 2014—2015年4个季节渔获物中头足类比重空间分布

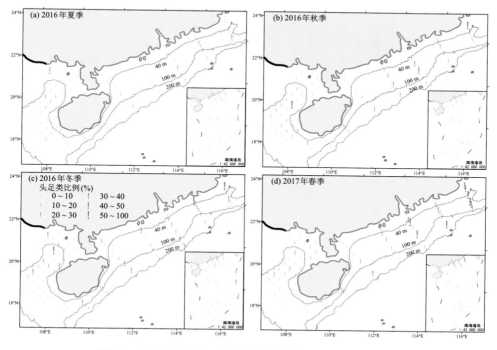

图3.10 2016—2017年4个季节渔获物中头足类比重空间分布

第四章
主要经济种类生物学特性

第一节　蓝圆鲹

蓝圆鲹（图 4.1）隶鲈形目鲹科圆鲹属，俗称池鱼（湛江、佛山）、黄占（浙江、上海、江苏）、巴浪（福建）、竹景（海南）。蓝圆鲹属近海暖水性中上层洄游鱼类，喜集群、有趋光性，主要由围网和拖网捕获。在我国黄海、东海和南海均有分布，以南海数量为最多，其次为东海和黄海。

图4.1　蓝圆鲹

一、体长组成

南海北部近海海域蓝圆鲹全年的体长分布范围为 12～236 mm，体长频率分布呈单峰型，以 121～135 mm 为优势体长组，占 35.05%（图 4.2）。

蓝圆鲹春季的渔获体长范围为 76～240 mm，以 101～115 mm 为优势体长组，占 37.08%；夏季的渔获体长范围为 11～190 mm，以 121～135 mm 为优势体长组，占 60.64%；秋季的渔获体长范围为 116～165 mm，优势体长组为 136～150 mm，占 58.00%；冬季的渔获体长范围为 96～225 mm，优势体长组为 181～185 mm，占

16.94%（图 4.3）。

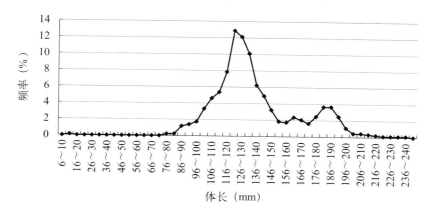

图4.2　南海北部近海蓝圆鲹全年体长频率（%）分布

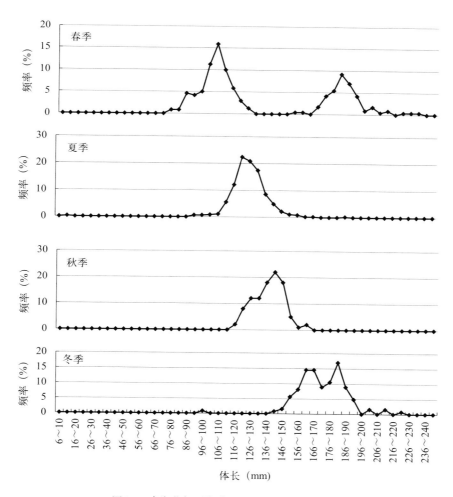

图4.3　南海北部近海蓝圆鲹各季节体长频率（%）分布

二、体重组成

南海北部近海海域蓝圆鲹全年的体重范围为 7.9 ~ 290 g，体重以 21 ~ 30 g 为优势组，占 37.62%（见图 4.4）。

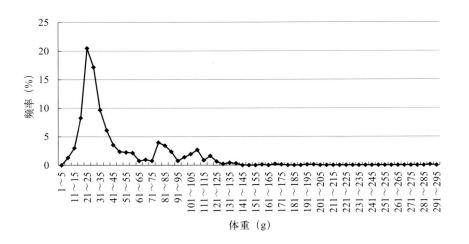

图4.4　南海北部近海蓝圆鲹全年体重频率（%）分布

春季的体重范围为 7.9 ~ 290 g，以 16 ~ 25 g 为优势组，占 31.67%；夏季的体重范围为 11 ~ 190 g，以 121 ~ 130 g 为优势组，占 43.19%；秋季体重范围为 26 ~ 85 g，以 41 ~ 55 g 为优势组，占 55.00%；冬季的体重范围为 46 ~ 170 g，以 76 ~ 85 g 为优势组，占 51.61%（图 4.5）。

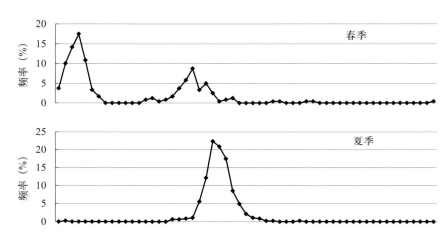

图4.5　南海北部近海蓝圆鲹各季节体重频率（%）分布

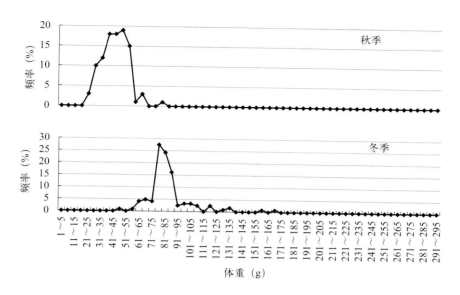

图4.5　南海北部近海蓝圆鲹各季节体重频率（%）分布（续）

综上所述，南海北部近海海域蓝圆鲹的种群结构和年龄组成较简单，该鱼生长快、补充迅速、种群增殖能力强，渔获中体重组成主要以 21 ～ 30 g 为优势组，说明全年的捕捞群体都以当年生的幼鱼为主。

三、渔获率

蓝圆鲹在春季的分布区域主要集中于北部湾和海南岛周边海域。这个时段内，其平均渔获率为 2.71 kg/h，最大渔获率为 57 kg/h，位于北部湾北部海域；海南岛南部海域渔获率最小，仅为 0.011 kg/h（图 4.6）。

夏季，蓝圆鲹的分布范围和渔获率都比春季增加，此季节的渔获率是四季的最大值，为 0.002 ～ 364.50 kg/h，平均达到 11.17 kg/h。这个时段，最大渔获率分布于海南岛南部海域，而最小值出现于珠江口海域。

秋季，蓝圆鲹的渔获率略有减少，其平均渔获率为 2.10 kg/h，渔获率总体在 0.015 ～ 24 kg/h 间变化。最大渔获率位于北部湾北部海域和海南岛西北部海域，而粤东海域最小。

蓝圆鲹在冬季的渔获率处于四个季节的最低值，其平均渔获率仅为 0.64 kg/h，渔获率介于 0.034 ～ 10.5 kg/h 之间。这个时段，最大渔获率位于海南岛南部近海海域，海南岛西部海域最小。

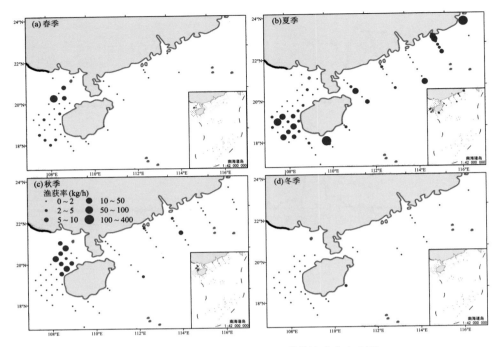

图4.6　南海北部近海蓝圆鲹各季节的渔获率分布图

四、性腺成熟度

本次调查南海北部近海海域渔获的蓝圆鲹中雄性 378 尾占 40.51%，雌性 474 尾占 50.80%，雌雄不分 81 尾占 8.69%，其中大部分由 Ⅱ 期及以下个体组成，占 72.24%，Ⅲ 期占 6.43%，性腺达到 Ⅳ 期只占 2.25%，Ⅴ 期以上有 10.40%。Ⅴ 期个体只出现在冬、春季，且冬、春季出现 Ⅵ 期转 Ⅱ 期个体，因此推测其产卵期可能在冬、春季。

五、摄食等级

本次调查所获的蓝圆鲹中，空胃有 200 尾占 21.44%，1 级胃有 183 尾占 19.61%，2 级胃有 466 尾占 49.95%，3 级胃有 68 尾占 7.29%，4 级胃有 15 尾占 1.61%，5 级胃只有 1 尾占 0.10%。性腺成熟度达到 Ⅳ 期以上空胃率达 80.51% 左右，因此推测生殖季节蓝圆鲹可能停止摄食。

六、饵料组成

蓝圆鲹幼鱼时以浮游动物为饵料，成鱼主食小型鱼虾类、底栖生物及浮游动物，以细螯虾、小眼端足类较多，其次是小型短尾类和褐虾、鼓虾、小鱼等。

第二节 竹䒧鱼

竹䒧鱼（图 4.7）隶鲈形目鲹科竹䒧鱼属，系暖水性中上层经济鱼类，俗称竹䒧池、刺鲅、黄鳟等。体呈纺锤形，侧线上全是高而强的棱鳞，形如用竹板编制的组合隆起䒧，由此得名。竹䒧鱼喜结群，有趋光性，分布范围较广，常与蓝圆鲹、黄泽小沙丁鱼等中上层鱼类混栖，是南海海域灯光围网和拖网的主要捕捞对象之一。

图4.7 竹䒧鱼

一、体长组成

南海北部近海海域竹䒧鱼全年的体长范围为 71 ~ 243 mm，体长频率分布呈单峰型，以 136 ~ 140 mm 为优势体长组，占 15%（图 4.8）。

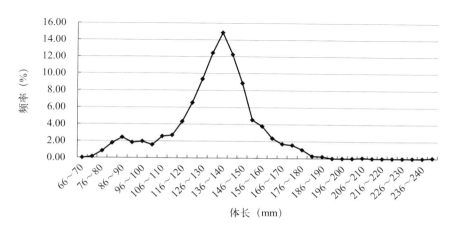

图4.8 南海北部近海竹䒧鱼全年体长频率（%）分布

春季南海北部近海竹䇲鱼的渔获体长范围为 72 ～ 188 mm，其中以 86 ～ 90 mm 的为优势体长组，占 11.67%；夏季，渔获体长范围为 89 ～ 206 mm，其中以 131 ～ 140 mm 的为优势体长组，占 37.27%；秋季，渔获体长范围为 106 ～ 175 mm，优势体长组为 131 ～ 135 mm，占 22.50%；冬季，渔获体长范围为 120 ～ 243 mm，优势体长组为 141 ～ 145 mm，占 19.81%（图 4.9）。

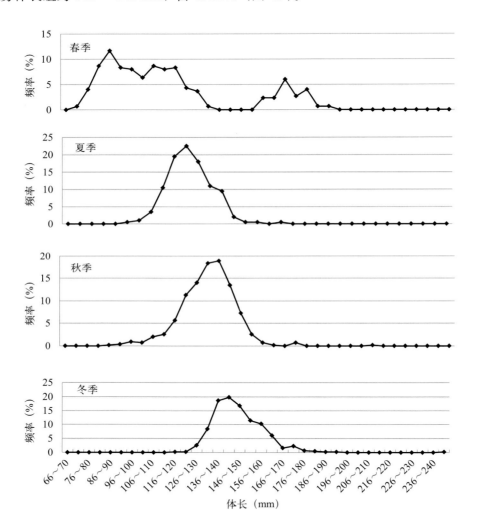

图4.9　南海北部近海竹䇲鱼各季节体长频率（%）分布

二、体重组成

南海北部近海海域竹䇲鱼全年的体重范围为 6.5 ～ 130 g，体重以 31 ～ 35 g 为优势组，占 12.04%（图 4.10）。

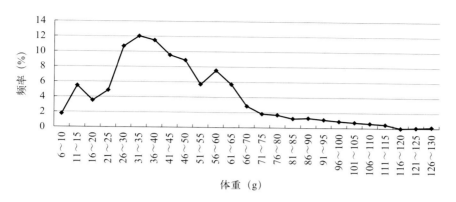

图4.10 南海北部近海竹荚鱼全年体重频率（%）分布

春季，体重范围为 6 ~ 115 g，以 11 ~ 15 g 为优势组，占 25.00%；夏季，体重范围为 11 ~ 130 g，以 31 ~ 35 g 为优势组，占 26.18%；秋季体重范围为 25 ~ 110 g，以 46 ~ 50 g 为优势组，占 22%；冬季的体重范围为 36 ~ 126 g，以 56 ~ 60 g 为优势组，占 16.26%（图 4.11）。

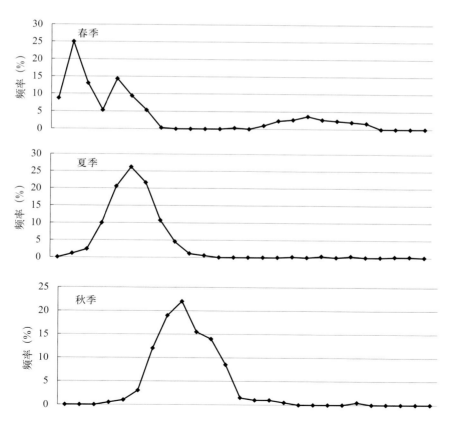

图4.11 南海北部近海竹荚鱼各季节体重频率（%）分布

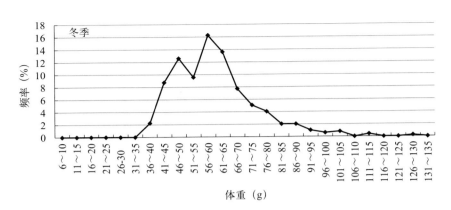

图4.11 南海北部近海竹䇲鱼各季节体重频率（%）分布（续）

综合以上分析可见南海北部近海海域竹䇲鱼的种群结构和年龄组成较简单，可以看出，该鱼生长快，补充迅速以及种群增殖能力强，从渔获体重组成主要以30 ～ 50 g 为优势，说明全年的捕捞群体都以当年生的幼鱼为主。

三、渔获率

春季，竹䇲鱼主要分布于北部湾、海南岛周边海域、粤西、粤中和粤东海域。其渔获率为 0.028 ～ 96 kg/h，平均为 3.21 kg/h。在此时间段内，竹䇲鱼最大、最小渔获率分别位于北部湾北部海域和北部湾中部海域（图 4.12）。

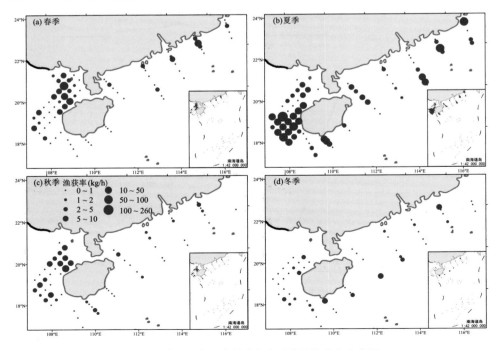

图4.12 南海北部近海竹䇲鱼各季节的渔获率分布图

夏季，竹䇲鱼的分布范围有明显的扩大现象，扩展至粤西和粤中海域。该时段所获取的竹䇲鱼渔获率居于四季之首，为 0.008 ～ 259.25 kg/h，平均为 12.75 kg/h。北部湾中部海域的渔获率最大，而海南岛南部海域最小。

竹䇲鱼在秋季的空间分布与夏季大体一致，而其渔获率存在一定的下降，为 0.044 ～ 44 kg/h，平均渔获率为 2.47 kg/h。海南岛西部海域的渔获率达到最高，最小渔获率则位于粤中海域。

冬季，竹䇲鱼的分布范围同样与夏季接近，但其渔获率处于四季的最低水平，平均渔获率仅为 1.27 kg/h。此季节内，竹䇲鱼最大渔获率为 10.5 kg/h，位于海南岛南部近海海域；所得最小渔获率则出现于海南岛南部外海海域，仅为 0.04 kg/h。

四、性腺成熟度

本次调查南海北部近海海域渔获的竹䇲鱼中雄性 732 尾占 49.49%，雌性 686 尾占 46.39%，雌雄不分 61 尾占 4.12%，其中大部分由Ⅱ期及以下个体占 74.31%，Ⅲ期占 11.56%，性腺达到Ⅳ期占 6.01%，Ⅴ期只有 4.12%。Ⅳ、Ⅴ期个体只出现在冬、春季，因此推测其产卵期可能在春季。

五、摄食等级

本次调查所获的竹䇲鱼中，空胃有 219 尾占 14.81%，1 级胃有 339 尾占 22.92%，2 级胃有 713 尾占 48.20%，3 级胃有 149 尾占 10.07%，4 级胃只有 59 尾占 4.00%。性腺成熟度达到Ⅳ～Ⅴ期的个体空胃率约占 45.95% 左右，Ⅴ期的个体空胃率达 89.83% 左右，因此推测生殖季节可能停止摄食。

六、饵料组成

竹䇲鱼幼鱼时以浮游动物为饵料，成鱼主食小型鱼虾类、底栖生物及浮游动物，以细螯虾、小眼端足类较多，其次是小型短尾类和褐虾、鼓虾、小鱼等。

第三节　刺鲳

刺鲳（图 4.13）属鲈形目长鲳科刺鲳属，广东俗称瓜核、南鲳、玉鲳、海仓、牛油、乙鱼、海即、小眼南鲳等。该种属暖温性近底层鱼类，在世界上仅分布于中国、韩国南部和日本南部等近海海域。刺鲳在我国产于南海、东海和黄海南部，为南海北部底拖网渔业的主要捕捞对象之一。

图4.13　刺鲳

一、体长组成

南海北部近海海域刺鲳全年的体长范围为 47 ～ 196 mm，以 116 ～ 125 mm 和 126 ～ 135 mm 为优势体长组，分别占 18.93% 和 19.19%（图 4.14）。

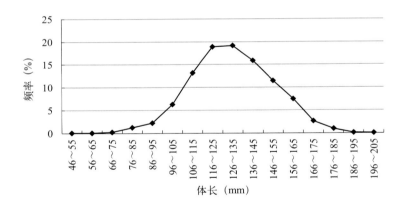

图4.14　南海北部近海刺鲳全年体长频率（%）分布

刺鲳春季的渔获体长范围为 88 ～ 172 mm，其中以 116 ～ 125 mm 为优势体长组，占 33.76%；夏季的渔获体长范围为 47 ～ 162 mm，其中以 126 ～ 135 mm 为优势体长组，占 24.02%；秋季的渔获体长范围为 92 ～ 195 mm，优势体长组为 136 ～ 145 mm 和 146 ～ 155 mm，分别占 25.82% 和 24.36%；冬季的渔获体长范围为 117 ～ 196 mm，主要渔获体长在 146 ～ 175 mm，占 76.61%，其中优势体长组为 156 ～ 165 mm，占 27.42%（图 4.15）。

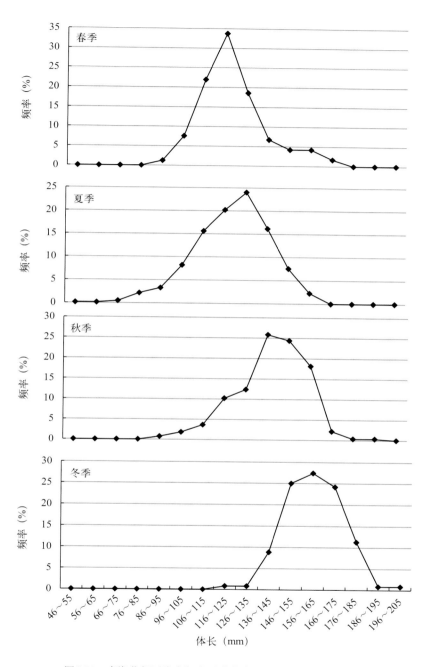

图4.15 南海北部近海刺鲳各季节体长频率（%）分布

二、体重组成

南海北部近海海域刺鲳全年的体重范围为 5～257 g，体重以 51～65 g 和 66～80 g 为优势组，分别占 16.18% 和 17.03%（图 4.16）。

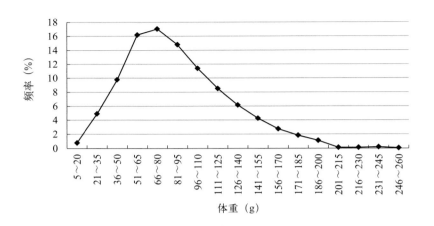

图4.16　南海北部近海刺鲳全年体重频率（%）分布

刺鲳春季体重范围为 26 ～ 189 g，以 66 ～ 80 g 为优势组，占 30.38%；夏季的体重范围为 5 ～ 170 g，以 51 ～ 65 g、66 ～ 80 g 和 81 ～ 95 g 为优势组，分别占 18.29%、18.63% 和 18.18%；秋季体重范围为 24 ～ 190 g，以 96 ～ 110 g 和 111 ～ 125 g 为优势组，均占 19.27%；冬季的体重范围为 68 ～ 257 g，以 111 ～ 125 g、126 ～ 140 g 和 171 ～ 185 g 体重组的优势较大，分别占 18.55%、19.35% 和 17.74%（图 4.17）。在不同季节，刺鲳的渔获体重存在一定差异，表现在冬季最大，其次是秋季，春、夏季相对较小。

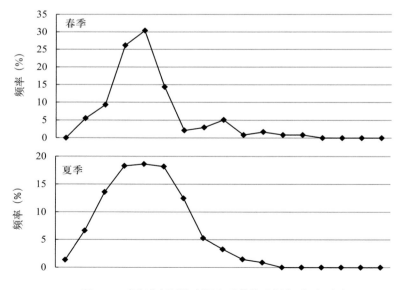

图4.17　南海北部近海刺鲳各季节体重频率（%）分布

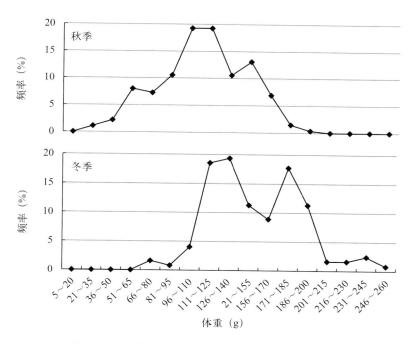

图4.17　南海北部近海刺鲳各季节体重频率（%）分布（续）

三、渔获率

春季，刺鲳的空间分布较广，而渔获率较低。其广泛分布于北部湾、广东近海和海南岛北部，渔获率介于 0.038 ～ 11.5 kg/h，平均渔获率为 1.43 kg/h，处于 4 个季节的最低水平。刺鲳渔获率最大值出现于海南岛东南部近海海域，达到 11.5 kg/h；而最小渔获率处于粤西海域，仅为 0.038 kg/h（图 4.18）。

夏季，其渔获率达到最高水平，在 0.026 ～ 45 kg/h 间，其均值为 5.77 kg/h。刺鲳在北部湾、海南岛西南部与海南岛东北部海域皆有较高的渔获率，其中海南岛东北部存在最大渔获率，北部湾北部近海次之，而北部湾西部海域最小。

秋季，刺鲳主要分布于北部湾、海南岛北部和粤东海域，其渔获率仅次于夏季，在 0.018 ～ 38.25 kg/h 间波动，平均为 2.56 kg/h。刺鲳最大渔获率出现于海南岛东北部海域，最小值则在海南岛北部海域。

相比于其他三个季节，刺鲳在冬季的空间分布范围总体较小，主要集中于粤东与海南岛西部海域地区，渔获率为 0.028 ～ 12.5 kg/h，平均约为 1.45 kg/h。北部湾西部海域的渔获率最高，珠江口最低。

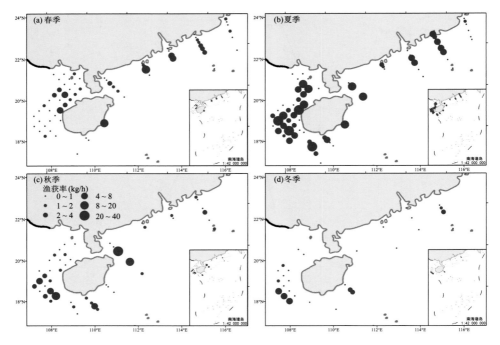

图4.18 南海北部近海刺鲳各季节的渔获率分布图

四、性腺成熟度

本次调查南海北部近海海域渔获的刺鲳中雄性 572 尾占 37.46%，雌性 811 尾占 53.11%，雌雄不分 144 尾占 9.43%；其中大部分由 Ⅱ 期组成占 54.35%，Ⅲ 期占 18.21%，Ⅳ 期占 12.7%，Ⅴ 期除秋季未捕获外，其他季节均有捕获，并以冬季的比例最高，而冬季又以 Ⅴ 期的比例最大，这说明冬季很可能是刺鲳最重要的产卵期。

五、摄食等级

本次调查所获的刺鲳中，空胃有 199 尾占 13.03%，1 级胃有 258 尾占 16.90%，2 级胃有 786 尾占 51.47%，3 级胃有 234 尾占 15.32%，4 级胃只有 50 尾占 3.27%。性腺成熟度达到 Ⅲ 期及以上的个体空胃率约占 25.20%，而冬季性腺成熟度达到 Ⅲ 期及以上的个体空胃率高达 67.9%，因此推测刺鲳在生殖季节大大减少了其摄食活动。

六、饵料组成

刺鲳常以浮游生物中的水母类为主要食物，此外还兼食一些底栖生物。

第四节 印度无齿鲳

印度无齿鲳（图 4.19）属鲈形目无齿鲳科无齿鲳属，广东俗称叉尾鲳、叉尾、大眼南鲳等，曾用同物异名印度双鳍鲳。该种系暖水性近底层鱼类，在世界上仅分布于中国和印度，是我国南海北部底拖网的主要捕捞对象之一。

图4.19 印度无齿鲳

一、体长组成

除冬季外，其他季节均有在南海北部近海海域捕获到印度无齿鲳，三季的体长范围为 90 ～ 183 mm，以 121 ～ 125 mm 的体长组为优势，占 22.73%（图 4.20）。

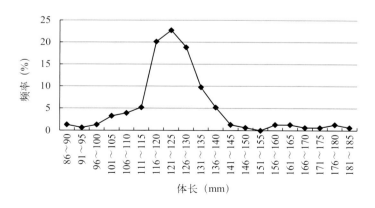

图4.20 南海北部近海印度无齿鲳全年（除冬季外）体长频率（%）分布

印度无齿鲳春季的渔获体长范围为 90 ～ 142mm，其中以 116 ～ 120mm 的体长组为优势占 32.26%；夏季的渔获体长范围为 94 ～ 135 mm，其中以 121 ～ 125 mm 的体长组为优势占 44.44%；秋季的渔获体长范围为 103 ～ 183 mm，优势组为 126 ～ 130 mm，占 25.58%（图 4.21）。

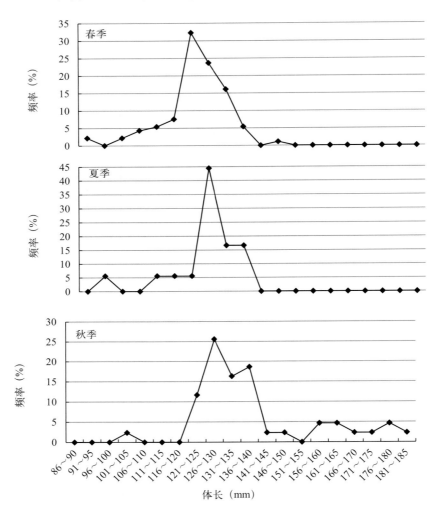

图4.21　南海北部近海印度无齿鲳春、夏、秋三季体长频率（%）分布

二、体重组成

南海北部近海海域印度无齿鲳春、夏、秋的体重范围为 20 ～ 285 g，体重以 51 ～ 65 g 为优势组，占 35.06%（图 4.22）。

南海北部近海海域印度无齿鲳春季体重范围为 20 ～ 81 g，以 51 ～ 65 g 为优势占 58.06%；夏季的体重范围为 200 ～ 285 g，以 261 ～ 275 g 为优势，占 33.33%；秋季体重范围为 72 ～ 213 g，以 66 ～ 80 g 和 81 ～ 95 g 为优势，均占 27.91%（图 4.23）。

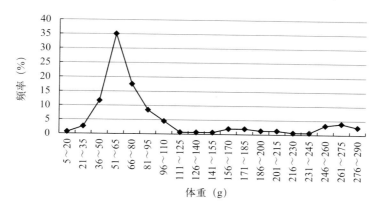

图4.22 南海北部近海印度无齿鲳全年（除冬季外）体重频率（%）分布

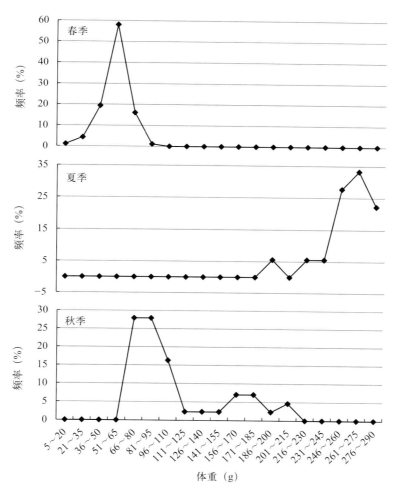

图4.23 南海北部近海印度无齿鲳春、夏、秋三季体重频率（%）分布

三、渔获率

印度无齿鲳在春季的分布范围较广，集中分布于北部湾中部海域和海南岛南部海域，在粤中海域也有少量分布（图4.24）。该时期的渔获率居全年之首，平均为2.37 kg/h，范围为0.011～37.5 kg/h。在夏季，其分布范围总体较为分散，且渔获率有明显减小，该时期其均值为1.28 kg/h，在0.02～28 kg/h间变化，其高值区主要分布于粤西海域深水区。相比于春夏季，秋季的分布范围进一步缩小，北部湾海域仅有零星分布，高值区主要位于粤西和粤中的深水区，渔获率总体范围为0.012～11 kg/h，均值为1.42 kg/h。印度无齿鲳的分布范围和渔获率在冬季为全年最低，仅少量分布于海南岛南部海域、粤中及粤西深水海域，该季的渔获率平均值仅为0.89 kg/h，范围为0.015～4.5 kg/h。

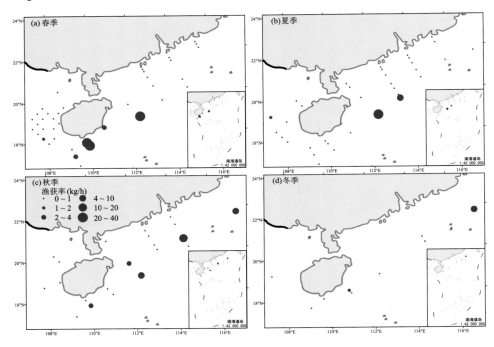

图4.24　南海北部近海印度无齿鲳各季节的渔获率分布图

四、性腺成熟度

本次调查南海北部近海海域渔获的印度无齿鲳中雄性37尾占24.03%，雌性57尾占37.01%，雌雄不分60尾占38.96%；其中春季大部分由Ⅰ期组成，占63.44%，夏、秋季基本由Ⅱ期组成，分别占94.44%和90.7%。三季节捕获的Ⅲ期个体占各季渔获量的比例均低于10%，且三季均未捕获Ⅳ期及以上个体。

五、摄食等级

本次调查所获的印度无齿鲳中，未发现有空胃及 4 级胃的鱼体，1 级胃有 30 尾占 19.48%，2 级胃有 54 尾占 35.06%，3 级胃有 6 尾占 3.9%。

六、饵料组成

印度无齿鲳主要以浮游生物和底栖生物为食。

第五节　带鱼

带鱼隶属鲈形目带鱼科带鱼属，俗称牙带、白带和裙带鱼（海南）。带鱼（图 4.25）是一种暖水性鱼类，广泛分布于世界温带、亚热带和热带水域，喜集群、趋光、洄游性强，并有明显的季节集群性。该种在中国沿海皆有分布，是我国重要的海洋经济鱼类之一。南海除了带鱼外，还有南海带鱼、短带鱼和窄额带鱼等种类，以下分析仅针对资源量最多的带鱼。

图4.25　带鱼

一、肛长组成

南海北部近海海域带鱼全年的肛长范围为 61 ～ 740 mm，以 161 ～ 180 mm 为优势肛长组，占 19.24%（图 4.26）。

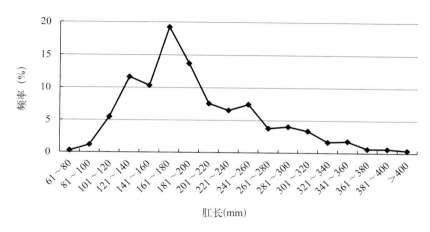

图4.26　南海北部近海带鱼全年肛长频率（%）分布

　　带鱼春季的渔获肛长范围为 70 ～ 400 mm，其中以 141 ～ 160 mm 为优势肛长组，占 20.59%；夏季的渔获肛长范围为 61 ～ 505 mm，其中以 161 ～ 180 mm 为优势肛长组，占 23.75%；秋季的渔获肛长范围为 103 ～ 740 mm，优势组为 241 ～ 260 mm，占 19.84%；冬季的渔获肛长范围为 92 ～ 385 mm，优势肛长组为 161 ～ 180 mm，占 30.37%（图 4.27）。

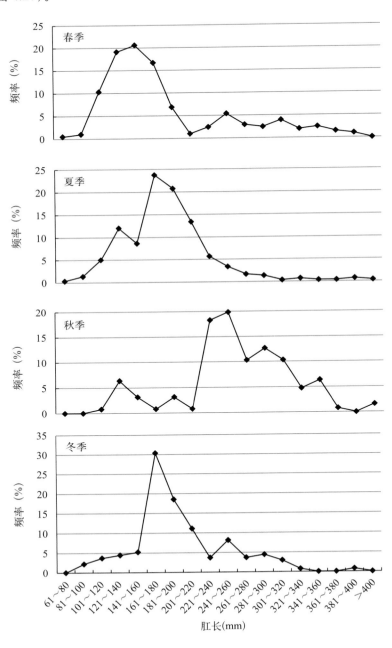

图4.27　南海北部近海带鱼各季肛长频率（%）分布

二、体重组成

南海北部近海海域带鱼全年的体重范围为 10 ~ 1 462 g，体重以 61 ~ 90 g 为优势组，占 23.69%（图 4.28）。

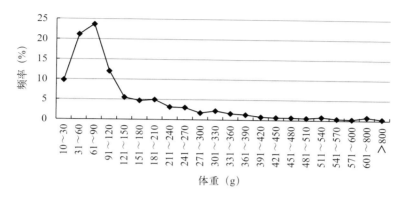

图4.28 南海北部近海带鱼全年体重频率（%）分布

带鱼春季体重范围为 11 ~ 763 g，以 31 ~ 60 g 为优势组，占 34.31%；夏季的体重范围为 10 ~ 1 462 g，以 61 ~ 90 g 为优势组，占 34.45%；秋季体重范围为 13 ~ 707 g，以 181 ~ 210 g 为优势组，占 18.25%；冬季的体重范围为 13 ~ 640 g，以 61 ~ 90 g 为优势组，占 28.89%（图 4.29）。渔获体重组成在夏、冬、春季主要以 90 g 以下为优势，而秋季体重相对较大。

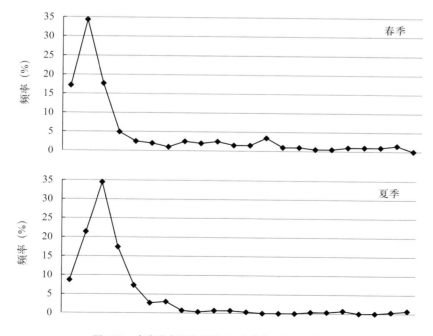

图4.29 南海北部近海带鱼各季节体重频率（%）分布

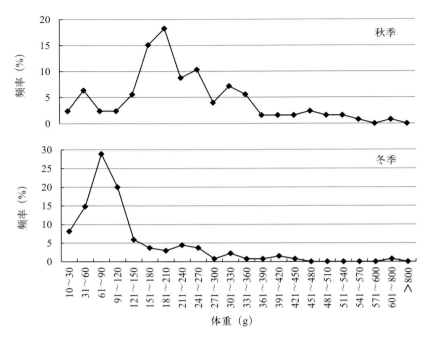

图4.29 南海北部近海带鱼各季节体重频率（%）分布（续）

三、渔获率

从四季的时空变化看，带鱼广泛分布于南海北部近海海域，四季的分布范围总体变化不大（图4.30）。但其渔获率有明显的季节变化和空间分布格局，其中春季时期渔获率为 0.012 ～ 14 kg/h，平均为 1.5 kg/h，高值区分布于海南岛南部海域和北部湾中部海域，低值区位于北部湾北部海域和粤东海域。带鱼渔获率在夏季达到全年最高水平，平均为 3.37 kg/h，范围为 0.04 ～ 40 kg/h，北部湾海域、粤西海域均有较高的渔获率。秋季时期，其渔获率有所降低，平均为 3.06 kg/h，变化于 0.008 ～ 66 kg/h 间，该季的渔获率最大值分布于海南岛南部海域，而北部湾中部和北部海域渔获率均较低。渔获率在冬季有明显的减少，其范围为 0.013 ～ 6.25 kg/h，平均为 0.85 kg/h，海南岛北部海域仍为其高值区。

四、性腺成熟度

本次调查南海北部近海海域渔获的带鱼中雄性 283 尾占 37.04%，雌性 369 尾占 48.30%，雌雄不分 112 尾占 14.66%，其中大部分由 Ⅱ 期组成占 62.04%，Ⅲ 期占 15.05%，除春季外，其他季节均未捕获 Ⅴ 期个体，但全年都有捕获Ⅳ期个体，并以夏季的比例最高，这说明带鱼一年四季均有产卵，且很可能以夏季的产卵量最大。

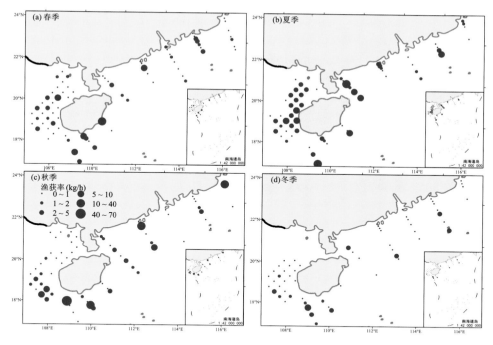

图4.30　南海北部近海带鱼各季节的渔获率分布图

五、摄食等级

本次调查所获的带鱼中，空胃有 73 尾占 9.55%，1 级胃有 153 尾占 20.03%，2 级胃有 416 尾占 54.45%，3 级胃有 87 尾占 11.39%，4 级胃只有 35 尾占 4.58%。性腺成熟度达到 Ⅲ 期及以上的个体空胃率约占 16.85%，因此推测其生殖季节并没有停止摄食。

六、饵料组成

带鱼主要捕食鱼类、头足类、底栖甲壳类及浮游动物等，属于广食性动物；优势饵料种类有蓝圆鲹、中国毛虾等。

第六节　大头白姑鱼

大头白姑鱼（图 4.31）隶属鲈形目石首鱼科白姑鱼属，为暖水性近底层鱼类，广泛分布于印度－西太平洋的热带海域，我国产于东海和南海，是南海北部底拖网的主要捕捞对象之一。

图4.31 大头白姑鱼

一、体长组成

南海北部近海海域大头白姑鱼全年的体长范围为 88 ~ 238 mm，体长频率分布图呈多峰型，优势体长组为 116 ~ 120 mm 和 126 ~ 130 mm（图 4.32）。

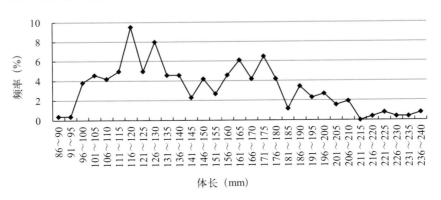

图4.32 南海北部近海大头白姑鱼全年体长频率（%）分布

南海北部近海大头白姑鱼春季的渔获体长范围为 156 ~ 238 mm，其中以 176 ~ 180 mm 和 186 ~ 190 mm 的体长组为优势，占 41.18%；夏季的渔获体长范围为 88 ~ 220 mm，其中以 116 ~ 120 mm 的体长组为优势，占 17.86%；秋季的渔获体长范围为 100 ~ 232 mm，优势体长组为 136 ~ 140 mm，占 17.39%；冬季的渔获体长范围为 97 ~ 206 mm，优势体长组为 165 ~ 175 mm，占 31.31%（图 4.33）。

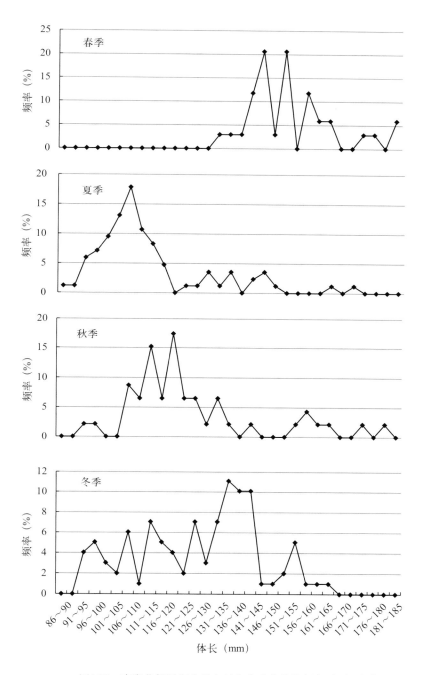

图4.33　南海北部近海大头白姑鱼各季节体长频率（%）分布

二、体重组成

南海北部近海海域大头白姑鱼全年的体重范围为 18 ～ 344 g，体重以 31.0 ～ 50.0 g 为优势组占 27%（图 4.34）。

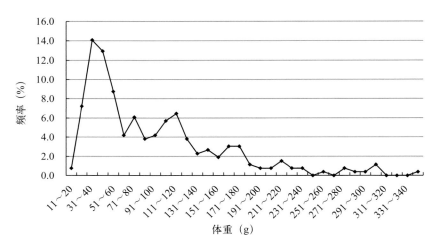

图4.34　南海北部近海大头白姑鱼全年体重频率（%）分布

南海北部近海海域春季的体重范围为 103 ～ 344 g，以 146.0 ～ 150.0 g 和 176.0 ～ 180.0 g 为优势，占 32.4%，夏季的体重范围为 18 ～ 292 g，以 36.0 ～ 40.0 g 为优势，占 33.3%；秋季体重范围为 26 ～ 307 g，以 56.0 ～ 60.0 g 为优势，占 21.7%；冬季的体重范围为 25 ～ 222 g，以 101.0 ～ 120.0 g 为优势，占 24.2%（图 4.35）。综合以上分析可见南海北部近海海域大头白姑鱼春季渔获个体较大，有可能为繁殖群体，但从渔获体重组成优势组来看，全年的捕捞群体个体较小。

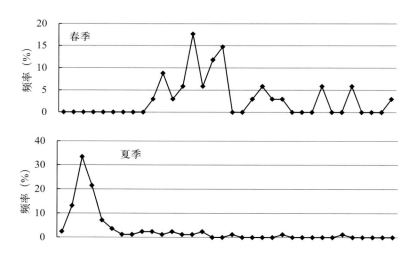

图4.35　南海北部近海大头白姑鱼各季节体重频率（%）分布

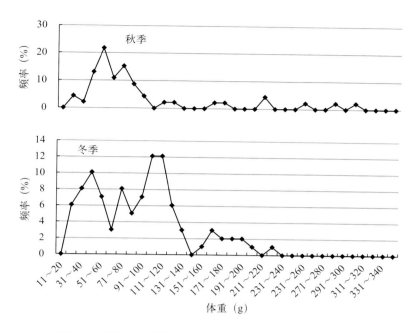

图4.35　南海北部近海大头白姑鱼各季节体重频率（%）分布（续）

三、渔获率

春季，大头白姑鱼集中分布于海南岛南部及北部湾南部海域，其渔获率居于四季之首，为 0.048 ～ 50.72 kg/h，均值为 9.85 kg/h（图 4.36）。

较之于春季，在夏季大头白姑鱼分布范围向南扩张，但仍然集中于海南岛南部及北部湾南部海域，其渔获率在 0.07 ～ 25.5 之间变化，平均值为 4.81 kg/h。

秋季，大头白姑鱼渔获率为全年最低，介于 0.24 ～ 12 kg/h，平均渔获率为 4.08 kg/h。该季节，大头白姑鱼的分布范围与春季大体一致。

大头白姑鱼在冬季的分布范围虽然不大，但渔获率仅次于春季，为 0.08 ～ 52 kg/h，平均渔获率为 8.19 kg/h。该季节的渔获率高值区位于北部湾南部海域。

四、性腺成熟度

本次调查南海北部近海海域渔获的大头白姑鱼中雄性 144 尾占 54.8%，雌性 118 尾占 44.9%，雌雄不分 1 尾，其中 Ⅱ 期占 54%，Ⅲ 期占 12.9%，Ⅳ 期占 21.3%，Ⅴ期占 1.1%，Ⅵ 期占 9.9%，其中 Ⅵ 期全为雄性，也有可能为 Ⅱ 期雄性个体。大头白姑鱼四季中均有 Ⅴ 期以上性成熟个体，猜测有可能全年多次产卵，但春季所占比例最高，可能为主要产卵期。可见该鱼生长快，补充迅速以及种群增殖能力较强。

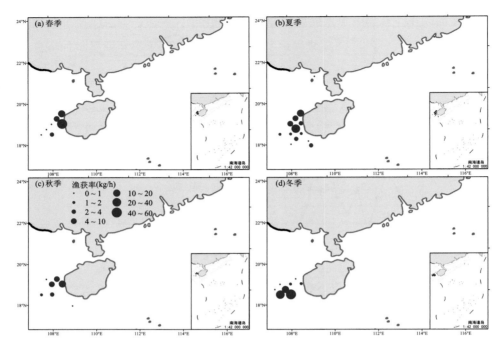

图4.36 南海北部近海大头白姑鱼各季节的渔获率分布图

五、摄食等级

本次调查所获的大头白姑鱼中，春、夏、秋三季95%以上为反胃，冬季以0级胃和反胃为主，其中空胃占54%，可能冬季饵料匮乏所致。

六、饵料组成

大头白姑鱼主要摄食底栖生物的长尾类（细螯虾、对虾、鹰爪虾），短尾类（梭子蟹），海胆类和端足类（钩虾亚目），还摄食鱼类（二长棘犁齿鲷）和介形类（尖尾海萤）。

第七节　多齿蛇鲻

多齿蛇鲻（图4.37）隶属灯笼鱼目狗母鱼科蛇鲻属，为底栖鱼类，洄游性不强，只作水深深浅的移动。该种广泛分布于澳洲东北、印度尼西亚、菲律宾、马来半岛、中南半岛、中国、日本、朝鲜、红海和非洲东岸等海域，在我国分布在南海和东海，主要生活于近岸至陆架边缘海域，是南海底拖网的主要捕捞对象之一。

图4.37　多齿蛇鲻

一、体长组成

南海北部近海海域多齿蛇鲻全年的体长范围为 63 ~ 413 mm，体长频率分布呈单峰型，优势体长组为 136 ~ 170 mm，占 40.7%（图 4.38）。

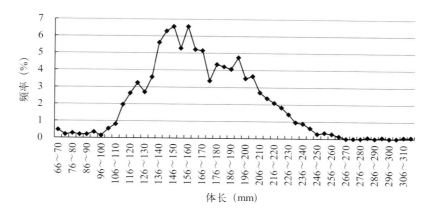

图4.38　南海北部近海多齿蛇鲻全年体长频率（%）分布

多齿蛇鲻春季的渔获体长范围为 108 ~ 413 mm，优势体长组为 136 ~ 170 mm，占 61.8%；夏季的渔获体长范围为 122 ~ 254 mm，优势体长组为 181 ~ 205 mm，占 45.7%；秋季的渔获体长分布呈多峰型，范围为 63 ~ 291 mm，优势体长组为 151 ~ 155 mm，占 7.7%；冬季的渔获体长范围为 97 ~ 241 mm，优势体长组为 116 ~ 145 mm，占 50.8%（图 4.39）。

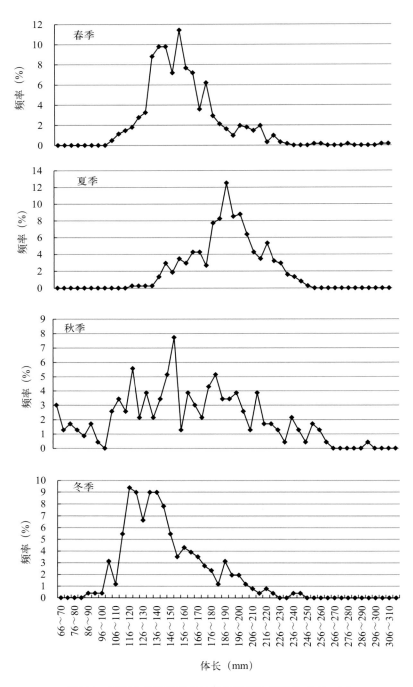

图4.39 南海北部近海多齿蛇鲻各季节体长频率（%）分布

二、体重组成

南海北部近海海域多齿蛇鲻全年的体重范围为 2 ～ 383 g，体重分布呈单峰型，以 21.0 ～ 50.0 g 为优势组，占 42.1%（图 4.40）。

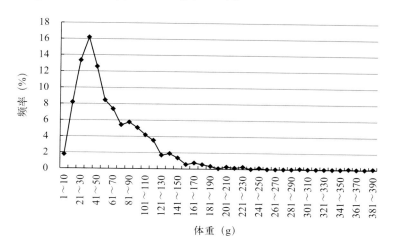

图4.40　南海北部近海多齿蛇鲻全年体重频率（%）分布

南海北部近海海域多齿蛇鲻春季的体重范围为 13 ～ 383 g，优势体重组为 31.0 ～ 50.0 g，占 43.9%；夏季的体重范围为 18 ～ 225 g，以 71 ～ 100 g 为优势，占 35.4%；秋季体重范围为 2 ～ 229 g，以 31 ～ 40 g 为优势，占 14.6%；冬季的体重范围为 5 ～ 148 g，以 11 ～ 30 g 为优势，占 57.4%（图 4.41）。

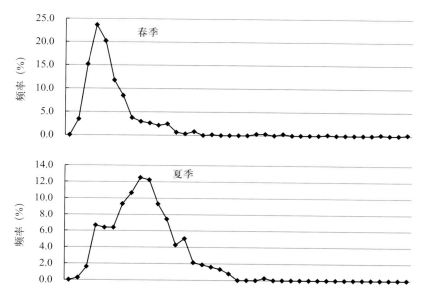

图4.41　南海北部近海多齿蛇鲻各季节体重频率（%）分布

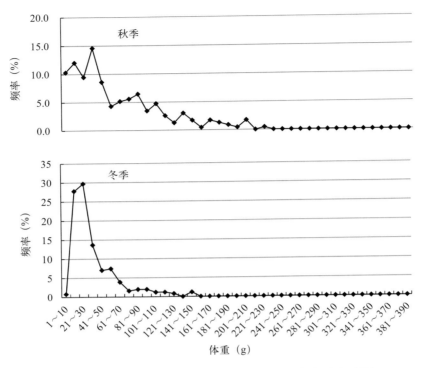

图4.41　南海北部近海多齿蛇鲻各季节体重频率（%）分布（续）

三、渔获率

春季，多齿蛇鲻广泛分布于整个广东沿海海域、北部湾及海南岛周边海域，其渔获率介于 0.063 ~ 12 kg/h，平均渔获率为 1.97 kg/h。海南岛东部近海海域与粤中外海海域的多齿蛇鲻渔获率最大，最小渔获率处于海南岛西部海域（图 4.42）。

多齿蛇鲻在夏季的空间分布范围与春季接近，此季节的渔获率稍有减少，为 0.016 ~ 13 kg/h，其均值为 1.88 kg/h。多齿蛇鲻在粤中外海海域的渔获率最大，海南岛南部外海海域最低。

秋季，多齿蛇鲻的分布范围稍微缩减，但其渔获率是四个季节中最大，达到 0.01 ~ 28.2 kg/h，平均为 2.91 kg/h。在北部湾中部海域，此鱼类的渔获率最高，而北部湾北部海域最低。

冬季的多齿蛇鲻渔获率有明显减小，约为其余三个季节的一半，平均渔获率仅为 1.06 kg/h，整个区域的渔获率介于 0.03 ~ 5.4 kg/h。粤东与北部湾中部海域均有最高的渔获率，海南岛西北部海域最低。

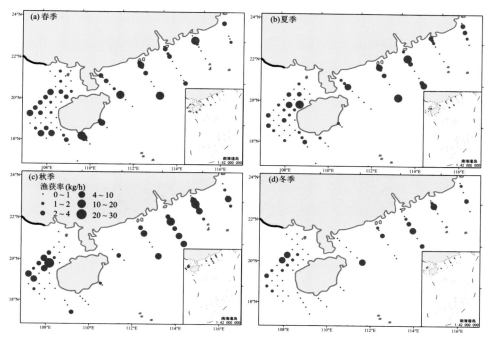

图4.42　南海北部近海多齿蛇鲻各季节的渔获率分布图

四、性腺成熟度

本次调查南海北部近海海域渔获的多齿蛇鲻中雄性 721 尾占 48.8%，雌性 708 尾占 47.9%，雌雄不分 49 尾占 3.3%，其中Ⅰ～Ⅱ期占 65.5%，Ⅲ期占 16.4%，Ⅳ期占 12.4%，Ⅴ期占 3.9%，Ⅵ期占 1.6%。多齿蛇鲻四季中除冬季外均有Ⅴ期以上性成熟个体，猜测有可能全年多次产卵，但春季所占比例最高，可能为主要产卵期。

五、摄食等级

本次调查所获的多齿蛇鲻中，摄食等级 0 ～ 4 级所占比例分别为 13.3%、15.8%、39.9%、17.1%、13.9%。

六、饵料组成

多齿蛇鲻主要摄食中上层小型鱼类、头足类、底栖甲壳类等，比较常见的饵料生物有蓝圆鲹、多齿蛇鲻、粗纹鲬和发光鲷等，其他如银腰犀鳕、裘氏小沙丁、金线鱼等种类也有摄食。

第八节　花斑蛇鲻

花斑蛇鲻（图 4.43）隶属灯笼鱼目狗母鱼科蛇鲻属，为底栖鱼类，洄游性不强，只作水深深浅的移动。该种广泛分布于印度 - 西太平洋区，西起非洲东部，东至菲律宾，北至日本、中国台湾、南至澳洲等。在我国分布在南海和东海，主要生活于近岸至陆架边缘海域，是南海底拖网的主要捕捞对象之一。

图4.43　花斑蛇鲻

一、体长组成

南海北部近海海域花斑蛇鲻全年的体长范围为 87 ～ 269 mm，体长频率分布图呈单峰型，优势体长组为 141 ～ 150 mm，占 25.8%（图 4.44）。

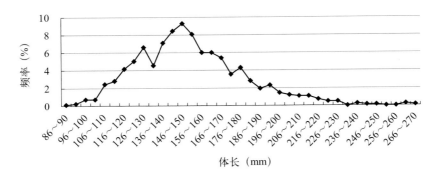

图4.44　南海北部近海花斑蛇鲻全年体长频率（%）分布

花斑蛇鲻春季的渔获体长范围为 100 ～ 215 mm，优势体长组为 136 ～ 155 mm，占 47.2%；夏季的渔获体长范围为 120 ～ 269 mm，体长分布呈多峰型，优势体长组为 146 ～ 150 mm，占 8.6%；秋季的渔获体长范围为 96 ～ 264 mm，优势体长组为 141 ～ 145 mm，占 12.8%；冬季的渔获体长范围为 87 ～ 238 mm，优势体长组为 116 ～ 130 mm，占 35.1%（图 4.45）。

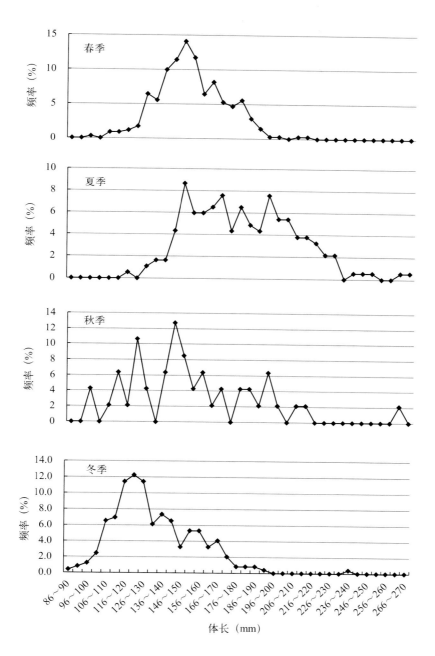

图4.45　南海北部近海花斑蛇鲻各季节体长频率（%）分布

二、体重组成

南海北部近海海域花斑蛇鲻全年的体重范围为 8 ～ 383 g，体重分布呈单峰型，以 31.0 ～ 40.0 g 为优势体重组占 22.2%（图 4.46）。

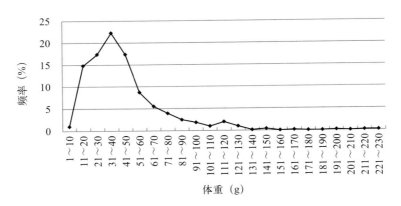

图4.46　南海北部近海花斑蛇鲻全年体重频率（%）分布

南海北部近海海域春季的体重范围为 11 ～ 124 g，优势体重组为 31.0 ～ 40.0 g，占 30.8%；夏季的体重范围为 17 ～ 220 g，优势体重组为 41.0 ～ 50.0 g，占 18.4%；秋季体重范围为 9 ～ 228 g，优势体重组为 31.0 ～ 40.0 g，占 23.4%；冬季的体重范围为 8 ～ 149 g，优势体重组为 11.0 ～ 20.0 g，占 41.2%（图 4.47）。

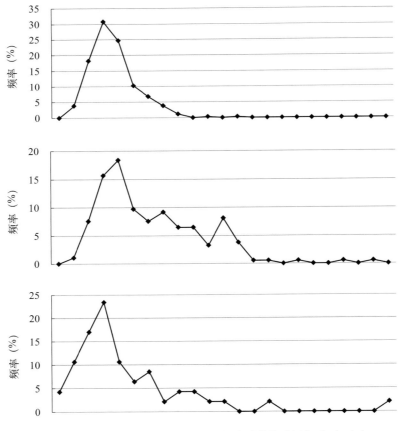

图4.47　南海北部近海花斑蛇鲻各季节体重频率（%）分布

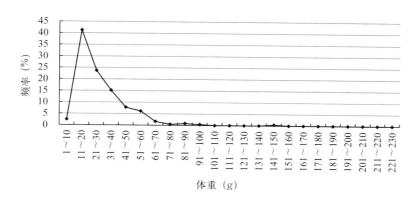

图4.47　南海北部近海花斑蛇鲻各季节体重频率（%）分布（续）

三、渔获率

春季，花斑蛇鲻广泛分布于北部湾、海南岛周边海域、广东沿海海域（图 4.48）。其渔获率介于 0.022 ～ 8.52 kg/h，平均为 1.01 kg/h。此鱼类最大渔获率位于海南岛东部近海海域，粤东海域最小。

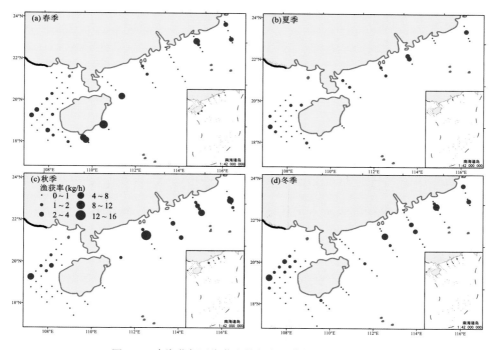

图4.48　南海北部近海花斑蛇鲻各季节的渔获率分布图

相比于春季，花斑蛇鲻在夏季时期的空间分布，在北部湾海域存在较大差异。该季节，此鱼类的渔获率为 0.013 ～ 2.6 kg/h，均值为 0.81 kg/h。其最大渔获率位于珠江口海域，而最小渔获率在海南岛南部近海海域。

花斑蛇鲻的渔获率在秋季达到全年的最高水平，这个时段的渔获率为 0.01 ～ 14.38 kg/h，平均渔获率是 1.22 kg/h。该季节，最大的花斑蛇鲻渔获率出现在粤中海域，海南岛西南部海域最小。

冬季，花斑蛇鲻的分布范围与秋季大体一致，但其渔获率有所减少，是四季的最低值，处于 0.011 ～ 4.75 kg/h 间，平均为 0.8 kg/h。此时间段内，花斑蛇鲻最大渔获率位于海南岛南部近海海域，粤中海域最低。

四、性腺成熟度

本次调查南海北部近海海域渔获的花斑蛇鲻中雄性 399 尾占 48.8%，雌性 408 尾占 49.9%，雌雄不分 11 尾占 1.3%，性腺成熟度主要以 Ⅰ ～ Ⅱ 期为主占 66.1%，Ⅲ 期占 17.5%，Ⅳ 期占 10.8%，Ⅴ 期占 2.9%，Ⅵ 期占 2.7%。花斑蛇鲻春、夏均有 Ⅴ 期以上产卵个体，猜测春夏季应为花斑蛇鲻主要产卵期，春季最高。

五、摄食等级

本次调查所获的花斑蛇鲻中，摄食等级 0 ～ 4 级所占比例分别为 19.8%、19.1%、38.1%、13.5%、9.5%。

六、饵料组成

花斑蛇鲻主要摄食中上层小型鱼类、头足类、底栖甲壳类等。

第九节　二长棘犁齿鲷

二长棘犁齿鲷（图 4.49）属鲈形目，鲷科，犁齿鲷属，俗称立鱼、红立、赤鯮等，为暖温性近底层鱼类，分布于太平洋西部的中国、朝鲜、日本、越南和印度尼西亚等海域。我国产于南海和东海，其中在南海北部和东海南部数量较多，是底拖网渔业的捕捞对象之一，经济价值较高。

一、体长组成

南海北部近海海域二长棘犁齿鲷全年的体长范围为 10 ～ 202 mm，体长频率分布图呈单峰型，具有明显的优势体长组 86 ～ 100 mm，占 44.1%（图 4.50）。

图4.49　二长棘犁齿鲷

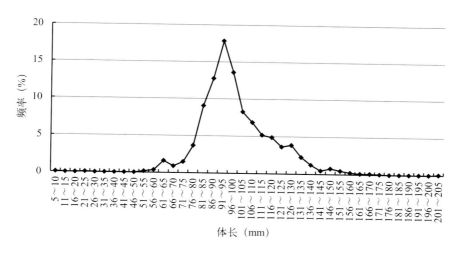

图4.50 南海北部近海二长棘犁齿鲷全年体长频率（%）分布

二长棘犁齿鲷春季的渔获体长范围为 56 ~ 156 mm，其中以 61 ~ 65 mm 和 126 ~ 130 mm 为优势体长组，占 31.9%；夏季的渔获体长范围为 51 ~ 202 mm，其中以 81 ~ 100 mm 为优势体长组，占 74.9%；秋季的渔获体长范围为 10 ~ 175 mm，其中以 91 ~ 110 mm 为优势体长组，占 57.2%；冬季的渔获体长范围为 79 ~ 147 mm，其中以 106 ~ 130 mm 为优势体长组，占 75.0%（图 4.51）。

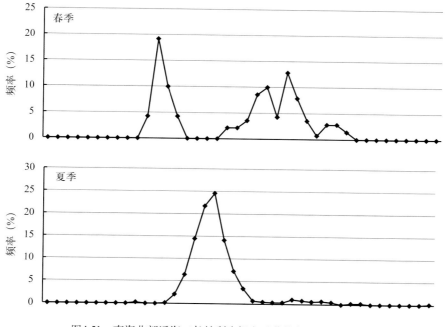

图4.51 南海北部近海二长棘犁齿鲷各季节体长频率（%）分布

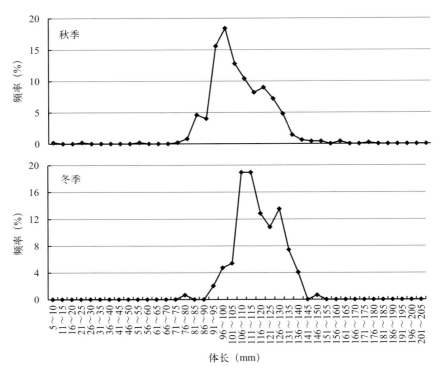

图4.51　南海北部近海二长棘犁齿鲷各季节体长频率（%）分布（续）

二、体重组成

南海北部近海海域二长棘犁齿鲷全年的体重范围为5.0 ～ 377.0 g，体重以26.0 ～ 40.0 g为优势组，占41.9%（图4.52）。

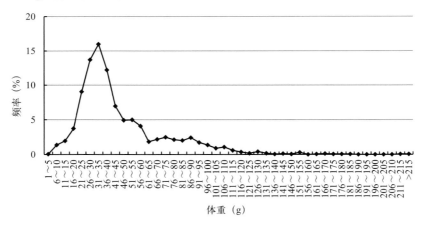

图4.52　南海北部近海二长棘犁齿鲷全年体重频率（%）分布

南海北部近海二长棘犁齿鲷春季的渔获体重范围为6.4 ～ 176.0 g，其中以6.0 ～ 15.0 g为优势组，占36.9%；夏季的渔获体重范围为15.0 ～ 377.0 g，其中以

21.0 ~ 40.0 g 为优势组，占 76.0%；秋季的渔获体重范围为 5.0 ~ 211.0 g，其中以 36.0 ~ 45.0 g 为优势组，占 26.8%；冬季的渔获体重范围为 34.0 ~ 128.0 g，其中以 51.0 ~ 60.0 g 为优势组，占 29.1%。由此可以看出，二长棘犁齿鲷主要由当年生幼鱼组成，总计 1 681 尾样品中只有 78 尾超过 100 g（图 4.53）。

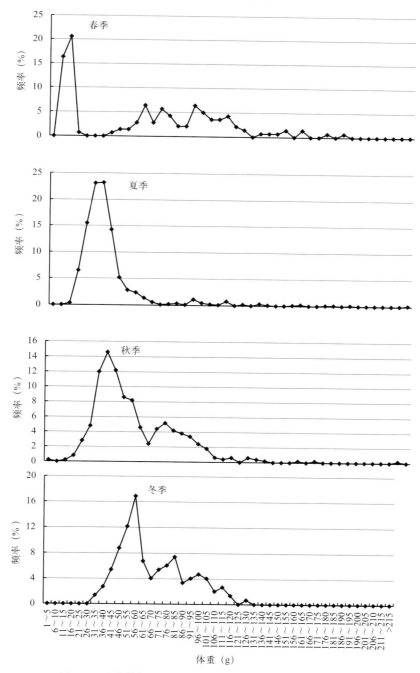

图4.53　南海北部近海二长棘犁齿鲷各季节体重频率（%）分布

三、渔获率

春季，二长棘犁齿鲷在广东、海南岛、北部湾海域均有分布（图 4.54）。该季节二长棘犁齿鲷渔获率变化于 0.016 ～ 74.4 kg/h 之间，平均为 4.93 kg/h，其中北部湾北部的渔获率最高，最低渔获率位于北部湾中部海域。

二长棘犁齿鲷的分布范围在夏季有所扩大，尤其是北部湾海域，整个区域的渔获率也显著增加，居于四季之首，为 0.026 ～ 132 kg/h，均值达到 9.18 kg/h。夏季期间，二长棘犁齿鲷最大渔获率位于海南岛西北海域，粤西和粤东海域最低。

秋季，二长棘犁齿鲷的分布区域与夏季相近，但其渔获率有所减少，为 0.022 ～ 55.5 kg/h，平均渔获率是 6.08 kg/h。此季节，二长棘犁齿鲷渔获率在北部湾中部海域达到最大值，而海南岛东部海域最低。

二长棘犁齿鲷在冬季的渔获率处于四季最低水平，为 0.072 ～ 16 kg/h，平均渔获率是 2.27 kg/h，其中海南岛西北部海域渔获率最高，而广东近海海域最低。

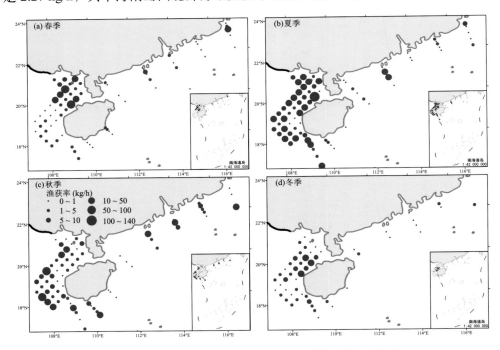

图4.54　南海北部近海二长棘犁齿鲷各季节的渔获率分布图

四、性腺成熟度

本次调查南海北部近海海域渔获的二长棘犁齿鲷中雄性 725 尾占 43.1%，雌性 895 尾占 53.3%，雌雄不分 61 尾占 3.6%，其中大部分由 0 ～ Ⅱ 期组成占 79.8%，Ⅲ 期占 15.4%，性腺达到 Ⅳ 期及以上占 4.8%。北部湾区域冬季出现 Ⅳ 期以上性成熟个体并在春季出现Ⅵ期转Ⅱ期个体，因此北部湾区域二长棘犁齿鲷应该在冬季产卵；南海北部陆架区域在冬季和春季出现Ⅳ期以上性成熟个体并在春季和夏季出现Ⅵ期转Ⅱ期个体，因此该区域二长棘犁齿鲷的产卵期应该在冬季和春季。

五、摄食等级

本次调查所获的二长棘犁齿鲷中，空胃有295尾占17.5%，1级胃有309尾占18.4%，2级胃有767尾占45.6%，3级胃有235尾占14.0%，4级胃有75尾占4.5%。性腺成熟度达到Ⅳ期以上的个体空胃率约占82.8%，因此推测其生殖季节可能停止摄食。

六、饵料组成

二长棘犁齿鲷是以摄食底栖生物（包括长尾类、端足类、双壳类、多毛类等）为主、兼食浮游生物（包括樱虾类、糠虾类和介形类等）和游泳动物的广食性鱼类，食物类群复杂，幼鱼和成鱼的食性相似，无明显的食性转换现象。

第十节 短尾大眼鲷

短尾大眼鲷（图4.55）属于鲈形目大眼鲷科大眼鲷属，为暖水性近底层鱼类，广泛分布于东印度洋至西太平洋海域，在印度洋的安达曼海以及我国南海资源最为丰富。短尾大眼鲷是南海北部近海重要的经济鱼种，为底拖网和流刺网的主要捕捞对象之一。

图4.55 短尾大眼鲷

一、体长组成

南海北部近海海域短尾大眼鲷全年的体长范围为63～274 mm，体长频率分布呈多峰型，没有明显的优势体长组（图 4.56）。

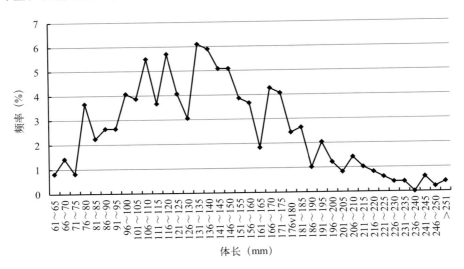

图4.56　南海北部近海短尾大眼鲷全年体长频率（%）分布

短尾大眼鲷春季的渔获体长范围为 92 ～ 242 mm，其中以 136 ～ 145 mm 为优势体长组，占 23.8%；夏季的渔获体长范围为 81 ～ 250 mm，其中以 96 ～ 120 mm 为优势体长组，占 60.7%；秋季的渔获体长范围为 63 ～ 274 mm，其中以 76 ～ 80 mm 和171 ～ 175 mm 为优势体长组，占 19.1%；冬季的渔获体长范围为 118 ～ 200mm，其中以 76 ～ 80 mm 和 101 ～ 105 mm 为优势体长组，占 15.6%（图 4.57）。

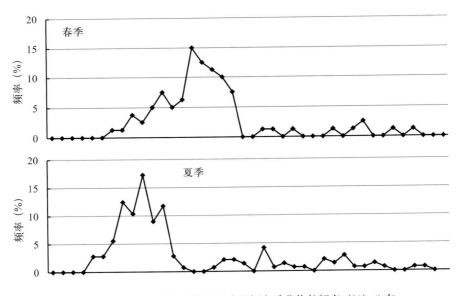

图4.57　南海北部近海短尾大眼鲷各季节体长频率（%）分布

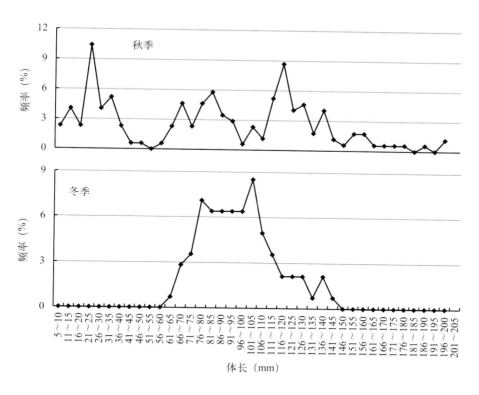

图4.57　南海北部近海短尾大眼鲷各季节体长频率（%）分布（续）

二、体重组成

南海北部近海海域短尾大眼鲷全年的体重范围为 8.0 ~ 494.0g，体重以 51.0 ~ 80.0 g 为优势组，占 41.9%（图 4.58）。

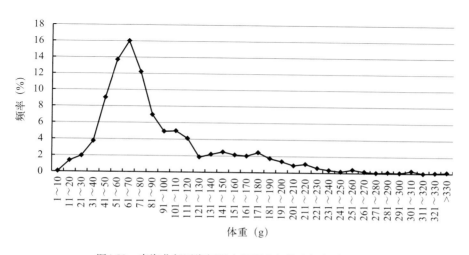

图4.58　南海北部近海短尾大眼鲷全年体重频率（%）分布

短尾大眼鲷春季的渔获体重范围为 26.0 ～ 322.0 g，其中以 51.0 ～ 80.0 g 为优势组，占 47.5%；夏季的渔获体重范围为 16.0 ～ 301.0 g，其中以 21.0 ～ 40.0 g 为优势组，占 65.5%；秋季的渔获体重范围为 8.0 ～ 494.0 g，其中以 11.0 ～ 30.0 g 为优势组，占 28.3%；冬季的渔获体重范围为 51.0 ～ 198.0 g，其中以 61.0 ～ 110.0 g 为优势组，占 69.1%。由此可以看出，短尾大眼鲷主要由当年生幼鱼组成，总计 492 尾样品中只有 64 尾超过 150 g（图 4.59）。

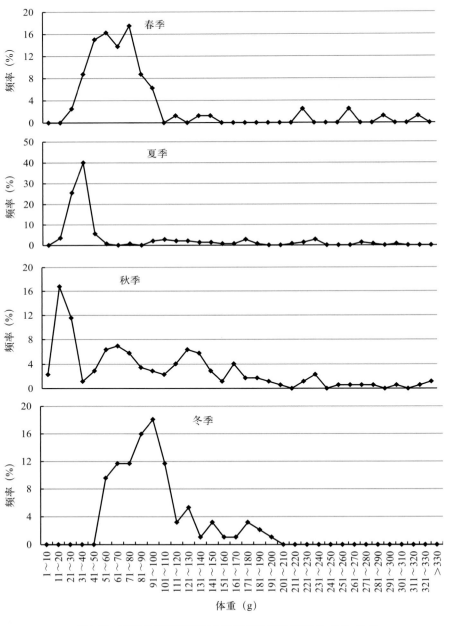

图4.59　南海北部近海短尾大眼鲷各季节体重频率（%）分布

三、渔获率

春季，短尾大眼鲷主要分布于粤东、粤中、海南岛南部海域及北部湾（图 4.60）。此季节的短尾大眼鲷渔获率最低，介于 0.005 ～ 6 kg/h 间，平均为 0.58 kg/h。该季节，其高值区主要位于粤中外海海域和海南岛南部海域。

短尾大眼鲷在夏季的渔获率居于四季之首，为 0.03 ～ 64 kg/h，平均渔获率达到 4.28 kg/h。该季节此鱼类渔获率最大值处于粤中近海海域，而北部湾北部海域最小。在夏季，短尾大眼鲷的空间分布范围有所扩大，在粤西海域也有分布。

较之于其余三个季节，短尾大眼鲷在秋季的分布范围最广，其渔获率仅次于夏季，介于 0.016 ～ 56.3 kg/h，其平均值为 2.5 kg/h。该季节短尾大眼鲷在珠江口海域的渔获率最大，北部湾中部海域最小。

冬季，短尾大眼鲷的渔获率处于四季中的最低水平，为 0.012 ～ 7 kg/h，其平均渔获率为 0.88 kg/h。此季节北部湾北部海域的渔获率最大，海南岛西部近海海域最小。

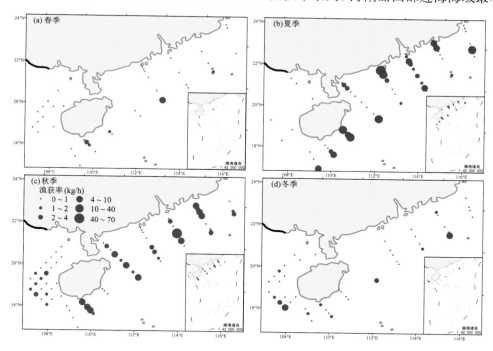

图4.60　南海北部近海短尾大眼鲷各季节的渔获率分布图

四、性腺成熟度

本次调查南海北部近海海域渔获的短尾大眼鲷中雄性 235 尾占 47.8%，雌性 207 尾占 42.1%，雌雄不分 50 尾占 10.1%，其中大部分由 0 ～ Ⅱ期组成占 65.2%，Ⅲ 期占 14.6%，性腺达到Ⅳ期及以上占 20.2%。Ⅳ期以上性成熟个体主要出现在春季和夏季，冬季有少数性成熟个体；夏季和秋季补充群体为主要优势组，由此可以推断短尾大眼鲷产卵期在春季和夏季。

五、摄食等级

本次调查所获的短尾大眼鲷中，空胃有 72 尾占 14.6%，1 级胃有 65 尾占 13.2%，2 级胃有 222 尾占 45.1%，3 级胃有 87 尾占 17.7%，4 级胃有 46 尾占 9.4%。性腺成熟度达到Ⅳ期以上的个体空胃率约占 37.0%，因此推测其生殖季节可能没有停止摄食。

六、饵料组成

短尾大眼鲷主要饵料有长尾类、桡足类、鱼类、磷虾类、口足类、短尾类、端足类、糠虾类、被囊类，次要饵料有介形类、软体动物、等足类、多毛类等。主要饵料中占优势的种类有长毛类的细鳌虾、桡足类的真刺水蚤属、鱼类中的犀鳕属、磷虾中的宽额假磷虾、口足类的虾蛄类、短尾类的大眼幼鱼、端足类的浮游性大眼亚目、糠虾类的糠虾亚科、被囊类的尾纲种类。

第十一节　金线鱼

金线鱼（图 4.61）属鲈形目金线鱼科金线鱼属，在广东地方俗称红三、吊三、长尾三、哥里、金线鲤、红哥里、金丝和刀里等，为暖水性近底层鱼类，主要分布于菲律宾、中国、日本和朝鲜等太平洋西部海域。金线鱼是我国南海底拖网作业的主要捕捞对象之一，也是刺网和钓业的重要捕捞鱼种，具有较高的经济价值。

图4.61　金线鱼

一、体长组成

南海北部近海海域金线鱼全年的体长范围为 82 ～ 300 mm，体长频率分布图呈单峰型，优势体长组体长范围为 116 ～ 155 mm，占总尾数的 77.65%（图 4.62）。

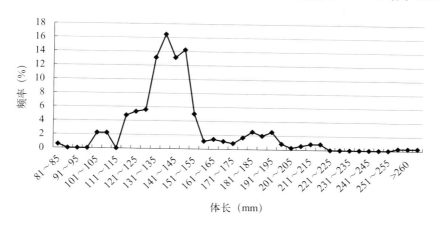

图4.62 南海北部近海金线鱼全年体长频率（%）分布

金线鱼春季的渔获体长范围为 120 ～ 300 mm，其中以 141 ～ 150 mm、161 ～ 165 mm 的体长组为优势，占 46.88%；夏季的渔获体长范围为 154 ～ 257 mm，其中以 186 ～ 190 mm 的体长组为优势，占 35.71%；秋季的渔获体长范围为 105 ～ 168 mm，优势组为 106 ～ 120 mm，占 83.33%；冬季的渔获体长范围为 82 ～ 217 mm，优势体长组为 131 ～ 150 mm，占 61.00%（图 4.63）。

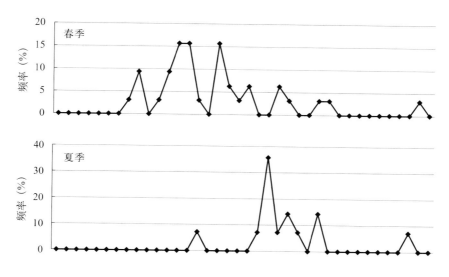

图4.63 南海北部近海金线鱼各季节体长频率（%）分布

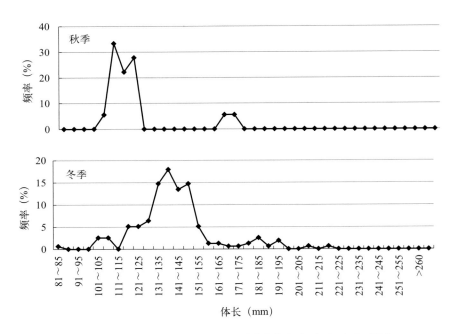

图4.63 南海北部近海金线鱼各季节体长频率（%）分布（续）

二、体重组成

南海北部近海海域金线鱼全年的体重范围为 15 ～ 550 g，体重以 51 ～ 65 g 为优势组，占 43.30%（图 4.64）。

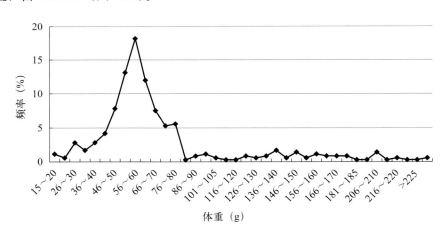

图4.64 南海北部近海金线鱼全年体重频率（%）分布

南海北部近海海域金线鱼春季的体重范围为 41 ～ 55 g，以 66 ～ 80 g 为优势，占 34.38%；夏季的体重范围为 80 ～ 357 g，以 151 ～ 160 g 为优势，占 28.57%；秋季体重范围为 27 ～ 102 g，以 26 ～ 40 g 为优势，占 88.89%；冬季的体重范围为 15 ～ 207 g，以 46 ～ 70 g 为优势，占 64.74%（图 4.65）。

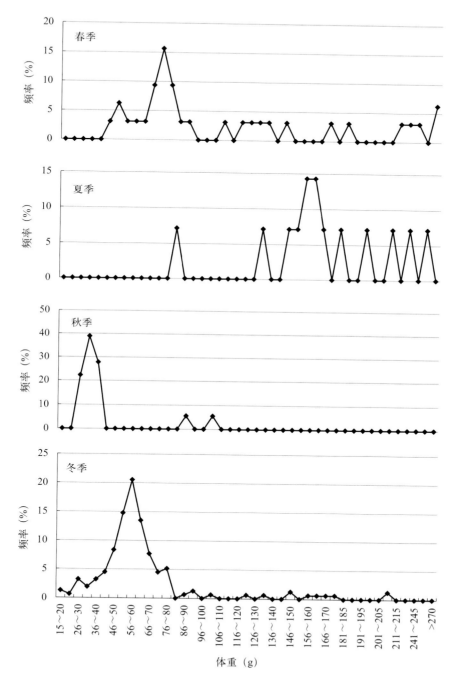

图4.65　南海北部近海金线鱼各季节体重频率（%）分布

三、渔获率

金线鱼在四个季节的分布区域总体较为类似，其渔获率水平接近。春季时期，金线鱼的渔获率范围为 0.05 ~ 2.6 kg/h，平均为 0.46 kg/h，在海南岛南部和东北部海域有较高渔获率（图 4.66）。在夏季，其平均渔获率仅为 0.44 kg/h，最大渔获率分布于海南东北部海域，为 2.5 kg/h，而最小值仅为 0.031 kg/h。金线鱼在秋季时期，渔获率有所增加，平均为 0.52 kg/h，总体范围是 0.028 ~ 3.59 kg/h，高值区主要位于粤中海域和海南岛东部近海海域。冬季的渔获率是全年最高值，平均为 0.66 kg/h，范围为 0.017 ~ 2.5 kg/h，高值区位于北部湾中部海域和粤中海域。

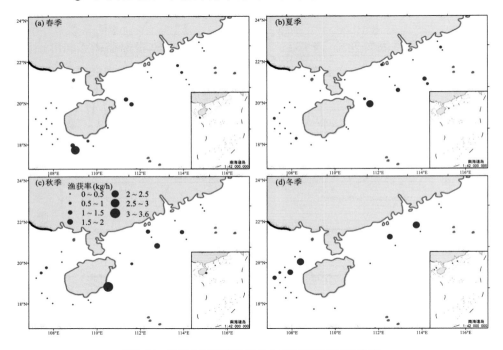

图4.66 南海北部近海金线鱼各季节的渔获率分布图

四、性腺成熟度

本次调查南海北部近海海域渔获的金线鱼中雄性 213 尾占 59.50%，雌性 145 尾占 40.50%。其中大部分由 II 期组成占 72.35%，III 期占 12.85%，IV 期占 14.25%，V 期仅占 0.28%，捕获 VI 转 II 期样本 1 尾。金线鱼性腺成熟度 II ~ VI 期在春季均有分布，而 IV ~ VI 期个体仅出现在春季，因此推测其产卵期可能在春季。金线鱼在夏季、秋季和冬季均只捕获性腺成熟度 II ~ IV 期个体。

五、摄食等级

本次调查所获的金线鱼中，空胃有 83 尾占 23.92%，1 级胃有 20 尾占 5.73%，2 级胃有 43 尾占 12.39%，3 级胃有 13 尾占 3.75%，4 级胃只有 1 尾占 0.29%，其余胃反样本 197 尾（胃反是我们进行实验记录时口头语，指金线鱼的胃受水压的影响，出水后胃从嘴中翻出的现象，我们称之为胃反现象，或称"空胃"），占 56.77%。性腺成熟度达到 Ⅲ～Ⅵ 期的个体空胃率达 74.75%，因此推测其生殖季节停止摄食。

六、饵料组成

金线鱼呈肉食性，主食小型鱼类、甲壳类、头足类等为食。

第十二节　深水金线鱼

深水金线鱼（图 4.67）又称黄肚金线鱼，属鲈形目金线鱼科金线鱼属，为暖水性近底层鱼类，分布于印度洋、中国和日本，在我国仅产于南海，是南海北部底拖网的主要捕捞对象之一。

图4.67　深水金线鱼

一、体长组成

南海北部近海海域深水金线鱼全年的体长范围为 73～242 mm，体长频率分布呈单峰型，优势体长组体长范围为 106～120 mm，占总尾数的 35.91%（图 4.68）。

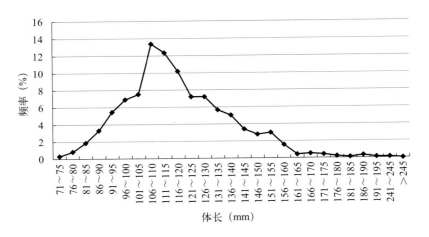

图4.68 南海北部近海深水金线鱼全年体长频率（%）分布

深水金线鱼春季的渔获体长范围为 75 ～ 189 mm，其中以 91 ～ 115 mm 的体长组为优势，占 54.68%；夏季的渔获体长范围为 93 ～ 193 mm，其中以 106 ～ 120 mm 的体长组为优势，占 49.32%；秋季的渔获体长范围为 77 ～ 242 mm，优势组为 106 ～ 130 mm 占 48.90%；冬季的渔获体长范围为 73 ～ 172 mm，优势体长组为 106 ～ 130 mm 占 53.33%（图 4.69）。

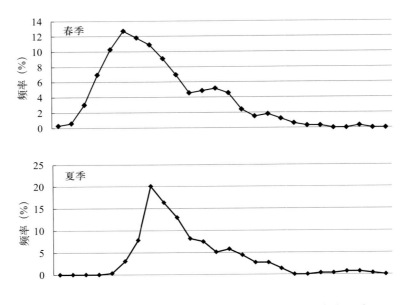

图4.69 南海北部近海深水金线鱼各季节体长频率（%）分布

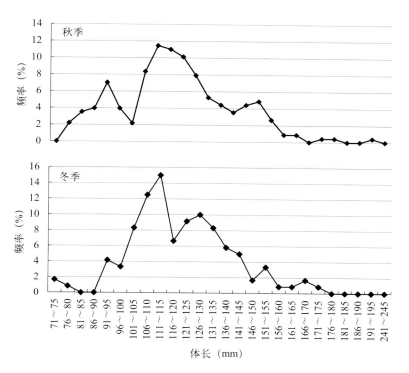

图4.69　南海北部近海深水金线鱼各季节体长频率（%）分布（续）

二、体重组成

南海北部近海海域深水金线鱼全年的体重范围为 10 ～ 290 g，体重以 31 ～ 45 g 为优势组占 37.86%（图 4.70）。

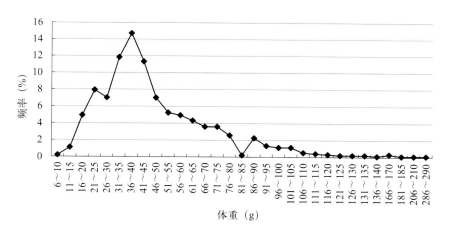

图4.70　南海北部近海深水金线鱼全年体重频率（%）分布

深水金线鱼春季的体重范围为 40 ~ 140 g，以 16 ~ 45 g 为优势，占 68.58%；夏季的体重范围为 17 ~ 209 g，以 31 ~ 50 g 为优势，占 58.84%；秋季体重范围为 11 ~ 290 g，以 16 ~ 50 g 为优势，占 60.18%；冬季的体重范围为 10 ~ 135 g，以 26 ~ 55 g 为优势，占 66.39%（图 4.71）。综合以上分析可见南海北部近海海域深水金线鱼的种群结构组成较简单。渔获体长组成以 106 ~ 120 mm 为优势，体重组成主要以 31 ~ 45 g 为优势，说明全年的捕捞群体都以当年生的幼鱼为主。

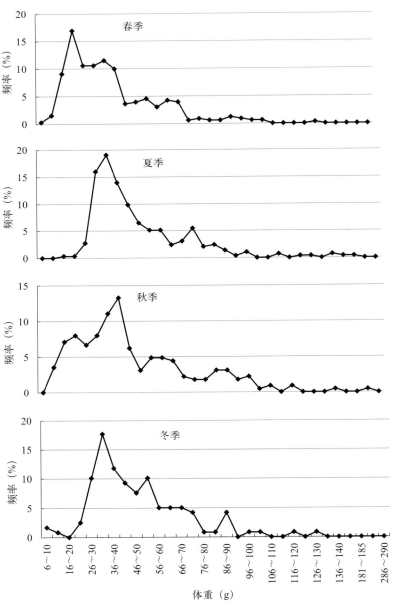

图4.71　南海北部近海深水金线鱼各季节体重频率（%）分布

三、渔获率

春季，深水金线鱼广泛分布于北部湾中部及北部海域、粤东和粤中海域。其渔获率为 0.034 ～ 27 kg/h，平均值为 3.32 kg/h。这个时段，海南岛南部和东部、粤东和粤中海域均为该鱼类的集中分布区域，而在北部湾内较少（图 4.72）。

深水金线鱼在夏季的分布区域与春季大体一致，但其渔获率居于四季之首，平均渔获率达到 9.54 kg/h。这个时段，粤中海域存在最大深水金线鱼渔获率，高达 105 kg/h；而最小渔获率仅为 0.036 kg/h，位于北部湾中部海域。

秋季，深水金线鱼渔获率仅次于夏季，平均渔获率为 4.69 kg/h。此鱼类的渔获率介于 0.024 ～ 33.98 kg/h 间，所获得的最大和最小渔获率分别位于粤中海域和海南岛南部海域。

冬季，深水金线鱼的分布范围和渔获率均有缩减。此季节内，渔获率在 0.018 ～ 21 kg/h 间变化，平均为 1.35 kg/h。深水金线鱼最大渔获率位于粤中海域，最小渔获率在粤中海域和海南岛东北部海域。

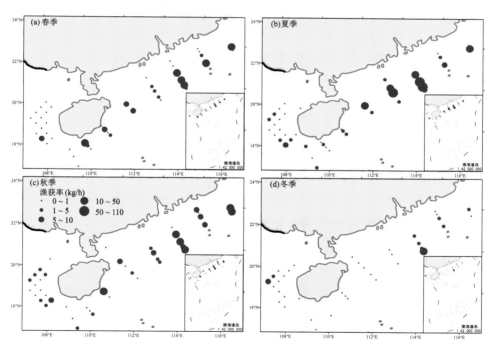

图4.72 南海北部近海深水金线鱼各季节的渔获率分布图

四、性腺成熟度

本次调查南海北部近海海域渔获的深水金线鱼中雌雄不分的 34 尾占 3.53%，雄性 435 尾占 45.17%，雌性 494 尾占 51.30%。其中大部分由 Ⅱ 期组成占 71.55%，Ⅲ 期

占 12.77%，Ⅳ期占 3.32%，Ⅴ期仅占 0.52%，捕获Ⅵ～2 期样本 11 尾占 1.14%。深水金线鱼性腺成熟度不分、Ⅱ～Ⅵ期在春季均有分布，而Ⅳ～Ⅵ期个体在春季出现较多，秋季亦有采到Ⅴ期样本，因此推测其产卵期可能多在春季，秋季亦有产卵现象。

五、摄食等级

本次调查所获的深水金线鱼中，空胃有 153 尾占 15.74%，1 级胃有 58 尾占 5.60%，2 级胃有 119 尾占 12.24%，3 级胃有 57 尾占 5.86%，4 级胃只有 15 尾占 1.54%，其余胃反样本 570 尾，占 58.64%。性腺成熟度达到Ⅲ～Ⅵ期的个体空胃率达 31.67%，因此推测其生殖季节部分停止摄食，或摄食减少。

六、饵料组成

深水金线鱼为暖水性鱼类，栖息在水较深的沙泥底质区，常为底拖网所捕获。属肉食性，成鱼主要以甲壳类、头足类以及小型鱼类为食，幼鱼 (体长小于 12 cm) 则以桡足类、甲壳类以及浮游类等生物为食。

第十三节　条尾绯鲤

条尾绯鲤（图 4.73）属鲈形目羊鱼科绯鲤属，为暖水性小型近底层鱼类，分布于非洲东岸、印度、中国、菲律宾和日本。在我国黄海、东海和南海均有分布，以南海数量最多，是南海北部底拖网的主要捕捞对象之一。

图4.73　条尾绯鲤

一、体长组成

南海北部近海海域条尾绯鲤全年的体长范围为 57 ～ 156 mm，体长频率分布图呈单峰型，优势体长组体长范围为 106 ～ 120 mm，占总尾数的 35.91%（图 4.74）。

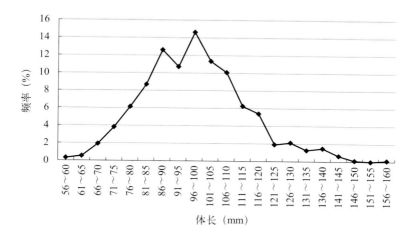

图4.74　南海北部近海条尾绯鲤全年体长频率（%）分布

条尾绯鲤春季的渔获体长范围为 57 ～ 156 mm，其中以 86 ～ 105 mm 的体长组为优势，占 57.82%；夏季的渔获体长范围为 72 ～ 144 mm，其中以 86 ～ 90 mm、96 ～ 115 mm 的体长组为优势占 66.52%；秋季的渔获体长范围为 58 ～ 145 mm，优势组为 86 ～ 110 mm，占 70.40%；冬季的渔获体长范围为 62 ～ 137 mm，优势体长组为 76 ～ 85 mm，占 42.23%（图 4.75）。

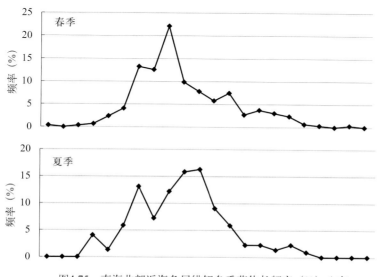

图4.75　南海北部近海条尾绯鲤各季节体长频率（%）分布

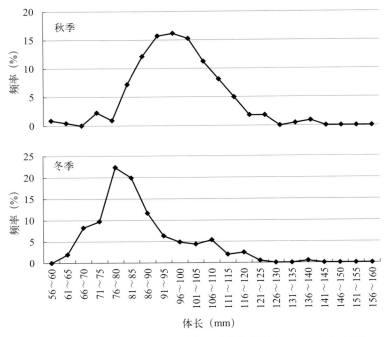

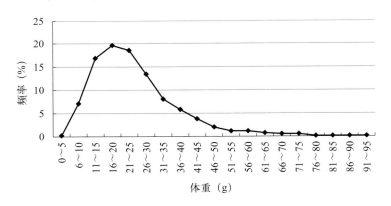

图4.75 南海北部近海条尾绯鲤各季节体长频率（%）分布（续）

二、体重组成

南海北部近海海域条尾绯鲤全年的体重范围为 4 ~ 94 g，体重以 11 ~ 30 g 为优势组，占 68.43%（图 4.76）。

图4.76 南海北部近海条尾绯鲤全年体重频率（%）分布

条尾绯鲤春季的体重范围为 4 ~ 94 g，以 11 ~ 30 g 为优势，占 68.47%；夏季的体重范围为 8 ~ 77 g，以 16 ~ 35 g 为优势，占 70.59%；秋季体重范围为 5 ~ 69 g，以 16 ~ 30 g 为优势，占 63.84%；冬季的体重范围为 6 ~ 86 g，以 6 ~ 20 g 为优势，占 79.61%（图 4.77）。

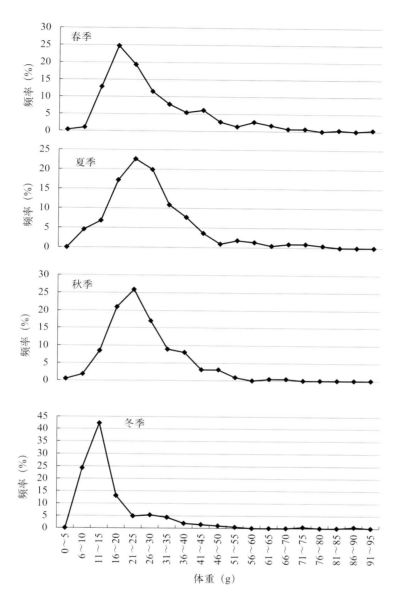

图4.77　南海北部近海条尾绯鲤各季节体重频率（%）分布

三、渔获率

春季，条尾绯鲤的渔获率变化于 0.016 ～ 8.04 kg/h 间，平均值为 1.34 kg/h，最大渔获率分布在海南岛南部海域，而北部湾海域最小（图 4.78）。条尾绯鲤的渔获率在夏季时期有明显增加，总体范围为 0.018 ～ 13.2 kg/h，平均为 2.21 kg/h，在海南岛南部和中部海域、粤中海域均有较高的渔获率。其渔获率在秋季达到全年最高，平均为 11.93 kg/h，范围为 0.006 ～ 11.18 kg/h，高值区分布区域与夏季总体一致。冬季时期，渔获率降到最低水平，平均为 0.38 kg/h，范围为 0.008 ～ 5 kg/h，最高渔获率位于粤东海域。

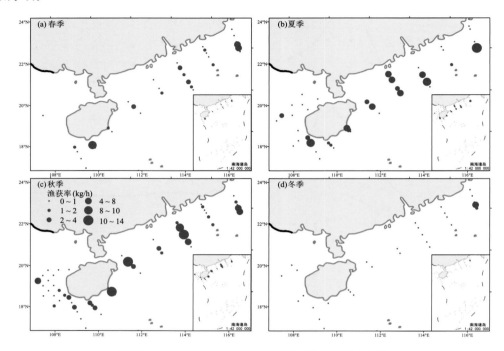

图4.78　南海北部近海条尾绯鲤各季节的渔获率分布图

四、性腺成熟度

本次调查南海北部近海海域渔获的条尾绯鲤中雌雄不分的 133 尾占 14.09%，雄性 374 尾占 39.62%，雌性 437 尾占 46.29%。其中大部分由 Ⅱ 期组成占 49.79%，Ⅲ 期占 13.24%，Ⅳ 期占 18.86%，Ⅴ 期仅占 3.18%，捕获 Ⅵ ～ Ⅱ 期样本 8 尾占 0.85%。

条尾绯鲤性腺成熟度 Ⅱ ～ Ⅵ 期在春季均有分布，而性腺不分个体在夏、秋、冬三季均有出现。其 Ⅲ ～ Ⅴ 期样本全年四个季节均有采到，但春季和夏季性成熟样本多为雌性，而秋季和冬季的性成熟样本多为雄性，雌性较为少见，因此推测其全年产卵，但产卵高峰期为春季和夏季。

五、摄食等级

本次调查所获的条尾绯鲤中，空胃有 107 尾占 11.33%，1 级胃有 268 尾占 28.39%，2 级胃有 493 尾占 52.22%，3 级胃有 68 尾占 7.20%，4 级胃只有 8 尾占 0.85%。性腺成熟度达到 Ⅲ ～ Ⅵ 期的个体空胃率达 16.53%，因此推测其生殖季节少部分个体停止摄食。

六、饵料组成

条尾绯鲤主要生活于水深 20 ～ 40 m 以及泥或泥沙底质的海区。条尾绯鲤为广食性鱼类，以底栖生物为主，兼食浮游生物和游泳生物。

第十四节　中国枪乌贼

中国枪乌贼（图 4.79）隶属于枪形目枪乌贼科枪乌贼属，为暖水性大陆架海域的种类。该种广泛分布于中国、暹罗湾、菲律宾群岛、马来西亚诸海域和澳大利亚昆士兰等海域，我国集中分布于福建南部和广东、广西沿海，一般不超过 25°N。中国枪乌贼是我国枪乌贼中产量最高的一种，是南海北部灯光围网和底拖网的主要捕捞对象之一。

图4.79　中国枪乌贼

一、体长组成

南海北部近海海域中国枪乌贼全年的胴长范围为 56 ～ 450 mm，胴长频率分布图呈单峰型，优势胴长组为 101 ～ 110 mm 占 13.41%（图 4.80）。

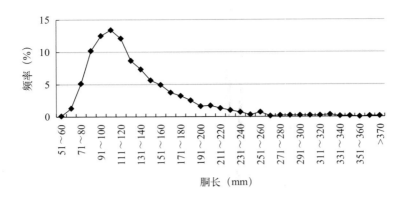

图4.80　南海北部近海中国枪乌贼全年胴长频率（%）分布

中国枪乌贼春季渔获物胴长范围为 56～230 mm，其中以 81～90 mm 和 91～100 mm 为优势胴长组，分别占 14.55%；夏季的渔获物胴长范围为 67～345 mm，优势胴长组为 101～110 mm，占 14.06%；秋季的渔获物胴长范围为 70～256 mm，优势胴长组为 91～100 mm，占 18.50%；冬季的渔获物胴长范围为 74～450 mm，优势胴长组为 101～110 mm、111～120 mm 和 121～130 mm，分别占 11.11%（图4.81）。

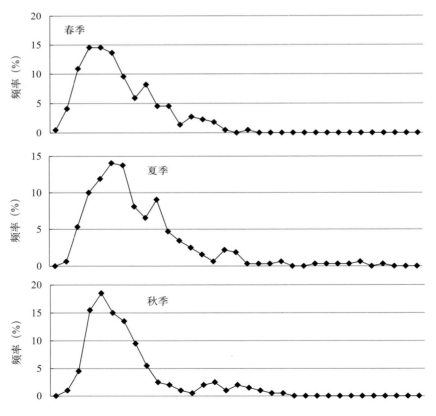

图4.81　南海北部近海中国枪乌贼各季节胴长频率（%）分布

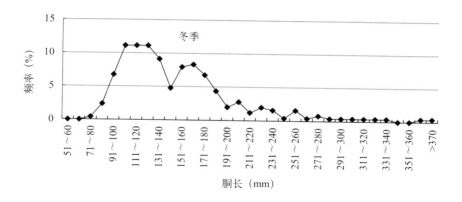

图4.81　南海北部近海中国枪乌贼各季节胴长频率（%）分布（续）

二、体重组成

南海北部近海海域中国枪乌贼全年的体重范围为 12 ～ 1321 g，体重以 31 ～ 50 g 为优势体重组占 32.46%（图 4.82）。

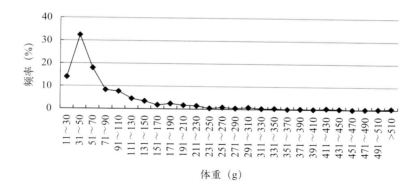

图4.82　南海北部近海中国枪乌贼全年体重频率（%）分布

南海北部近海海域春季渔获物体重范围为 12 ～ 300 g，以 31 ～ 50 g 为优势占 35.91%；夏季渔获物的体重范围为 15 ～ 1 321 g，优势体重组也为 31 ～ 50 g 占 25.63%；秋季渔获物的体重范围为 12 ～ 333 g，优势体重组为 31 ～ 50 g 占 47.50%；冬季体重范围为 20 ～ 683 g，优势体重组为 31 ～ 50 g 占 26.19%（图 4.83）。

三、渔获率

春季，中国枪乌贼在中国南部海域皆有分布（图 4.84），其渔获率为 0.058 ～ 13.2 kg/h，平均为 2.58 kg/h，处于四个季节的最低值。该时段，中国枪乌贼最大和最小渔获率分别位于海南岛南部海域和粤中海域。

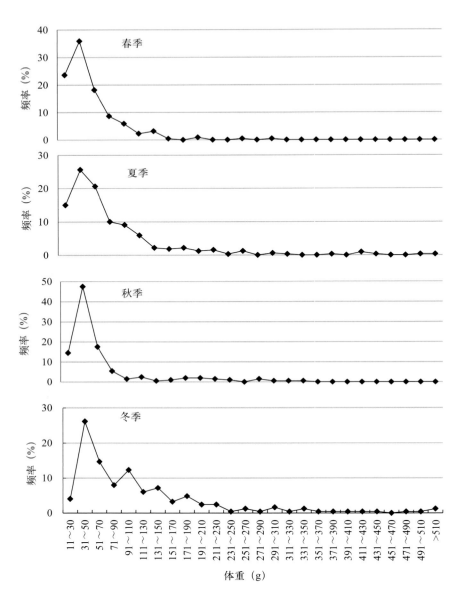

图4.83　南海北部近海中国枪乌贼各季节体重频率（%）分布

中国枪乌贼在夏季的渔获率最高，平均渔获率达到 4.83 kg/h。此物种最大渔获率出现于粤东海域，为 28 kg/h；海南岛东部海域的渔获率最小，仅为 0.019 kg/h。

秋季，其渔获率介于 0.017 ～ 22.4 kg/h 间，平均为 3.03 kg/h。中国枪乌贼渔获率在广东沿海海域均较高，而在北部湾中部海域较小。

相比于其余三个季节，冬季期间的中国枪乌贼空间分布范围有所缩减，而其渔获率未有显著下降，仅次于夏季。这个时段渔获率是 0.11 ～ 19.8 kg/h，平均为 3.25 kg/h，最大渔获率和最小渔获率分别位于海南岛南部海域和北部湾西北部海域。

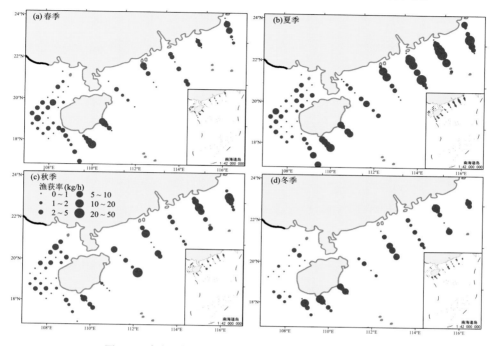

图4.84　南海北部近海中国枪乌贼各季节的渔获率分布图

四、性腺成熟度

本次调查南海北部近海海域中国枪乌贼全年渔获中雄性507尾占51.11%，雌性472尾占47.58%，雌雄不分个体13尾占1.31%，其中以Ⅱ期为优势占59.58%，其次为Ⅲ期占28.02%，性腺达到Ⅳ期的个体占10.28%，Ⅴ期以上的个体相对较少。春季渔获物雄性62尾占28.18%，雌性148尾占67.27%，雌雄不分10尾占4.55%，性腺成熟度以Ⅱ期和Ⅲ期为主，分别占57.27%和29.55%；夏季渔获物中雄性134尾占41.88%，雌性184尾占57.50%，雌雄不分2尾占0.63%，性腺成熟度以Ⅱ期和Ⅲ期为主，分别占61.25%和26.25%；秋季雄性141尾占70.50%，雌性58尾占29.00%，雌雄不分1尾占0.50%，性腺成熟度以Ⅱ期和Ⅲ期为主，分别占51.00%和36.50%；冬季雄性170尾占67.46%，雌性82尾占32.54%，性腺成熟度同样以Ⅱ期和Ⅲ期为主，分别占66.27%和22.22%。

五、摄食等级

本次调查所获的中国枪乌贼中，0级胃有339尾占34.17%，1级有460尾占46.37%，2级有184尾占18.55%，3级有9尾占0.91%，没有发现4级胃。性腺

成熟度达到 Ⅲ～Ⅳ 期的个体空胃率只约占 33.40% 左右，因此推测其生殖季节并没有停止摄食。春季渔获物中以 1 级胃为主占 62.73%，夏季同样以 1 级胃为主占 50.94%，秋季以 0 级胃为主占 55.50%，冬季以 0～2 级为主，分别占 32.94%、32.54% 和 33.73%。

六、饵料组成

中国枪乌贼仔稚鱼时期捕食端足类、糠虾等小型甲壳类，成体阶段主要捕食蓝圆鲹、沙丁鱼、磷虾、鹰爪虾和毛虾等，也兼捕海鳗、虾蛄、梭子蟹等。

第五章

渔业资源生物量与可捕量

第一节　资源密度与资源量

一、季节变化

（一）总体海域的季节差异

南海北部全区的总生物量密度以秋季最高，34.65 t/n.mi²；夏、春依次降低，分别为 29.29 t/n.mi²、26.76 t/n.mi²。四季的平均值为 28.54 t/n.mi²，介于春季和夏季之间（表5.1）。

各季节极限密度差异明显。春、秋季极限密度差异在 140 t/n.mi² 以上，远大于夏、冬季极限密度范围，说明春、秋季有显著的聚群行为。春季分布多集中在北部湾海域，秋季分布多集中在粤西海域、珠江口海域。夏、冬季分布较分散，相对而言，夏季分布多集中在粤西海域、粤东海域的南部区域，冬季分布多集中在粤东海域、珠江口海域的中南部海域（图5.1）。极限密度差异的大小与生物资源聚群产卵行为有较大的相关性。

对所有评估种类而言，调查区域（96 413.59 n.mi²）内平均资源量（非底栖资源）约为 275.20 万 t，其中秋季最多，约 334.09 万 t，冬季最少，约 226.30 万 t（表5.1）。春、冬两季资源量低于平均值。

综合密度差异和生物量差异，秋季资源量最丰富，且存在显著的聚群行为，说明秋季为南海北部近海区域主要产卵季，特征以聚群、量大为主；夏季聚群行为不显著，仅有少量聚群，多呈分散分布状态，但资源量丰富，说明夏季为主要索饵育肥季，偶有产卵聚群，特征以分散、量大为主；冬季温度偏低，生物资源分散在深水区或温度较高的南部区域，活跃度降低，特征以分散、量少为主；春季气温回升，生物资源开始活跃，部分种类进行产卵行为，其他种类以索饵、育肥为主，以聚群为典型特征，生物量较冬季大。另外，冬季和春季可能伴有昼夜垂直迁移活跃度的变化，可通过各水层密度变化量、迁移距离、迁移速度、迁移时间等声学数据进行分析判断。

表5.1 南海北部近海海域渔业资源密度季节变化

季节	平均密度 (t/n.mi²)	最小值	最大值	标准差	生物量 (10⁴ t)
春季	26.76	3.29	150.13	16.26	258.00
夏季	29.29	5.38	64.30	11.08	282.42
秋季	34.65	0.74	186.97	24.04	334.09
冬季	23.47	3.14	68.72	8.59	226.30

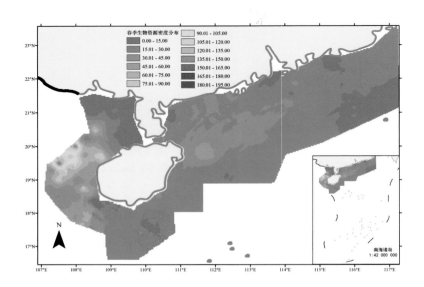

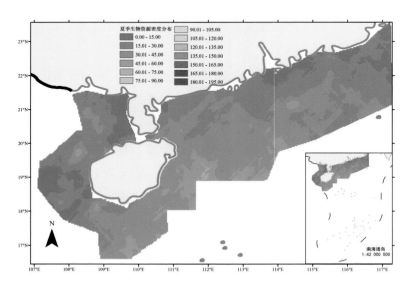

图5.1 南海北部近海渔业资源各季节密度分布

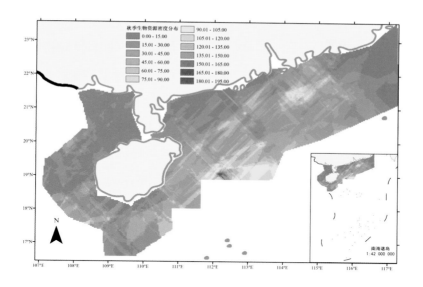

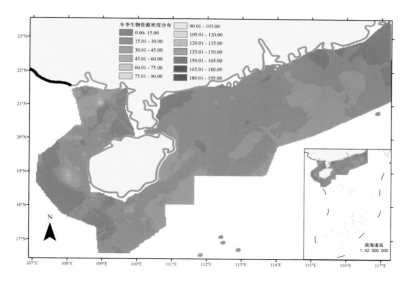

图5.1　南海北部近海渔业资源各季节密度分布（续）

（二）各海域的季节差异

各区域的生物量密度分布显示（图 5.2），北部湾海域春季密度最高，为 41.54 t/n.mi²，其次为冬季、夏季，以秋季最低，为 16.88 t/n.mi²；琼南海域夏季密度最高，为 37.93 t/n.mi²，秋季次之，冬季和春季密度最低，分别为 22.09 t/n.mi² 和 20.98 t/n.mi²；粤西海域以秋季密度最高，为 43.47 t/n.mi²，夏季次之，以春季和冬季最低，分别为 27.55 t/n.mi² 和 24.22 t/n.mi²；珠江口附近海域以秋季密度最高，为 50.05 t/n.mi²，其次夏季，以春季最低，为 23.70 t/n.mi^2；粤东海域以秋季密度最高，为 27.56 t/n.mi^2，以春季最低，为 16.37 t/n.mi^2。粤西海域、珠江口海域、粤东海域在季节分布上有极大的相似性，都是按照秋季＞夏季＞冬季＞春季顺序递减；另外北部湾海域的春季生物量密度显著高于其他海域的春季密度，且极限密度差异较大（图 5.2）。

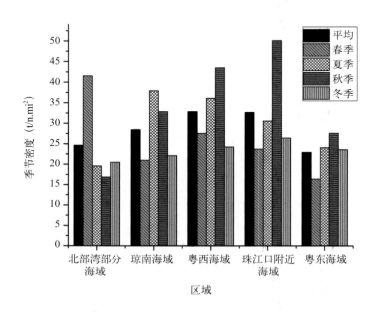

图5.2　各区域四个季节的渔业资源密度分布

各个海域资源密度的季节分布特征与资源量分布特征相似（图 5.3）。北部湾海域的平均资源量为 51.35 万 t，春季资源量最高，为 86.63 万 t，以秋季最低，为 35.21 万 t；琼南海域平均资源量为 33.23 万 t，夏季资源量最高，为 44.28 万 t，其次秋季，以春季最低，为 24.50 万 t；粤西海域平均资源量为 84.44 万 t，以秋季资源量最高，为 111.77 万 t，其次夏季，以冬季最低，为 62.29 万 t；珠江口附近海域平均资源量为 62.26 万 t，以秋季资源量最高，为 95.37 万 t，其次夏季，以春季最低，为 45.16 万 t；粤东海域平均资源量为 43.73 万 t，以秋季资源量最高，为 52.69 万 t，其次夏季、冬季，以春季最低，为 31.29 万 t。

综合资源密度差异和生物量差异分析，主要存在春季和秋季两种产卵群体。春季产卵群体，主要集中在北部湾海域；秋季产卵群体，按照水深又可分为 50 m 群体和 200 m 群体，其中 50 m 群体主要集中在珠江口海域，200 m 群体主要集中在粤西海域。

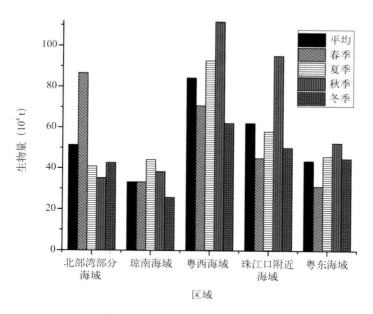

图5.3 各区域四个季节的渔业资源生物量分布

1. 北部湾海域

北部湾海域以春季密度最高（图 5.4 和图 5.5），主要种类有剑尖枪乌贼（5.83 t/n.mi^2）、鲳鱼（4.94 t/n.mi^2）、中国枪乌贼（3.75 t/n.mi^2）、竹荚鱼（3.29 t/n.mi^2）、二长棘犁齿鲷（2.06 t/n.mi^2）、蓝圆鲹（1.38 t/n.mi^2）等，其他头足类及其他评估种类因包含种类较多，暂时不参与对比，但不排除其存在潜在研究价值的可能。夏季、秋季、冬季中，以发光鲷、二长棘犁齿鲷、竹荚鱼、鲳鱼、中国枪乌贼、剑尖枪乌贼等为主，其中密度显著减小的是剑尖枪乌贼、中国枪乌贼、鲳鱼、竹荚鱼、蓝圆鲹等。

北部湾海域各评估种类在各季节生物量变化特征（图 5.6）与密度变化特征相似，该海域有效评估面积为 20 855.27 n.mi^2，春季以发光鲷、剑尖枪乌贼最多，夏季以二长棘犁齿鲷、竹荚鱼最多，秋季以发光鲷、鲳鱼、二长棘犁齿鲷、剑尖枪乌贼较多，冬季以发光鲷、鲳鱼、剑尖枪乌贼较多。头足类平均资源量占北部湾平均资源量的25.06%。

综合北部湾海域资源密度差异及生物量差异，推测认为，春季在北部湾聚群产卵的种类可能有发光鲷、剑尖枪乌贼、鲳鱼、中国枪乌贼、竹荚鱼、二长棘犁齿鲷、蓝圆鲹等，其中二长棘犁齿鲷、竹荚鱼密度在夏季也较高，然后秋冬季分散减少，推测这两个种类在北部湾海域的产卵期可能相对较长，春、夏季在北部湾海域均表现聚群产卵行为。

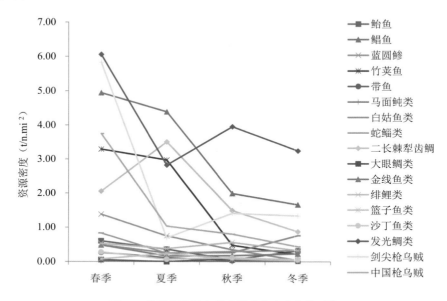

图5.4 北部湾海域各种类的季节密度变化对比

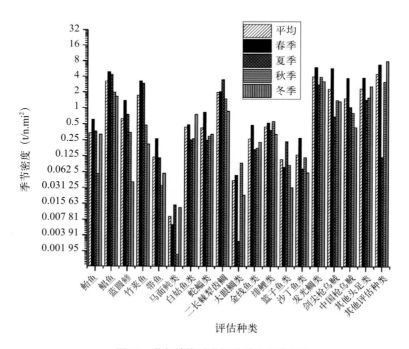

图5.5 北部湾海域各评估种类季节密度

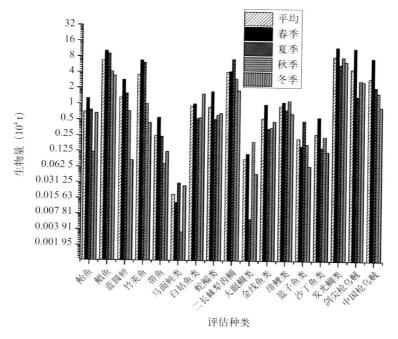

图5.6 北部湾海域各评估种类季节生物量

2. 琼南海域

琼南海域四季密度相差不大，以夏季密度最高（图 5.7 和图 5.8），主要种类有发光鲷类（7.02 t/n.mi²）、竹荚鱼（4.41 t/n.mi²）、鲳鱼（4.12 t/n.mi²）、剑尖枪乌贼（2.76 t/n.mi²）、中国枪乌贼（2.04 t/n.mi²）等，其他头足类及其他评估种类因包含种类较多，暂时不参与对比，但不排除其存在潜在研究价值的可能。春季以剑尖枪乌贼、发光鲷类、中国枪乌贼为主（>2.0 t/n.mi²），秋季以发光鲷类、剑尖枪乌贼、鲳鱼、中国枪乌贼为主（>2.0 t/n.mi²），冬季以发光鲷类、剑尖枪乌贼为主（>2.0 t/n.mi²）。

琼南海域各评估种类在各季节生物量变化特征（图 5.9）与密度变化特征相似，该海域有效评估面积为 11 675.81 n.mi²，春季以剑尖枪乌贼、发光鲷类最多，夏季以鲳鱼、发光鲷类、竹荚鱼最多，秋季以发光鲷类、剑尖枪乌贼、鲳鱼、中国枪乌贼较多，冬季以发光鲷类、剑尖枪乌贼、中国枪乌贼较多。其中头足类生物资源较多（包括剑尖枪乌贼、中国枪乌贼、其他头足类等），琼南海域平均分布约有 10 万 t，占琼南海域平均资源量的 30.00%。

综合琼南海域资源密度差异及生物量差异，发现在琼南海域可能存在有较为丰富的剑尖枪乌贼、中国枪乌贼等头足类生物资源，四季中均有资源量。发光鲷类在夏秋季分布密度较高，另外琼南海域的夏季鲳鱼、竹荚鱼等密度最高，表现出聚群行为，可能是鲳鱼夏季产卵场。

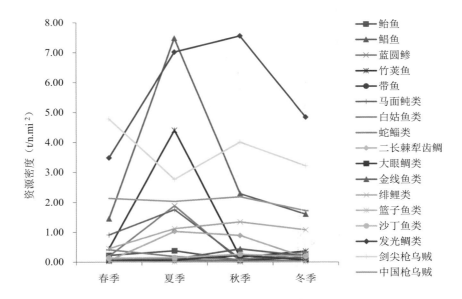

图5.7 琼南海域各种类的季节密度变化对比

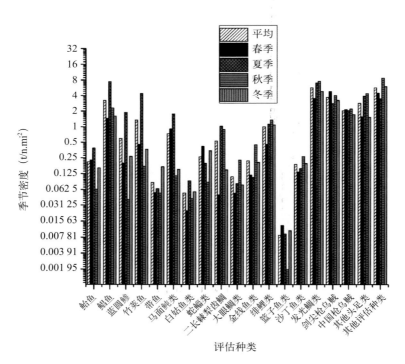

图5.8 琼南海域各评估种类季节密度

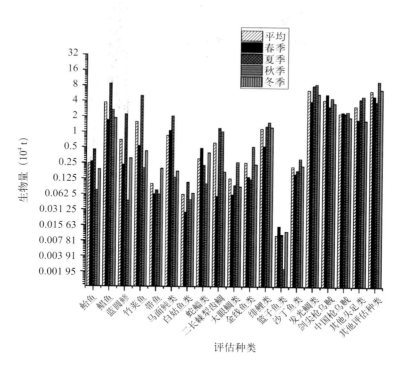

图5.9 琼南海域各评估种类季节生物量

3. 粤西海域

粤西海域以秋季密度最高（图 5.10 和图 5.11），主要种类有发光鲷类（5.96 t/n.mi²）、鲳鱼（5.21 t/n.mi²）、中国枪乌贼（4.32 t/n.mi²）、绯鲤类（3.13 t/n.mi²）、剑尖枪乌贼（2.77 t/n.mi²）等，其他头足类及其他评估种类因包含种类较多，暂时不参与对比，但不排除其存在潜在研究价值的可能。春季以剑尖枪乌贼、发光鲷类、鲳鱼、中国枪乌贼、绯鲤类为主（>2.0 t/n.mi²），夏季以发光鲷类、鲳鱼、剑尖枪乌贼、竹荚鱼、中国枪乌贼、蓝圆鲹为主（>2.0 t/n.mi²），冬季以发光鲷、剑尖枪乌贼、绯鲤类、鲳鱼为主（>2.0 t/n.mi²）。

粤西海域各评估种类各季节生物量变化特征（图 5.12）与密度变化特征相似，该海域有效评估面积为 25 714.24 n.mi²，夏季、秋季、冬季均以发光鲷类最多（分别为18.64 万 t、15.33 万 t、10.07 万 t），春季以剑尖枪乌贼最多（10.63 万 t）。粤西海域头足类平均资源量约为 28.07 万 t，占该海域平均资源量的 33.24%。

综合粤西海域资源密度差异及生物量差异，发现在粤西海域发光鲷类、鲳鱼为主要种类，同时也存在有较为丰富的剑尖枪乌贼、中国枪乌贼等头足类生物资源，四季中均有较大资源量。推测认为，粤西海域可能也是发光鲷类、鲳鱼、头足类主要栖息海域之一。另外，粤西海域的夏季竹荚鱼、二长棘犁齿鲷以及秋季的中国枪乌贼、绯鲤类等密度相对其他季节较高，表现出聚群产卵行为，可能为主要的秋季产卵场之一。

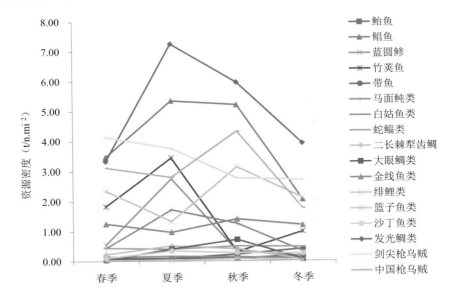

图5.10　粤西海域各种类的季节密度变化对比

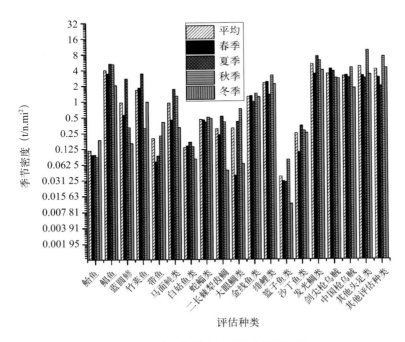

图5.11　粤西海域各评估种类季节密度

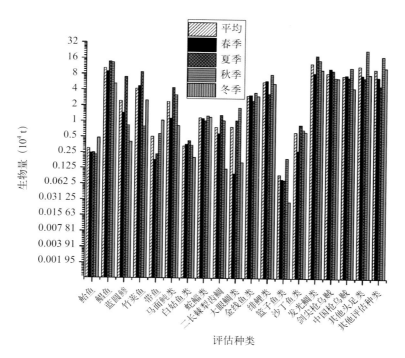

图5.12　粤西海域各评估种类季节生物量

4. 珠江口海域

珠江口海域以秋季密度最高（图 5.13 和图 5.14），主要种类有中国枪乌贼（5.08 t/n.mi^2）、鲳鱼（5.03 t/n.mi^2）、剑尖枪乌贼（5.03 t/n.mi^2）、马面鲀类（3.58 t/n.mi^2）、绯鲤类（3.24 t/n.mi^2）、金线鱼类（2.58 t/n.mi^2）等，其他头足类及其他评估种类因包含种类较多，暂时不参与对比，但不排除其存在潜在研究价值的可能。春季以中国枪乌贼、剑尖枪乌贼、发光鲷类为主（>2.0 t/n.mi^2），夏季以鲳鱼、中国枪乌贼、发光鲷类、剑尖枪乌贼、竹荚鱼为主（>2.0 t/n.mi^2），冬季以绯鲤类、剑尖枪乌贼、中国枪乌贼、发光鲷类为主（>2.0 t/n.mi^2）。

珠江口海域各评估种类在各季节生物量变化特征（图 5.15）与密度变化特征相似，该海域有效评估面积为 19 054.27 n.mi^2，秋季总资源量为 95.37 万 t，头足类资源量 36.04 万 t，另外鲳鱼有 9.59 万 t。春季以中国枪乌贼、剑尖枪乌贼、发光鲷类最多（分别为 7.32 万 t、5.30 万 t、4.36 万 t），夏季以鲳鱼、中国枪乌贼、剑尖枪乌贼、发光鲷类、竹荚鱼为主，冬季以绯鲤类、剑尖枪乌贼、中国枪乌贼较多（分别为 7.45 万 t、7.37 万 t、5.51 万 t）。珠江口海域头足类平均资源量约为 22.21 万 t，占该海域平均资源量的 35.67%。秋、冬季绯鲤类出现聚群现象。

综合珠江口海域资源密度差异及生物量差异，发现在珠江口海域也存在有较为丰富的剑尖枪乌贼、中国枪乌贼等头足类生物资源，其中秋季头足类资源量异常丰富。推测认为，珠江口海域可能也是头足类主要栖息海域之一。另外，珠江口海域的秋季鲳鱼、马面鲀、绯鲤类、金线鱼类也表现出聚群行为，推测这些种类在秋季时多在珠江口海域进行聚群产卵。珠江口海域夏季聚群的有鲳鱼、发光鲷类、竹荚鱼、蓝圆鲹等。

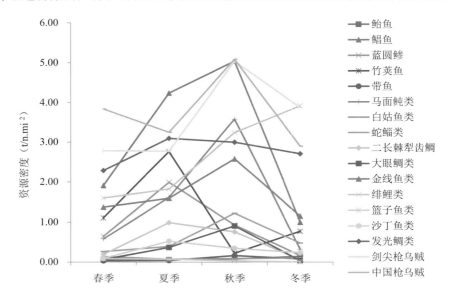

图5.13　珠江口海域各种类的季节密度变化对比

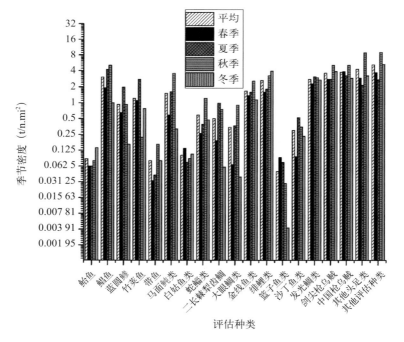

图5.14　珠江口海域各评估种类季节密度

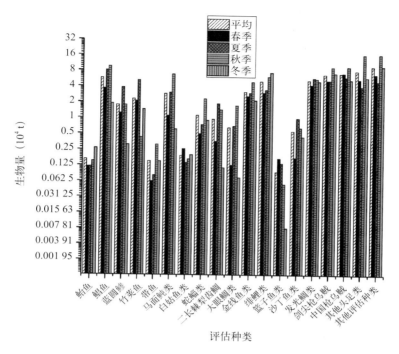

图5.15 珠江口海域各评估种类季节生物量

5. 粤东海域

粤东海域以秋季密度最高（图5.16和图5.17），主要种类有中国枪乌贼（3.37 t/n.mi²）、剑尖枪乌贼（3.37 t/n.mi²）、鲳鱼（2.61 t/n.mi²）等，其他头足类及其他评估种类因包含种类较多，暂时不参与对比，但不排除其存在潜在研究价值的可能。春季以中国枪乌贼、鲳鱼、剑尖枪乌贼为主（>2.0 t/n.mi²），夏季以鲳鱼、中国枪乌贼、发光鲷类为主（>2.0 t/n.mi²），冬季以中国枪乌贼、剑尖枪乌贼、发光鲷类、绯鲤类、鲳鱼为主（>2.0 t/n.mi²）。

粤东海域各评估种类各季节生物量变化特征（图5.18）与密度变化特征相似，该海域有效评估面积为19 113.99 n.mi²，秋季总资源量52.69万t，其中头足类约为20.42万t。春季以中国枪乌贼、鲳鱼、剑尖枪乌贼最多（分别为4.65万t、4.50万t、4.36万t），夏季以鲳鱼、中国枪乌贼、发光鲷类为主（分别为6.03万t、5.49万t、4.84万t），冬季以中国枪乌贼、剑尖枪乌贼、发光鲷类、绯鲤类、鲳鱼较多（分别为6.87万t、6.68万t、5.96万吨、5.56万t、3.98万t）。粤东海域头足类平均资源量约为15.85万t，占该海域平均资源量的36.25%。

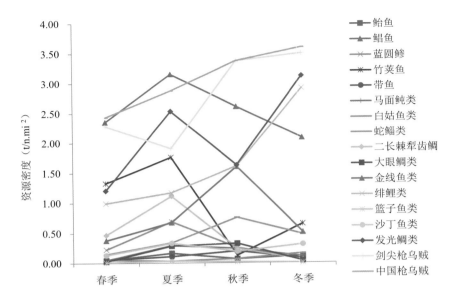

图5.16 粤东海域各种类的季节密度变化对比

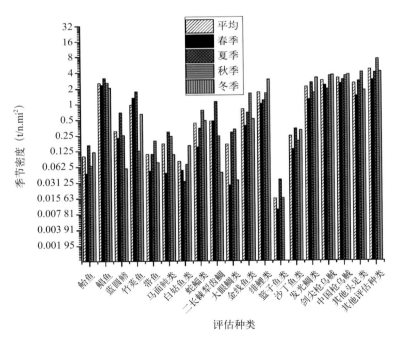

图5.17 粤东海域各评估种类季节密度

综合粤东海域资源密度差异及生物量差异，发现在粤东海域也存在有较为丰富的剑尖枪乌贼、中国枪乌贼等头足类生物资源，其中秋季头足类资源量最多。另外，粤东海域的中国枪乌贼、绯鲤类资源密度和生物量按春＜夏＜秋＜冬的顺序依次升高，剑尖枪乌贼在冬季也有升高趋势。另外，粤东海域春季聚群种类较少，夏季聚群的有鲳鱼、发光鲷类、竹荚鱼、二长棘犁齿鲷等，秋季聚群的有金线鱼类、蛇鲻类、大眼鲷类，冬季聚群的有中国枪乌贼、剑尖枪乌贼、发光鲷类、绯鲤类。

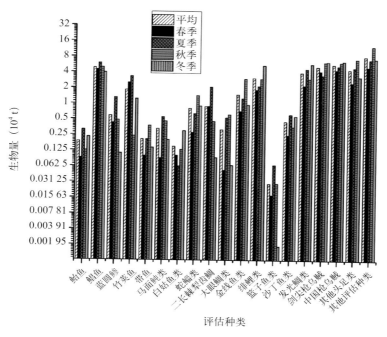

图5.18　粤东海域各评估种类季节生物量

二、区域差异

（一）平均密度的区域差异

对所有季节的生物量密度进行叠加平均后，发现对所有评估种类，整个调查区域总体密度为 28.54 t/n.mi²，最小值 6.54 t/n.mi²，最大值 69.49 t/n.mi²，标准差 9.34。从平均密度分布来看，粤西海域、珠江口海域分布相对较高，粤东海域相对最少。近岸海域平均密度较低，而水深较深或离岸边较远的区域则有更加显著的聚群密度（图 5.19）。

对所有评估种类而言，调查区域（96 413.59 n.mi²）内平均资源量（非底栖资源）约为 275.20 万 t，其中粤西海域最多，约为 84.44 万 t，其次珠江口海域为 62.26 万 t，琼南海域最少，约为 33.23 万 t。

综合平均资源密度和生物量对比情况，粤西海域是资源量最丰富的海域。

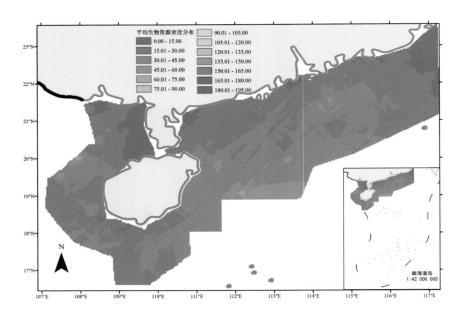

图5.19　南海北部近海渔业资源生物量密度分布

（二）各季节的区域差异

从各季节的资源密度区域分析（图5.20），春季以北部湾海域的资源密度最高（41.54 t/n.mi²），从粤西到粤东自西往东依次减小；夏季北部湾最少（19.59 t/n.mi²），从琼南海域往东至粤东海域依次减小；秋季以珠江口海域密度最高（50.05 t/n.mi²），并以珠江口海域为中心，向其他近海海域分散减小，北部湾海域最小（16.89 t/n.mi²）；冬季各海域分布都比较分散，没有出现特别聚群的海域。

各季节的生物量区域分布特征与密度分布有一定相似性（图5.21），由于粤西海域区域面积最大，且密度较高，因此在生物量分布对比中比较突出，在夏季、秋季、冬季中居于各海域生物量首位。春季的北部湾生物量较高，而此时的粤西海域生物量相对较低。

综合各季节不同区域的资源密度对比以及生物量差异，可以推测，春季在北部湾海域有大量产卵群体聚集，而这些群体在其他季节则分布在其他海域。如果假设整个调查区域对近海生物资源而言是相对封闭的（实际上是不完全封闭的，南部有水深隔离，西部、北部有陆地隔离，东侧是相对开放的海域），可以猜测，生物群体春季时在北部湾聚集，夏季是通过琼南海域过渡到粤西、珠江口等海域（夏季时琼南海域密度最高，然后向东依次减小），秋季时大量分散群体集中在以珠江口海域为中心的各海域内（北部湾除外），冬季时则从珠江口海域辐射分散到其他各海域，或经粤东海域继续向东部移动（未隔离的一侧）。

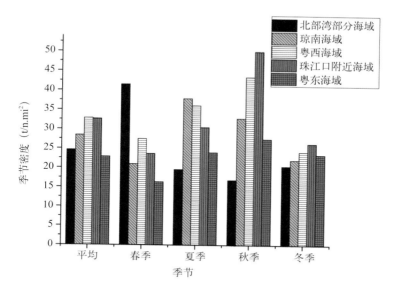

图5.20　各季节的区域密度差异

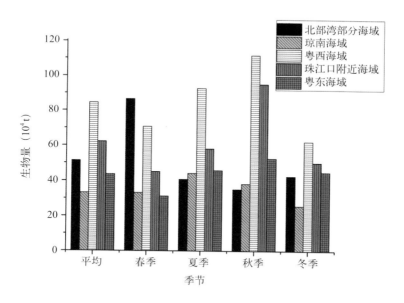

图5.21　各季节的区域生物量差异

1. 春季

春季在北部湾海域的资源密度明显高于其他海域的种类有发光鲷类、剑尖枪乌贼、鲳鱼、竹荚鱼、二长棘犁齿鲷、蓝圆鲹、鲐鱼等（图 5.22 和图 5.23）；中国枪乌贼在北部湾海域和珠江口海域分布密度较高，说明其春生群主要集中在这两个海域；另外鲳鱼、绯鲤类、竹荚鱼、金线鱼类在粤西海域有较小规模的聚群。

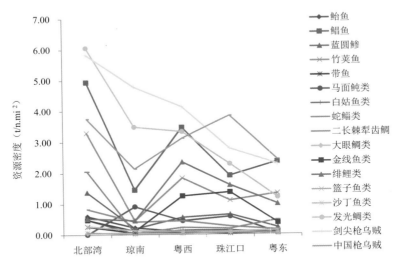

图5.22　春季各海域资源密度分布

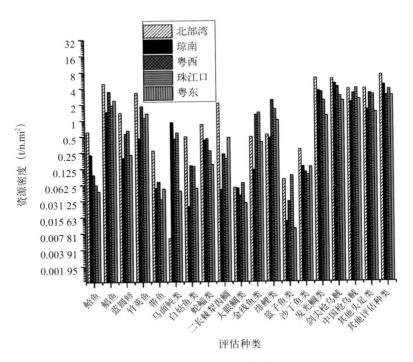

图5.23　春季各区域资源密度差异

生物量分布特征与密度分布相似（图5.24），北部湾海域发光鲷类、剑尖枪乌贼最多，为12.63万t、12.16万t，其次鲳鱼10.31万t，中国枪乌贼7.82万t，竹茭鱼 6.86 万 t，二长棘犁齿鲷 4.29 万 t；琼南海域剑尖枪乌贼 5.58 万 t，发光鲷类 4.06 万 t，中国枪乌贼 2.50 万 t；粤西海域剑尖枪乌贼 10.63 万 t，鲳鱼 8.90 万 t，发光鲷类 8.56 万 t，中国枪乌贼 8.01 万 t，绯鲤类 6.05 万吨 t；珠江口海域中国枪乌贼 7.32 万 t，剑尖枪乌贼 5.30 万 t，发光鲷类 4.36 万 t，鲳鱼 3.64 万 t，绯鲤类 3.05 万 t；粤东海域中国枪乌贼 4.65 万 t，鲳鱼 4.50 万 t，剑尖枪乌贼 4.36 万 t。头足类总资源量 94.23 万 t，约占总资源量的 36.46%。

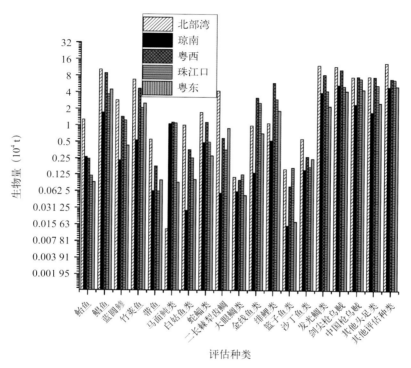

图5.24　春季各区域生物量差异

2. 夏季

夏季在琼南海域的资源密度明显高于其他海域的种类有鲳鱼、发光鲷类、竹荚鱼，北部湾海域主要有鲳鱼、二长棘犁齿鲷、竹荚鱼、发光鲷类等，粤西海域有蓝圆鲹、剑尖枪乌贼，珠江口海域有中国枪乌贼、绯鲤类、金线鱼类等（图 5.25 和图 5.26）。鲳鱼、发光鲷类在琼南、珠江口海域分布较集中，中国枪乌贼、剑尖枪乌贼等在粤西、珠江口、粤东广域范围内均有聚群分布，马面鲀类在琼南、粤西、珠江口广域范围内均有聚群分布。

生物量分布特征与密度分布相似（图 5.27），北部湾海域鲳鱼、二长棘犁齿鲷最多，为 9.16 万 t，7.31 万 t，其次竹荚鱼 6.21 万 t，而头足类则相对较少；琼南海域鲳鱼 8.73 万 t，发光鲷类 8.20 万 t，竹荚鱼 5.15 万 t，剑尖枪乌贼 3.23 万 t；粤西海域发光鲷类 18.64 万 t，鲳鱼 13.75 万 t，剑尖枪乌贼 9.66 万 t，竹荚鱼 8.84 万 t，中国枪乌贼 7.21 万 t，马面鲀类 4.42 万 t，绯鲤类 3.42 万 t；珠江口海域鲳鱼 8.07 万 t，中国枪乌贼 6.18 万 t，发光鲷类 5.89 万 t，剑尖枪乌贼 5.28 万 t，竹荚鱼 5.26 万 t，蓝圆鲹 3.79 万 t，绯鲤类 3.48 万 t，马面鲀类 3.08 万 t；粤东海域鲳鱼 6.03 万 t，中国枪乌贼 5.49 万 t，发光鲷类 4.84 万 t，剑尖枪乌贼 3.64 万 t，竹荚鱼 3.37 万 t。头足类总资源量 70.53 万 t，约占总资源量的 25.00%。

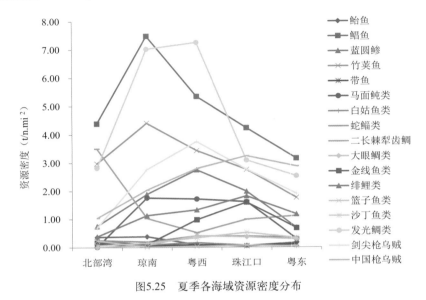

图5.25　夏季各海域资源密度分布

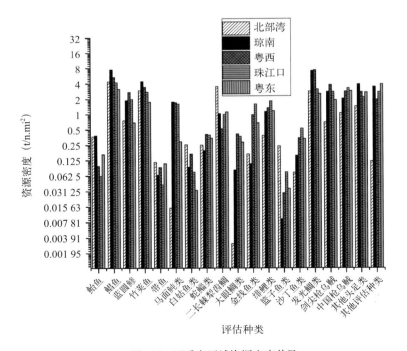

图5.26　夏季各区域资源密度差异

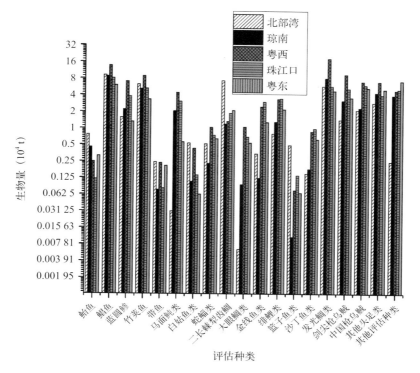

图5.27 夏季各区域生物量差异

3. 秋季

秋季各海域的聚群现象主要集中在粤西海域和珠江口海域（图5.28和图5.29），粤西海域有发光鲷类、鲳鱼、中国枪乌贼、绯鲤类等，珠江口海域有中国枪乌贼、鲳鱼、剑尖枪乌贼、马面鲀类、绯鲤类、金线鱼类、蛇鲻类、蓝圆鲹等，可见，珠江口海域是秋季主要聚群产卵区域。其中，发光鲷类、鲳鱼、中国枪乌贼、绯鲤类、大眼鲷类等在粤西海域、珠江口海域均有聚群行为，而马面鲀类、金线鱼类、蛇鲻类则主要集中在珠江口海域。

生物量特征与密度特征相似（图5.30），在此以1.0万t为划分标准，北部湾海域以发光鲷类、鲳鱼、二长棘犁齿鲷、剑尖枪乌贼、中国枪乌贼、绯鲤类等为主，琼南海域以发光鲷类、剑尖枪乌贼、鲳鱼、中国枪乌贼、绯鲤类、二长棘犁齿鲷为主，粤西海域以发光鲷类、鲳鱼、中国枪乌贼、绯鲤类、剑尖枪乌贼、金线鱼类、马面鲀类、蛇鲻类、二长棘犁齿鲷为主，珠江口海域以中国枪乌贼、鲳鱼、剑尖枪乌贼、马面鲀类、绯鲤类、金线鱼类、蛇鲻类、蓝圆鲹、大眼鲷类、二长棘犁齿鲷为主（种类较其他海域多），粤东海域以中国枪乌贼、剑尖枪乌贼、鲳鱼、绯鲤类、金线鱼类、蛇鲻类为主。头足类资源总量为118.73万t，占总资源量的35.61%。

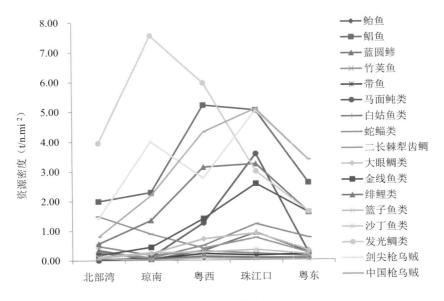

图5.28 秋季各海域资源密度分布

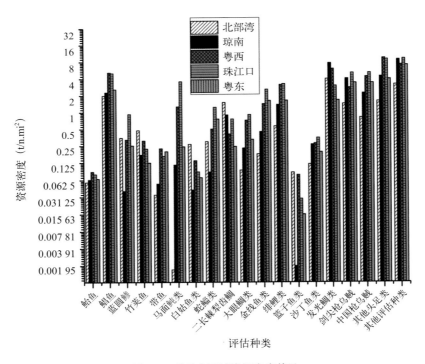

图5.29 秋季各区域资源密度差异

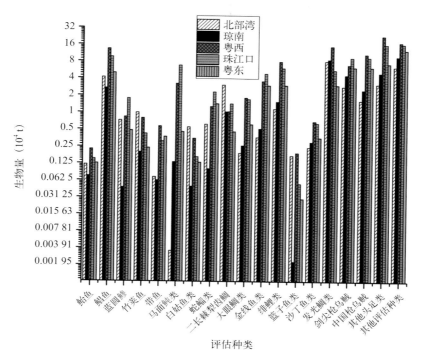

图5.30　秋季各区域生物量差异

4. 冬季

冬季各海域的资源密度特征是以分散为主，个别种类有聚群且密度较低，如发光鲷类、绯鲤类、中国枪乌贼、剑尖枪乌贼、鲳鱼等。珠江口海域有剑尖枪乌贼、绯鲤类等出现低密度聚群（可能是洄游群或索饵群），粤西海域有发光鲷类、竹荚鱼、金线鱼类等出现低密度聚群。另外，剑尖枪乌贼、中国枪乌贼、绯鲤类、鲳鱼等有自西往东增大的趋势，因粤东海域东部为开放性海域，推测可能与温度及饵料分布有关（图5.31和图5.32）。

各海域的生物量分布较分散，集中度较小，以1.00万t为标准，北部湾海域以发光鲷类、鲳鱼、剑尖枪乌贼、二长棘犁齿鲷、白姑鱼类为主，琼南海域以发光鲷类、剑尖枪乌贼、中国枪乌贼、鲳鱼、绯鲤类为主，粤西海域总资源量最多，以发光鲷类、剑尖枪乌贼、绯鲤类、鲳鱼、中国枪乌贼、金线鱼类、竹荚鱼、蛇鲻类、带鱼为主，珠江口海域集中度最高，其中以绯鲤类、剑尖枪乌贼、中国枪乌贼、发光鲷类、金线鱼类、鲳鱼、竹荚鱼为主，粤东海域以中国枪乌贼、剑尖枪乌贼、发光鲷类、绯鲤类、鲳鱼、竹荚鱼为主。头足类总资源量为72.37万t，占总资源量的32%（图5.33）。

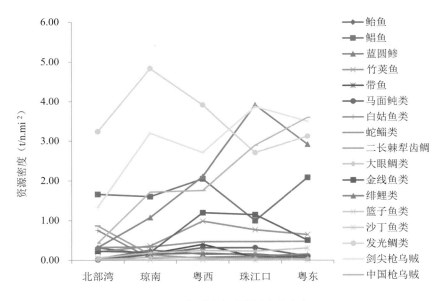

图5.31 冬季各海域资源密度分布

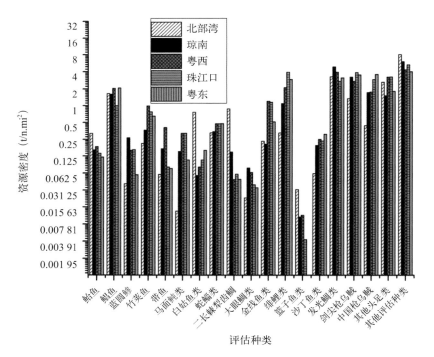

图5.32 冬季各区域资源密度差异

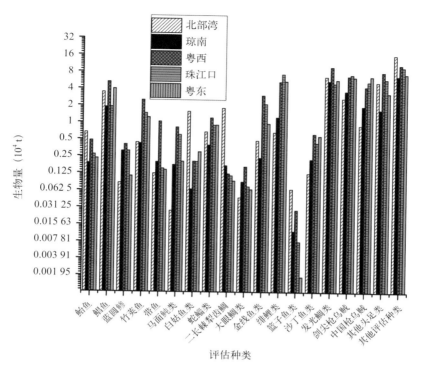

图5.33 冬季各区域生物量差异

第二节 主要类群生物量密度分布

一、总体概况

（一）季节差异

声学评估的各季节中三大类群的季节密度变化及生物量差异如图 5.34 和图 5.35。春季以近底层鱼类为主要类群，约占 42.09%，头足类次之，占 36.47%，中上层鱼类最少，约占 21.43%。夏季以近底层鱼类为主要类群，约占 41.25%，中上层鱼类次之，约占 33.73%；头足类最少，占 25.02%。秋季以近底层鱼类为主要类群，约占 51.09%，头足类次之，占 35.63%，中上层鱼类最少，约占 13.29%。冬季以近底层鱼类为主要类群，约占 55.73%，头足类次之，占 32.03%，中上层鱼类最少，约占 12.24%。平均以近底层鱼类为主要类群，约占 47.41%，头足类次之，占 32.36%，中上层鱼类最少，约占 20.23%。

　　春、秋、冬季均以近底层鱼类为主要类群，头足类次之，中上层鱼类最少。夏季中上层鱼类高于头足类。中上层鱼类以春夏季涨幅最大，近底层鱼类以秋季涨幅最大，头足类春秋季涨幅最大（涨幅为该季节相对前一季节的差异增长率，顺序为春夏秋冬春循环）。

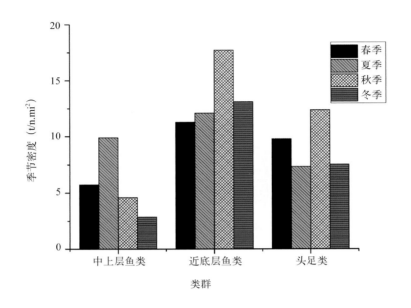

图5.34　各类群季节密度变化

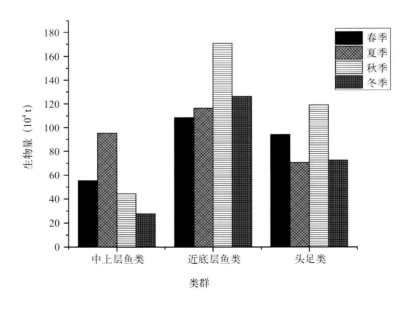

图5.35　各类群季节生物量变化

（二）区域差异

各类群在不同区域的密度差异及生物量差异如图 5.36 和图 5.37。各海域近底层鱼类为主要类群，其次是头足类，中上层鱼类最少。

密度差异中，中上层鱼类各区域密度差异不大，北部湾海域、粤西海域相对较高；近底层鱼类自西向东呈密度增长趋势，而在粤东海域出现密度骤降；头足类与近底层鱼类相似，自西向东密度逐渐增长，在粤东海域出现密度骤降，但高于北部湾密度。

生物量中，北部湾海域中，近底层鱼类占 50.22%，头足类占 25.07%，中上层鱼类占 24.71%；琼南海域中，近底层鱼类占 50.51%，头足类占 29.97%，中上层鱼类占 19.52%；粤西海域中，近底层鱼类占 45.54%，头足类占 33.24%，中上层鱼类占 21.22%；珠江口海域中，近底层鱼类占 47.25%，头足类占 35.68%，中上层鱼类占 17.08%；粤东海域中，近底层鱼类占 45.58%，头足类占 36.24%，中上层鱼类占 18.18%。

各海域均以近底层鱼类为主要类群，其次是头足类，中上层鱼类最少。中上层鱼类各区域密度差异不大，相对而言，对北部湾海域、粤西海域喜好度更高；近底层鱼类自西向东呈密度增长趋势，而在粤东海域出现密度骤降，说明近底层鱼类对珠江口海域喜好度最高，而对粤东海域最低；头足类与近底层鱼类相似，自西向东密度逐渐增长，在粤东海域出现密度骤降，但相对北部湾密度更高一点，说明头足类对珠江口海域喜好度最高，而对北部湾海域喜好度最低（假设某类群区域密度与该类群对某区域的聚群喜好度呈正相关关系）。

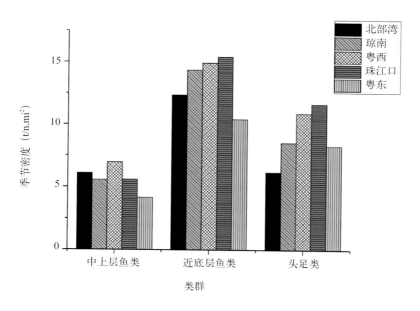

图5.36　各类群区域密度变化

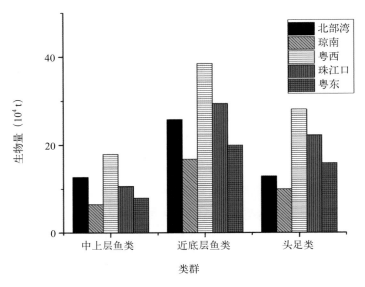

图5.37　各类群区域生物量变化

(三) 各类群时空分布特征

1. 中上层鱼类时空分布特征

南海北部近海中上层鱼类以鲳鱼、蓝圆鲹、竹荚鱼、沙丁鱼类、鲐鱼等为主。受网具限制,中上层鱼类资源偏低。

中上层鱼类平均生物量密度为 5.773 4 t/n.mi²,平均生物量为 55.663 5 万 t,季节特征明显,夏季最为活跃,春季时多在北部湾聚群,秋、冬季分布较分散,以北部湾、粤西、珠江口海域为主要聚集区 (图 5.38)。

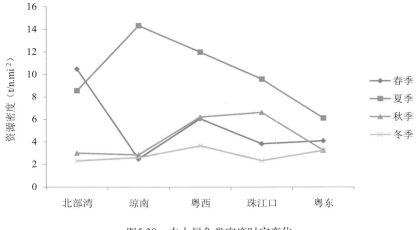

图5.38　中上层鱼类密度时空变化

春季生物量密度为 5.735 8 t/n.mi²，生物量为 55.300 9 万 t，主要集中分布在北部湾区域、粤西海域等 50 m 以内浅水区。

夏季生物量密度为 9.880 3 t/n.mi²，生物量为 95.259 9 万 t，以琼南海域和珠江口海域为聚群中心，向附近海域分散分布。

秋季生物量密度为 4.603 8 t/n.mi²，生物量为 44.386 7 万 t，分布较少，主要集中在珠江口海域。

冬季生物量密度为 2.873 7 t/n.mi²，生物量为 27.706 5 万 t，分布较少，主要分布在粤西海域（图 5.39 和图 5.40）。

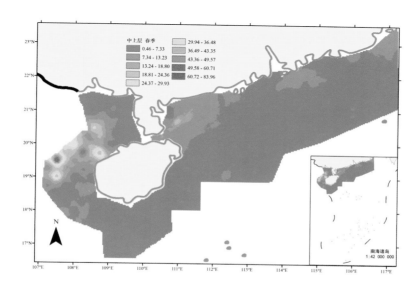

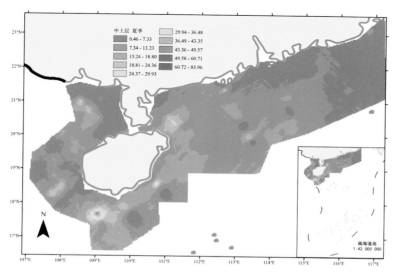

图5.39　中上层鱼类生物量密度季节分布

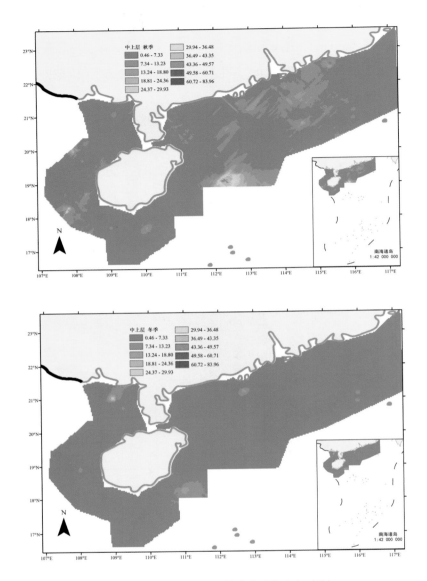

图5.39　中上层鱼类生物量密度季节分布（续）

中上层鱼类季节特征明显，夏季最为活跃，以琼南海域为聚群中心，向附近海域分散分布，春季时聚群在北部湾区域、粤西海域等 50 m 以内浅水区，秋冬季分布较分散，以粤西、珠江口海域为主要聚集区。

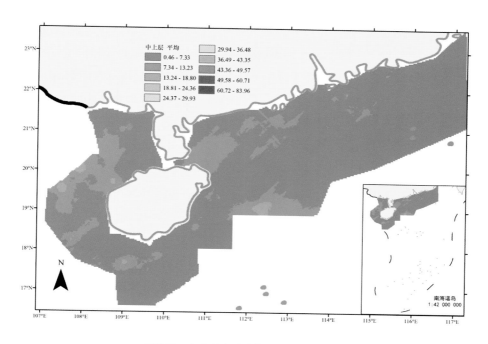

图5.40 中上层鱼类生物量密度平均分布

2.近底层鱼类时空分布特征

南海北部近海近底层鱼类以发光鲷类、大眼鲷类、二长棘犁齿鲷、蛇鲻类、白姑鱼类、金线鱼类等为主，另外包括棕腹刺鲀等其他评估种类。

近底层鱼类平均生物量密度为 13.532 4 t/n.mi²，平均生物量为 130.471 2 万 t，其分布较广泛，从近岸到陆架区均有较多分布（图 5.41）。

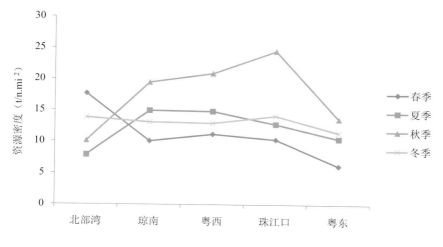

图5.41 近底层鱼类密度时空变化

春季生物量密度为 11.263 7 t/n.mi²，生物量为 108.597 2 万 t，主要集中分布在北部湾区域。

夏季生物量密度为 12.083 6 t/n.mi²，生物量为 116.502 2 万 t，主要集中分布于琼南海域。

秋季生物量密度为 17.702 0 t/n.mi²，生物量为 170.671 3 万 t，主要集中在粤西海域和珠江口海域。

冬季生物量密度为 13.080 5 t/n.mi²，生物量为 126.114 2 万 t，分散分布于各个海域（图 5.42 和图 5.43）。

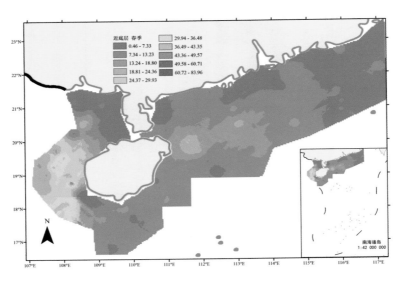

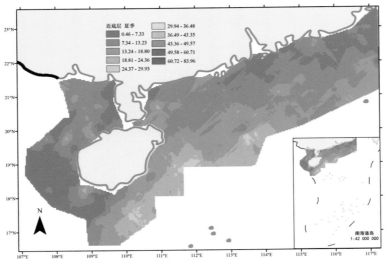

图5.42　近底层鱼类生物量密度季节分布

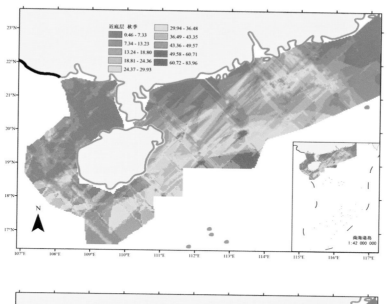

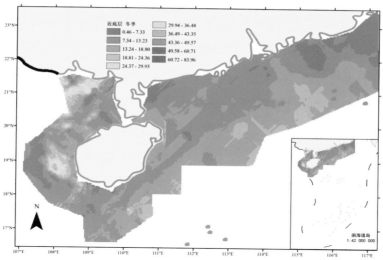

图5.42　近底层鱼类生物量密度季节分布（续）

　　近底层鱼类全时段分布较广泛，春季时在北部湾大规模聚群，夏季往东扩散分布，琼南海域密度最大，秋季时在粤西、珠江口进行大规模聚群，冬季分散分布。夏秋季多集中在陆架区海域，冬、春季集中在近岸、北部湾海域。

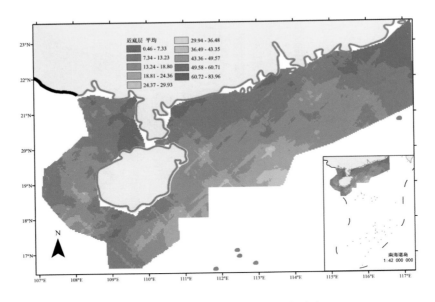

图5.43　近底层鱼类生物量密度平均分布

3. 头足类时空分布特征

头足类以剑尖枪乌贼、中国枪乌贼等为主，另外包括杜氏枪乌贼、田乡枪乌贼等。

头足类区域分布特征明显，自西向东逐渐增多，且主要集中分布于粤西、珠江口、粤东海域的 50 m 水深附近区域及 200 m 水深区域，北部湾海域部分时段分布较少。平均生物量密度为 9.238 0 t/n.mi^2，生物量为 89.067 3 万 t（图 5.44）。

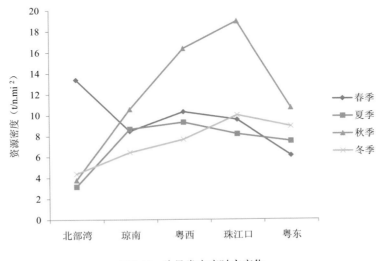

图5.44　头足类密度时空变化

春季生物量密度为 9.760 6 t/n.mi²，生物量为 94.105 4 万 t，主要集中分布于北部湾海域，并有较大极限密度，自西向东逐渐减少。

夏季生物量密度为 7.328 4 t/n.mi²，生物量为 70.655 6 万 t，集中分布于粤西海域为中心的附近海域。

秋季生物量密度为 12.345 7 t/n.mi²，生物量为 119.029 1 万 t，以珠江口海域 50 m 水深区域以及粤西海域 200 m 水深区域为中心形成大规模聚群，并有较大极限密度，向周围区域分散。

冬季生物量密度为 7.517 5 t/n.mi²，生物量为 72.479 0 万 t，主要集中分布于琼南海域、珠江口海域、粤东海域附近，且自西向东有逐渐增大的趋势（图 5.45 和图 5.46）。

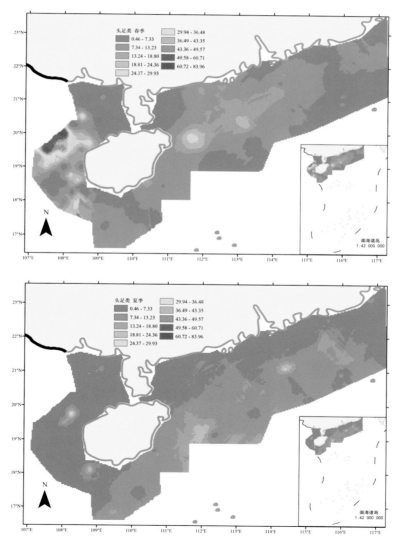

图5.45　头足类生物量密度季节分布

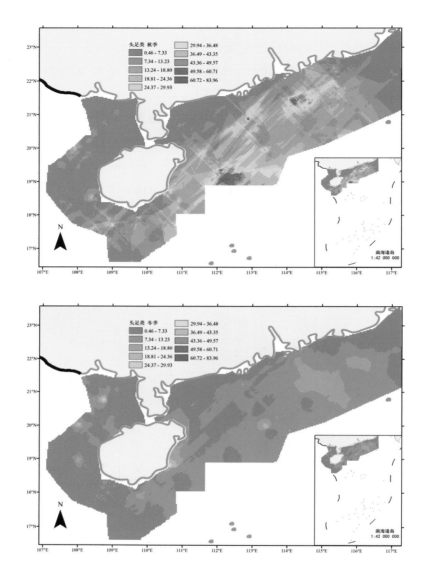

图5.45 头足类生物量密度季节分布（续）

头足类春季时集中分布在北部湾海域，且有较大极限密度，自西向东逐渐减少，夏季时在粤西海域有较大规模分布，秋季时主要集中分布于粤西、珠江口、粤东海域的 50 m 水深附近区域及 200 m 水深区域，冬季时自西向东资源密度逐渐增大。

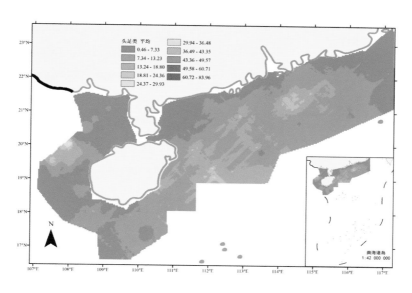

图5.46 头足类生物量密度平均分布

第三节 主要评估种类生物量密度分布

声学评估涉及的各主要评估种类的季节密度及资源量见表 5.2，各海域各季节的资源密度及资源量分别见表 5.3 至表 5.6。

春季平均密度最高的是剑尖枪乌贼、发光鲷类、中国枪乌贼、鲳鱼（>2 t/n.mi²），极限密度最大的是剑尖枪乌贼、中国枪乌贼、竹荚鱼、鲳鱼、发光鲷类、绯鲤类、二长棘犁齿鲷、白姑鱼类、蓝圆鲹（>10 t/n.mi²）；夏季平均密度最高的是鲳鱼、发光鲷类、竹荚鱼、中国枪乌贼、剑尖枪乌贼（>2 t/n.mi²），极限密度最大的是鲳鱼、二长棘犁齿鲷、发光鲷类、中国枪乌贼、竹荚鱼、剑尖枪乌贼、蓝圆鲹、绯鲤类（>10 t/n.mi²）；秋季平均密度最高的是发光鲷类、鲳鱼、中国枪乌贼、剑尖枪乌贼、绯鲤类（>2 t/n.mi²），极限密度最大的是马面鲀类、鲳鱼、中国枪乌贼、绯鲤类、发光鲷类、剑尖枪乌贼、二长棘犁齿鲷、竹荚鱼、蛇鲻类、金线鱼类（>10 t/n.mi²）；冬季平均密度最高的是发光鲷类、剑尖枪乌贼、绯鲤类、中国枪乌贼（>2 t/n.mi²），极限密度最大的是鲳鱼、剑尖枪乌贼、发光鲷类、中国枪乌贼、绯鲤类（>10 t/n.mi²）。以上种类中，平均密度和极限密度"双高"的，可能是较大规模的聚群，比如春季的发光鲷类、剑尖枪乌贼、中国枪乌贼、鲳鱼，夏季的鲳鱼、发光鲷类、竹荚鱼、中国枪乌贼、剑尖枪乌贼，秋季的鲳鱼、中国枪乌贼、剑尖枪乌贼、绯鲤类、发光鲷类，冬季的剑尖枪乌贼、发光鲷类、绯鲤类、中国枪乌贼（在标准线附近，不排除产卵可能性，但概率较小，或许只是聚群索饵，而不是产卵）；平均密度低而极限密度高的，可能是小规模聚群或者

表5.2 各季节的资源密度（t/n.mi²）及生物量（10⁴t）

编号	种类	春季					夏季					秋季					冬季				
		最小值	最大值	平均值	生物量	标准差	最小值	最大值	平均值	生物量	标准差	最小值	最大值	平均值	生物量	标准差	最小值	最大值	平均值	生物量	标准差
1	鲯鱼	0.02	2.35	0.20	1.96	0.32	0.01	4.93	0.20	1.89	0.24	0.00	0.42	0.07	0.70	0.05	0.01	2.31	0.19	1.82	0.22
2	鲳鱼	0.00	28.74	3.01	29.00	2.42	0.08	29.70	4.74	45.71	2.65	0.00	40.76	3.62	34.86	3.72	0.00	24.78	1.71	16.48	1.40
3	蓝圆鲹	0.00	14.72	0.64	6.19	1.06	0.00	11.81	1.66	15.99	1.36	0.00	5.47	0.40	3.87	0.54	0.00	2.51	0.13	1.23	0.16
4	竹荚鱼	0.00	30.01	1.73	16.71	2.29	0.00	13.31	2.99	28.83	1.92	0.00	13.51	0.28	2.66	0.51	0.00	9.00	0.64	6.14	0.58
5	带鱼	0.00	3.62	0.10	0.96	0.20	0.00	1.42	0.09	0.84	0.09	0.00	2.81	0.15	1.40	0.18	0.00	3.45	0.17	1.66	0.28
6	马面鲀类	0.00	5.09	0.36	3.44	0.56	0.00	7.87	1.06	10.19	1.26	0.00	48.96	1.11	10.70	2.91	0.00	1.31	0.19	1.85	0.22
7	白姑鱼类	0.00	15.59	0.18	1.76	0.66	0.00	3.08	0.13	1.27	0.21	0.00	5.71	0.13	1.25	0.24	0.00	9.10	0.24	2.34	0.63
8	蛇鲻鱼类	0.00	7.41	0.43	4.13	0.58	0.00	4.79	0.33	3.19	0.27	0.00	12.27	0.60	5.80	0.73	0.00	7.56	0.43	4.12	0.34
9	二长棘犁齿鲷	0.00	16.31	0.64	6.16	1.37	0.00	23.56	1.43	13.80	2.00	0.00	14.51	0.73	7.08	1.12	0.00	7.14	0.24	2.31	0.55
10	大眼鲷鲷类	0.00	0.67	0.05	0.46	0.06	0.00	3.88	0.25	2.41	0.27	0.00	6.38	0.48	4.67	0.56	0.00	2.27	0.05	0.44	0.07
11	金线鱼类	0.00	7.73	0.80	7.73	0.95	0.00	6.10	0.76	7.34	0.89	0.00	12.00	1.30	12.52	1.39	0.00	6.73	0.73	7.00	0.74
12	绯鲤类	0.00	17.11	1.31	12.66	1.54	0.00	11.66	1.17	11.28	1.08	0.00	34.07	2.09	20.12	2.64	0.00	11.83	2.12	20.45	2.11
13	篮子鱼类	0.00	2.77	0.05	0.44	0.11	0.00	6.51	0.08	0.79	0.23	0.00	2.08	0.05	0.46	0.10	0.00	0.38	0.01	0.12	0.02
14	沙丁鱼类	0.01	1.33	0.15	1.44	0.15	0.01	1.07	0.30	2.85	0.19	0.00	2.45	0.24	2.29	0.18	0.01	0.69	0.21	2.03	0.12
15	发光鲷类	0.22	26.97	3.30	31.86	3.15	0.03	19.81	4.51	43.52	2.99	0.04	32.06	4.27	41.20	3.55	0.12	12.35	3.48	33.58	1.82
16	剑尖枪乌贼	0.00	58.87	3.94	37.97	3.94	0.00	12.72	2.42	23.32	2.04	0.00	30.47	3.20	30.81	3.01	0.00	18.48	2.86	27.57	1.94
17	中国枪乌贼	0.00	45.75	3.14	30.27	2.65	0.00	19.93	2.44	23.48	1.80	0.00	34.71	3.27	31.56	3.30	0.00	12.22	2.06	19.86	1.68
18	其他头足类	0.02	23.39	2.68	25.86	2.12	0.02	17.47	2.47	23.86	1.52	0.03	58.42	5.88	56.66	6.09	0.04	22.67	2.60	25.05	1.81
19	其他评估种类	0.00	32.36	4.05	39.00	3.26	0.00	19.30	2.27	21.88	3.48	0.00	40.51	6.79	65.47	5.82	0.00	28.24	5.42	52.24	3.17
	合计			26.76	258.00				29.29	282.42				34.65	334.09				23.47	226.30	

表5.3　各区域不同季节主要评估种类的资源密度（t/n.mi²）

编号	种类	北部湾					琼南海域					粤西海域					珠江口海域					粤东海域				
		春季	夏季	秋季	冬季	平均	春季	夏季	秋季	冬季	平均	春季	夏季	秋季	冬季	平均	春季	夏季	秋季	冬季	平均	春季	夏季	秋季	冬季	平均
1	鲐鱼	0.60	0.37	0.06	0.32	0.34	0.23	0.38	0.06	0.16	0.21	0.10	0.10	0.09	0.19	0.12	0.06	0.06	0.08	0.14	0.09	0.05	0.16	0.07	0.12	0.10
2	鲬鱼	4.94	4.39	1.99	1.66	3.25	1.46	7.48	2.29	1.60	3.21	3.46	5.35	5.21	2.05	4.02	1.91	4.24	5.03	1.00	3.04	2.35	3.15	2.61	2.08	2.55
3	蓝圆鲹	1.38	0.75	0.35	0.04	0.63	0.20	1.89	0.04	0.27	0.60	0.56	2.75	0.32	0.16	0.95	0.65	1.99	0.93	0.16	0.93	0.23	0.69	0.25	0.06	0.31
4	竹荚鱼	3.29	2.98	0.48	0.21	1.74	0.46	4.41	0.17	0.37	1.35	1.83	3.44	0.31	0.99	1.64	1.11	2.76	0.22	0.77	1.22	1.33	1.76	0.13	0.65	0.97
5	带鱼	0.27	0.12	0.03	0.06	0.12	0.05	0.07	0.05	0.17	0.09	0.07	0.09	0.22	0.41	0.20	0.03	0.04	0.16	0.08	0.08	0.05	0.11	0.20	0.08	0.11
6	马面鲀类	0.01	0.01	0.00	0.01	0.01	0.91	1.76	0.11	0.15	0.74	0.45	1.72	1.26	0.32	0.94	0.58	1.62	3.58	0.32	1.52	0.05	0.29	0.24	0.11	0.17
7	白姑鱼类	0.49	0.26	0.27	0.76	0.44	0.02	0.09	0.04	0.06	0.05	0.14	0.17	0.14	0.08	0.13	0.14	0.07	0.09	0.11	0.10	0.05	0.03	0.07	0.16	0.08
8	蛇鲻类	0.83	0.25	0.30	0.33	0.43	0.42	0.20	0.09	0.34	0.26	0.45	0.41	0.50	0.47	0.46	0.26	0.39	1.22	0.48	0.59	0.15	0.34	0.76	0.48	0.43
9	二长棘犁齿鲷	2.06	3.51	1.49	0.87	1.98	0.05	1.03	0.89	0.15	0.53	0.23	0.52	0.41	0.05	0.30	0.19	0.99	0.76	0.06	0.50	0.47	1.11	0.24	0.05	0.47
10	大眼鲷类	0.05	0.00	0.09	0.02	0.04	0.05	0.08	0.23	0.08	0.11	0.04	0.41	0.72	0.06	0.31	0.07	0.37	0.91	0.04	0.35	0.03	0.29	0.33	0.03	0.17
11	金线鱼类	0.48	0.17	0.18	0.23	0.26	0.12	0.11	0.45	0.20	0.22	1.26	0.97	1.40	1.20	1.21	1.38	1.60	2.58	1.15	1.68	0.38	0.68	1.60	0.51	0.79
12	绯鲤类	0.53	0.38	0.56	0.33	0.45	0.46	1.13	1.35	1.08	1.01	2.35	1.33	3.13	2.11	2.23	1.60	1.83	3.24	3.91	2.64	0.99	1.17	1.61	2.91	1.67
13	篮子鱼类	0.08	0.24	0.08	0.03	0.11	0.01	0.01	0.00	0.01	0.01	0.01	0.03	0.08	0.01	0.04	0.09	0.07	0.03	0.00	0.05	0.01	0.04	0.02	0.00	0.02
14	沙丁鱼类	0.28	0.07	0.12	0.06	0.13	0.14	0.16	0.26	0.19	0.19	0.11	0.34	0.28	0.25	0.24	0.09	0.52	0.35	0.23	0.30	0.13	0.33	0.19	0.31	0.24
15	发光鲷类	6.06	2.83	3.95	3.24	4.02	3.48	7.02	7.55	4.84	5.72	3.33	7.25	5.96	3.91	5.11	2.29	3.09	2.99	2.70	2.77	1.21	2.53	1.63	3.12	2.12
16	剑头乌贼类	5.83	0.69	1.41	1.33	2.32	4.78	2.76	4.00	3.20	3.69	4.14	3.76	2.77	2.70	3.34	2.78	2.77	5.03	3.87	3.61	2.28	1.91	3.37	3.49	2.76
17	中国枪乌贼	3.75	1.04	0.80	0.44	1.51	2.14	2.04	2.19	1.72	2.02	3.12	2.80	4.32	1.76	3.00	3.84	3.25	5.08	2.89	3.77	2.43	2.87	3.37	3.59	3.07
18	其他头足类	3.81	1.42	1.56	2.60	2.35	1.54	3.87	4.37	1.51	2.82	3.07	2.76	9.27	3.20	4.58	2.93	2.16	8.80	3.22	4.28	1.39	2.70	3.93	1.81	2.46
19	其他评估种类	6.80	0.12	3.15	7.94	4.50	4.46	3.44	8.68	6.00	5.65	2.83	1.93	7.08	4.30	4.04	3.69	2.71	8.97	5.27	5.16	2.80	3.88	6.95	3.99	4.40
	合计	41.54	19.59	16.88	20.49	24.62	20.98	37.93	32.85	22.09	28.46	27.55	36.11	43.47	24.22	32.84	23.70	30.54	50.05	26.41	32.68	16.37	24.04	27.56	23.55	22.88

表5.4　各区域不同季节主要评估种类的生物量（10⁴t）

编号	种类	北部湾（20 855.27 n.mi²）					琼南海域（11 675.81 n.mi²）					粤西海域（25 714.24 n.mi²）					珠江口海域（19 054.27 n.mi²）					粤东海域（19 113.99 n.mi²）				
		春季	夏季	秋季	冬季	平均	春季	夏季	秋季	冬季	平均	春季	夏季	秋季	冬季	平均	春季	夏季	秋季	冬季	平均	春季	夏季	秋季	冬季	平均
1	鲐鱼	1.26	0.77	0.12	0.67	0.70	0.26	0.45	0.07	0.19	0.24	0.24	0.25	0.23	0.48	0.30	0.12	0.12	0.15	0.27	0.16	0.09	0.31	0.13	0.23	0.19
2	鲯鱼	10.31	9.16	4.15	3.46	6.77	1.70	8.73	2.68	1.87	3.75	8.90	13.75	13.39	5.27	10.33	3.64	8.07	9.59	1.90	5.80	4.50	6.03	4.98	3.98	4.87
3	蓝圆鲹	2.88	1.57	0.73	0.08	1.31	0.23	2.21	0.05	0.31	0.70	1.44	7.08	0.83	0.41	2.44	1.24	3.79	1.77	0.31	1.78	0.43	1.32	0.48	0.11	0.59
4	竹䇲鱼	6.86	6.21	1.00	0.44	3.63	0.53	5.15	0.20	0.43	1.58	4.71	8.84	0.80	2.54	4.22	2.11	5.26	0.42	1.47	2.32	2.54	3.37	0.24	1.24	1.85
5	带鱼	0.56	0.24	0.07	0.12	0.25	0.06	0.08	0.06	0.20	0.10	0.18	0.24	0.57	1.04	0.51	0.06	0.08	0.31	0.15	0.15	0.10	0.21	0.38	0.14	0.21
6	马面鲀类	0.01	0.03	0.00	0.03	0.02	1.07	2.06	0.13	0.18	0.86	1.15	4.42	3.23	0.83	2.41	1.11	3.08	6.82	0.61	2.91	0.09	0.56	0.46	0.20	0.33
7	白姑鱼类	1.01	0.53	0.56	1.58	0.92	0.03	0.11	0.05	0.07	0.06	0.36	0.43	0.35	0.20	0.34	0.26	0.14	0.17	0.20	0.19	0.10	0.06	0.13	0.30	0.15
8	蛇鲻类	1.73	0.52	0.62	0.68	0.89	0.49	0.23	0.10	0.40	0.30	1.15	1.04	1.29	1.22	1.17	0.50	0.75	2.33	0.91	1.12	0.28	0.65	1.45	0.91	0.82
9	二长棘犁齿鲷	4.29	7.31	3.10	1.82	4.13	0.06	1.20	1.04	0.17	0.62	0.59	1.33	1.05	0.12	0.77	0.36	1.89	1.44	0.11	0.95	0.89	2.12	0.46	0.09	0.89
10	大眼鲷类	0.11	0.01	0.19	0.05	0.09	0.26	0.26	0.26	0.09	0.13	0.10	1.06	1.85	0.17	0.79	0.13	0.70	1.73	0.07	0.66	0.05	0.55	0.62	0.07	0.32
11	金线鱼类	1.01	0.35	0.37	0.48	0.55	0.14	0.12	0.52	0.24	0.26	3.23	2.51	3.61	3.09	3.11	2.62	3.04	4.91	2.19	3.19	0.72	1.29	3.06	0.98	1.51
12	绯鲤类	1.11	0.80	1.18	0.68	0.94	0.54	1.32	1.58	1.26	1.17	6.05	3.42	8.06	5.42	5.74	3.05	3.48	6.17	7.45	5.04	1.90	2.23	3.08	5.56	3.19
13	篮子鱼类	0.16	0.50	0.18	0.07	0.23	0.02	0.01	0.00	0.01	0.01	0.08	0.07	0.20	0.03	0.09	0.17	0.14	0.06	0.01	0.09	0.02	0.07	0.03	0.00	0.03
14	沙丁鱼类	0.58	0.15	0.25	0.13	0.28	0.16	0.18	0.31	0.23	0.22	0.28	0.88	0.71	0.64	0.63	0.18	1.00	0.66	0.44	0.57	0.25	0.63	0.37	0.59	0.46
15	发光鲷类	12.63	5.89	8.25	6.75	8.38	4.06	8.20	8.82	5.65	6.68	8.56	18.64	15.33	10.07	13.15	4.36	5.89	5.70	5.15	5.28	2.30	4.84	3.11	5.96	4.05
16	剑尖枪乌贼	12.16	1.45	2.93	2.78	4.83	5.58	3.23	4.67	3.74	4.31	10.63	9.66	7.12	6.95	8.59	5.30	5.28	9.59	7.37	6.89	4.36	3.64	6.45	6.68	5.28
17	中国枪乌贼	7.82	2.16	1.68	0.91	3.14	2.50	2.38	2.56	2.01	2.36	8.01	7.20	11.11	4.52	7.71	7.32	6.18	9.69	5.51	7.17	4.65	5.49	6.45	6.87	5.87
18	其他头足类	7.95	2.97	3.26	5.43	4.90	1.80	4.51	5.11	1.76	3.30	7.89	7.09	23.84	8.24	11.77	5.59	4.11	16.76	6.14	8.15	2.65	5.16	7.52	3.47	4.70
19	其他评估种类	14.18	0.25	6.58	16.56	9.39	5.21	4.01	10.13	7.00	6.59	7.28	4.95	18.22	11.07	10.38	7.04	5.17	17.09	10.04	9.83	5.35	7.41	13.29	7.62	8.42
	合计	86.63	40.86	35.21	42.72	51.35	24.50	44.28	38.35	25.79	33.23	70.83	92.86	111.77	62.29	84.44	45.16	58.19	95.37	50.33	62.26	31.29	45.94	52.69	45.01	43.73

表5.5　各季节不同区域主要评估种类的资源密度（t/n.mi²）

编号	种类	春季 北部湾	春季 琼南	春季 粤西	春季 珠江口	春季 粤东	夏季 北部湾	夏季 琼南	夏季 粤西	夏季 珠江口	夏季 粤东	秋季 北部湾	秋季 琼南	秋季 粤西	秋季 珠江口	秋季 粤东	冬季 北部湾	冬季 琼南	冬季 粤西	冬季 珠江口	冬季 粤东	平均 北部湾	平均 琼南	平均 粤西	平均 珠江口	平均 粤东
1	鲐鱼	0.60	0.23	0.10	0.06	0.05	0.37	0.38	0.10	0.06	0.16	0.06	0.06	0.09	0.08	0.07	0.32	0.16	0.19	0.14	0.12	0.34	0.21	0.12	0.09	0.10
2	鲳鱼	4.94	1.46	3.46	1.91	2.35	4.39	7.48	5.35	4.24	3.15	1.99	2.29	5.21	5.03	2.61	1.66	1.60	2.05	1.00	2.08	3.25	3.21	4.02	3.04	2.55
3	蓝圆鲹	1.38	0.20	0.56	0.65	0.23	0.75	1.89	2.75	1.99	0.69	0.35	0.04	0.32	0.93	0.25	0.04	0.27	0.16	0.16	0.06	0.63	0.60	0.95	0.93	0.31
4	竹荚鱼	3.29	0.46	1.83	1.11	1.33	2.98	4.41	3.44	2.76	1.76	0.48	0.17	0.31	0.22	0.13	0.21	0.37	0.99	0.77	0.65	1.74	1.35	1.64	1.22	0.97
5	带鱼	0.27	0.05	0.07	0.03	0.05	0.12	0.07	0.09	0.04	0.11	0.03	0.05	0.22	0.16	0.20	0.06	0.17	0.41	0.08	0.08	0.12	0.09	0.20	0.08	0.11
6	马面鲀类	0.01	0.91	0.45	0.58	0.05	0.01	1.76	1.72	1.62	0.29	0.00	0.11	1.26	3.58	0.24	0.01	0.15	0.32	0.32	0.11	0.01	0.74	0.94	1.52	0.17
7	白姑鱼类	0.49	0.02	0.14	0.14	0.05	0.26	0.09	0.17	0.07	0.05	0.27	0.04	0.14	0.09	0.07	0.76	0.06	0.08	0.11	0.16	0.44	0.05	0.13	0.10	0.08
8	蛇鲻类	0.83	0.42	0.45	0.26	0.15	0.25	0.20	0.41	0.39	0.34	0.30	0.09	0.50	1.22	0.76	0.33	0.34	0.47	0.48	0.48	0.43	0.26	0.46	0.59	0.43
9	二长棘犁齿鲷	2.06	0.05	0.23	0.19	0.47	3.51	1.03	0.52	0.99	1.11	1.49	0.89	0.41	0.76	0.24	0.87	0.15	0.05	0.06	0.05	1.98	0.53	0.30	0.50	0.47
10	大眼鲷类	0.05	0.05	0.04	0.07	0.03	0.00	0.08	0.41	0.37	0.29	0.09	0.23	0.72	0.91	0.33	0.02	0.08	0.06	0.04	0.03	0.04	0.11	0.31	0.35	0.17
11	金线鱼类	0.48	0.12	1.26	1.38	0.38	0.17	0.11	0.97	1.60	0.68	0.18	0.45	1.40	2.58	1.60	0.23	0.20	1.20	1.15	0.51	0.26	0.22	1.21	1.68	0.79
12	绯鲤类	0.53	0.46	2.35	1.60	0.99	0.69	1.13	1.33	1.83	1.17	0.56	1.35	3.13	3.24	1.61	0.33	1.08	2.11	3.91	2.91	0.45	1.01	2.23	2.64	1.67
13	蓝子鱼类	0.08	0.01	0.03	0.09	0.01	0.24	0.01	0.03	0.09	0.04	0.08	0.00	0.00	0.03	0.05	0.03	0.00	0.05	0.00	0.05	0.11	0.00	0.04	0.05	0.02
14	沙丁鱼类	0.28	0.14	0.11	0.09	0.13	0.07	0.16	0.34	0.52	0.33	0.12	0.26	0.28	0.35	0.19	0.06	0.19	0.25	0.23	0.31	0.13	0.19	0.24	0.30	0.24
15	发光鱿类	6.06	3.48	3.33	2.29	1.21	2.83	7.02	7.25	3.09	2.53	3.95	7.55	5.96	2.99	1.63	3.24	4.84	3.91	2.70	3.12	4.02	5.72	5.11	2.77	2.12
16	剑尖枪乌贼	5.83	4.78	4.14	2.78	2.28	0.69	2.76	3.76	2.77	1.91	1.41	4.00	2.77	5.03	3.37	1.33	3.20	2.70	3.87	3.49	2.32	3.69	3.34	3.61	2.76
17	中国枪乌贼	3.75	2.14	3.12	3.84	2.43	1.04	2.04	2.80	3.25	2.87	0.80	2.19	4.32	5.08	3.59	0.44	1.72	1.76	2.89	3.59	1.51	2.02	3.00	3.77	3.07
18	其他头足类	3.81	1.54	3.07	2.93	1.39	1.42	3.87	2.76	2.16	2.70	1.56	4.37	9.27	8.80	3.93	2.60	1.51	3.20	3.22	1.81	2.35	2.82	4.58	4.28	2.46
19	其他评估种类	6.80	4.46	2.83	3.69	2.80	0.12	3.44	1.93	2.71	3.88	3.15	8.68	7.08	8.97	6.95	7.94	6.00	4.30	5.27	3.99	4.50	5.65	4.04	5.16	4.40
	合计	41.54	20.98	27.55	23.70	16.37	19.59	37.93	36.11	30.54	24.04	16.88	32.85	43.47	50.05	27.56	20.49	22.09	24.22	26.41	23.55	24.62	28.46	32.84	32.68	22.88

表5.6 各季节不同区域主要评估种类的生物量（10⁴t）

编号	种类	春季 北部湾	春季 琼南	春季 粤西	春季 珠江口	春季 粤东	夏季 北部湾	夏季 琼南	夏季 粤西	夏季 珠江口	夏季 粤东	秋季 北部湾	秋季 琼南	秋季 粤西	秋季 珠江口	秋季 粤东	冬季 北部湾	冬季 琼南	冬季 粤西	冬季 珠江口	冬季 粤东	平均 北部湾	平均 琼南	平均 粤西	平均 珠江口	平均 粤东
1	鲐鱼	1.26	0.26	0.24	0.12	0.09	0.77	0.45	0.25	0.12	0.31	0.12	0.07	0.23	0.15	0.13	0.67	0.19	0.48	0.27	0.23	0.70	0.24	0.30	0.16	0.19
2	鲳鱼	10.31	1.70	8.90	3.64	4.50	9.16	8.73	13.75	8.07	6.03	4.15	2.68	13.39	9.59	4.98	3.46	1.87	5.27	1.90	3.98	6.77	3.75	10.33	5.80	4.87
3	蓝圆	2.88	0.23	1.44	1.24	0.43	1.57	2.21	7.08	3.79	1.32	0.73	0.05	0.83	1.77	0.48	0.08	0.31	0.41	0.31	0.11	1.31	0.70	2.44	1.78	0.59
4	竹荚鱼	6.86	0.53	4.71	2.11	2.54	6.21	5.15	8.84	5.26	3.37	1.00	0.20	0.80	0.42	0.24	0.44	0.43	2.54	1.47	1.24	3.63	1.58	4.22	2.32	1.85
5	带鱼	0.56	0.06	0.18	0.06	0.10	0.24	0.08	0.24	0.08	0.21	0.07	0.06	0.57	0.31	0.38	0.12	0.20	1.04	0.15	0.14	0.25	0.10	0.51	0.15	0.21
6	弓面鲀类	0.01	1.07	1.15	1.11	0.09	0.03	2.06	4.42	3.08	0.56	0.00	0.13	3.23	6.82	0.46	0.03	0.18	0.83	0.61	0.20	0.02	0.86	2.41	2.91	0.33
7	白姑鱼类	1.01	0.03	0.36	0.26	0.10	0.53	0.11	0.43	0.14	0.06	0.56	0.05	0.35	0.17	0.13	1.58	0.07	0.20	0.20	0.30	0.92	0.06	0.34	0.19	0.15
8	蛇鲻类	1.73	0.49	1.15	0.50	0.28	0.52	0.23	1.04	0.75	0.65	0.62	0.10	1.29	2.33	1.45	0.68	0.40	1.22	0.91	0.91	0.89	0.30	1.17	1.12	0.82
9	二长棘犁齿鲷	4.29	0.06	0.59	0.36	0.89	7.31	1.20	1.33	1.89	2.12	3.10	1.04	1.05	1.44	0.46	1.82	0.17	0.12	0.11	0.09	4.13	0.62	0.77	0.95	0.89
10	大眼鲷类	0.11	0.06	0.10	0.13	0.05	0.01	0.09	1.06	0.70	0.55	0.19	0.26	1.85	1.73	0.62	0.05	0.09	0.17	0.07	0.07	0.09	0.13	0.79	0.66	0.32
11	金线鱼类	1.01	0.14	3.23	2.62	0.72	0.35	0.12	2.51	3.04	1.29	0.37	0.52	3.61	4.91	3.06	0.48	0.24	3.09	2.19	0.98	0.55	0.26	3.11	3.19	1.51
12	绯鲤类	1.11	0.54	6.05	3.05	1.90	0.80	1.32	3.42	3.48	2.23	1.18	1.58	8.06	6.17	3.08	0.68	1.26	5.42	7.45	5.56	0.94	1.17	5.74	5.04	3.19
13	篮子鱼类	0.16	0.02	0.08	0.17	0.02	0.50	0.01	0.07	0.14	0.07	0.18	0.00	0.20	0.06	0.03	0.07	0.01	0.03	0.01	0.00	0.23	0.01	0.09	0.09	0.03
14	沙丁鱼类	0.58	0.16	0.28	0.18	0.25	0.15	0.18	0.88	1.00	0.63	0.25	0.31	0.71	0.66	0.37	0.13	0.23	0.64	0.44	0.59	0.28	0.22	0.63	0.57	0.46
15	发光鲷类	12.63	4.06	8.56	4.36	2.30	5.89	8.20	18.64	5.89	4.84	8.25	8.82	15.33	5.70	3.11	6.75	5.65	10.07	5.15	5.96	8.38	6.68	13.15	5.28	4.05
16	剑尖枪乌贼	12.16	5.58	10.63	5.30	4.36	1.45	3.23	9.66	5.28	3.64	2.93	4.67	7.12	9.59	6.45	2.78	3.74	6.95	7.37	6.68	4.83	4.31	8.59	6.89	5.28
17	中国枪乌贼	7.82	2.50	8.01	7.32	4.65	2.16	2.38	7.20	6.18	5.49	1.68	2.56	11.11	9.69	6.45	0.91	2.01	4.52	5.51	6.87	3.14	2.36	7.71	7.17	5.87
18	其他头足类	7.95	1.80	7.89	5.59	2.65	2.97	4.51	7.09	4.11	5.16	3.26	5.11	23.84	16.76	7.52	5.43	1.76	8.24	6.14	3.47	4.90	3.30	11.77	8.15	4.70
19	其他评估种类	14.18	5.21	7.28	7.04	5.35	0.25	4.01	4.95	5.17	7.41	6.58	10.13	18.22	17.09	13.29	16.56	7.00	11.07	10.04	7.62	9.39	6.59	10.38	9.83	8.42
	合计	86.63	24.5	70.8	45.2	31.3	40.9	44.3	92.9	58.2	45.9	35.2	38.3	111.8	95.4	52.7	42.7	25.8	62.3	50.3	45.0	51.4	33.2	84.4	62.3	43.7

是因为该种类资源较少，如春季的竹荚鱼、绯鲤类、二长棘犁齿鲷、白姑鱼类、蓝圆鲹，夏季的二长棘犁齿鲷、蓝圆鲹、绯鲤类，秋季的马面鲀类、二长棘犁齿鲷、竹荚鱼、蛇鲻类、金线鱼类，冬季的鲳鱼（图5.47和图5.48）。

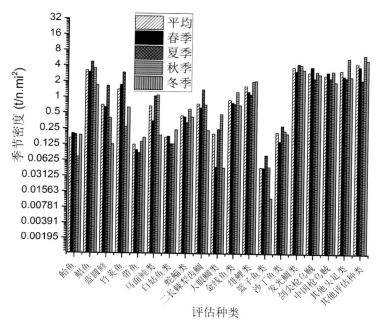

图5.47 各主要评估种类的季节密度变化

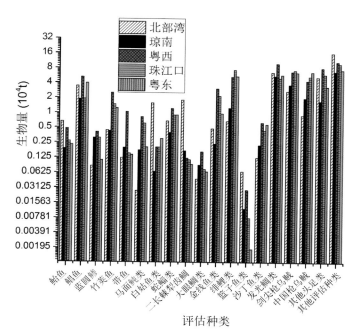

图5.48 各主要评估种类的季节生物量变化

一、鲐鱼

鲐鱼平均生物量密度为 0.165 1 t/n.mi²，平均生物量为 1.591 9 万 t，主要集中分布于北部湾 S4、S14 等中部海域，其余海域分布较少（图 5.49）。

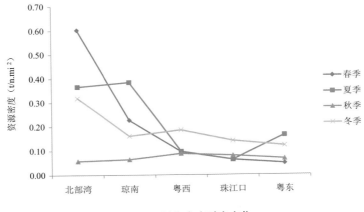

图5.49　鲐鱼密度时空变化

春季生物量密度为 0.203 6 t/n.mi²，生物量为 1.963 3 万 t，主要集中分布于北部湾海域，其余近岸海域分布稀少（图 5.50 和图 5.51）。

夏季生物量密度为 0.195 8 t/n.mi²，生物量为 1.887 3 万 t，琼南海域、北部湾海域较多，其余区域分散分布。

秋季生物量密度为 0.072 2 t/n.mi²，生物量为 0.696 2 万 t，分散分布为主。

冬季生物量密度为 0.188 8 t/n.mi²，生物量为 1.820 7 万 t，主要集中分布于北部湾海域，自西向东逐渐减少。

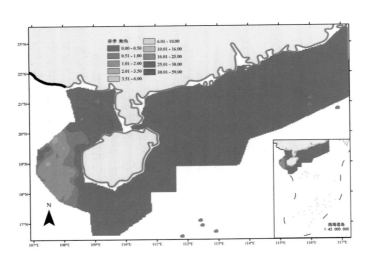

图5.50　鲐鱼生物量密度季节分布

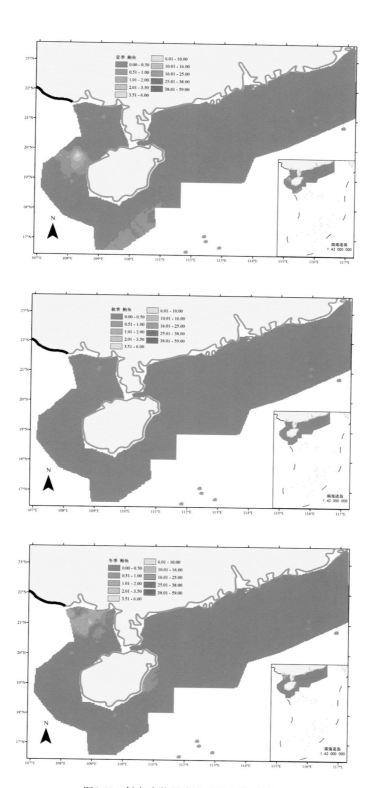

图5.50 鲐鱼生物量密度季节分布（续）

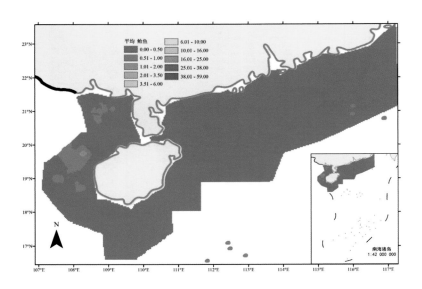

图5.51　鲐鱼生物量密度平均分布

鲐鱼以北部湾海域为全时段主要集中分布区，其他海域分布较少。其中，冬季、春季为其主要聚群季节。

二、鲳鱼类

鲳鱼平均生物量密度为 3.268 5 t/n.mi^2，平均生物量为 31.512 6 万 t，其分布较广泛，最大极限密度出现于粤西海域 180 ~ 200 m 范围（图 5.52）。

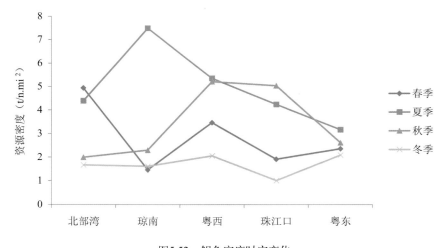

图5.52　鲳鱼密度时空变化

春季生物量密度为 3.007 4 t/n.mi^2，生物量为 28.995 8 万 t，主要集中分布在北部湾区域（图 5.53 和图 5.54）。

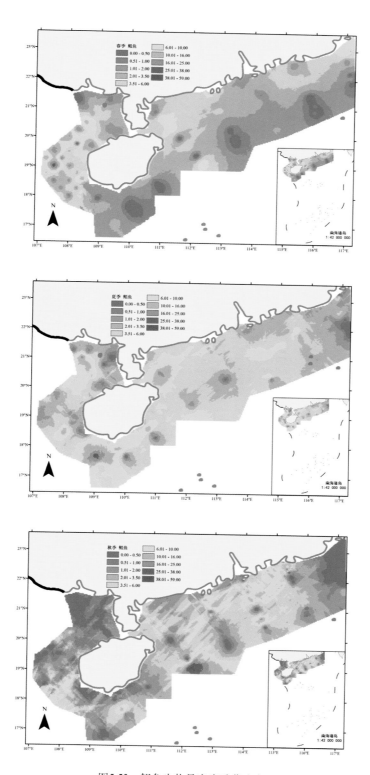

图5.53　鲳鱼生物量密度季节分布

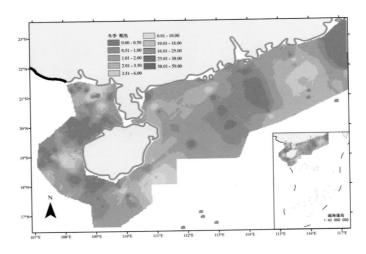

图5.53　鲳鱼生物量密度季节分布（续）

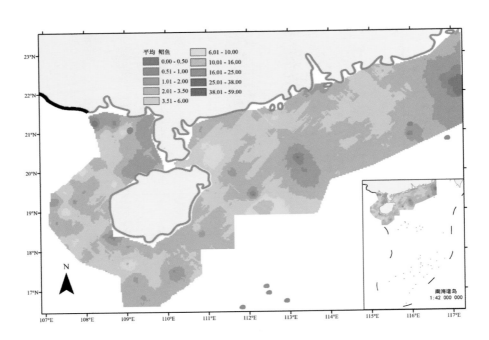

图5.54　鲳鱼生物量密度平均分布

　　夏季生物量密度为 4.740 6 t/n.mi^2，生物量为 45.705 6 万 t，主要集中分布于琼南海域。

　　秋季生物量密度为 3.616 1 t/n.mi^2，生物量为 34.864 5 万 t，主要集中于粤西海域和珠江口海域。

冬季生物量密度为 1.709 8 t/n.mi²，生物量为 16.484 6 万 t，分散分布于各个海域。

鲳鱼全时段分布较广泛，春季时在北部湾大规模聚群，夏季时琼南海域密度最大，秋季时在粤西海域、珠江口进行大规模聚群，冬季分散分布。

三、蓝圆鲹

蓝圆鲹平均生物量密度为 0.707 4 t/n.mi²，平均生物量为 6.820 7 万 t，主要集中分布于粤西海域、珠江口海域（图 5.55）。

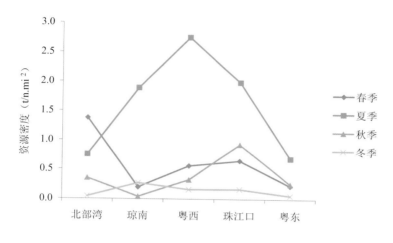

图5.55　蓝圆鲹密度时空变化

春季生物量密度为 0.642 3 t/n.mi²，生物量为 6.192 7 万 t，主要集中分布在北部湾海域，并有较大的极限密度（图 5.56 和图 5.57）。

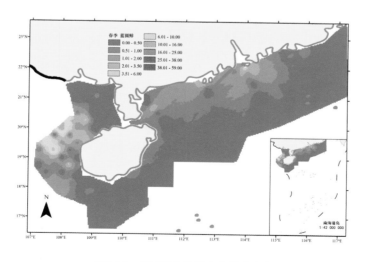

图5.56　蓝圆鲹生物量密度季节分布

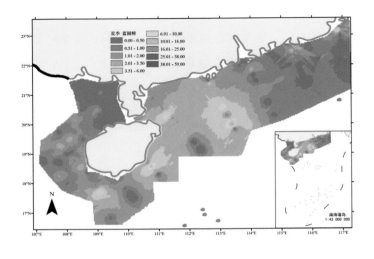

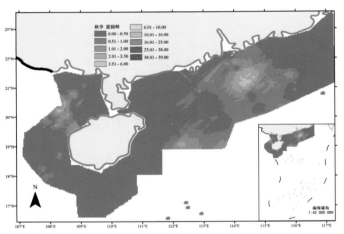

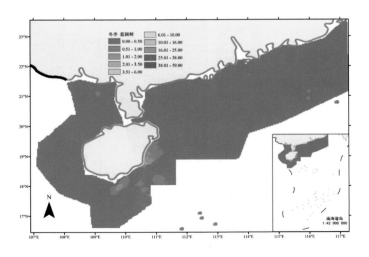

图5.56　蓝圆鲹生物量密度季节分布（续）

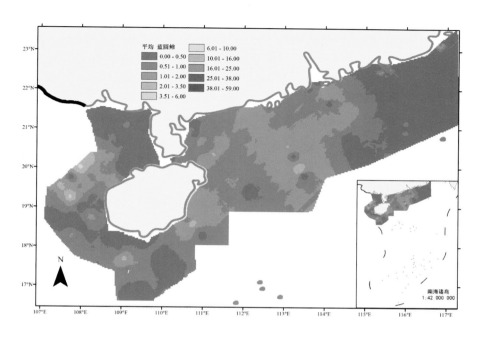

图5.57　蓝圆鲹生物量密度平均分布

夏季生物量密度为 1.658 5 t/n.mi²，生物量为 15.990 4 万 t，以粤西海域为中心，向周边海域减少，且有大范围聚群。

秋季生物量密度为 0.401 6 t/n.mi²，生物量为 3.871 9 万 t，主要集中在珠江口海域。

冬季生物量密度为 0.127 3 t/n.mi²，生物量为 1.227 8 万 t，分散分布为主。

蓝圆鲹在夏季时最为活跃，并以粤西海域为中心出现大规模聚群，春季时在北部湾有小规模聚群。

四、竹䇲鱼

竹䇲鱼平均生物量密度为 1.409 0 t/n.mi²，平均生物量为 13.584 6 万 t，分布较广泛，其中在部分海域有显著聚群现象，如北部湾海域、粤西海域等（图 5.58）。

春季生物量密度为 1.732 9 t/n.mi²，生物量为 16.707 9 万 t，北部湾海域有聚群，且有较大的极限密度（图 5.59 和图 5.60）。

夏季生物量密度为 2.990 1 t/n.mi²，生物量为 28.828 3 万 t，以琼南海域为聚群中心，周边依次减少，整体分布较多。

秋季生物量密度为 0.275 9 t/n.mi²，生物量为 2.660 1 万 t，分布较分散，北部湾海域相对较多。

冬季生物量密度为 0.637 0 t/n.mi², 生物量为 6.141 9 万 t, 主要集中分布于琼南海域的 B6, 粤西海域的 E6, 珠江口海域的 F9。

竹荚鱼总体分布较广泛, 北部湾海域的春夏季都有较大的资源密度, 有聚群现象, 夏季为竹荚鱼最活跃的季节, 以琼南海域分布最多, 秋冬季似乎比较分散。

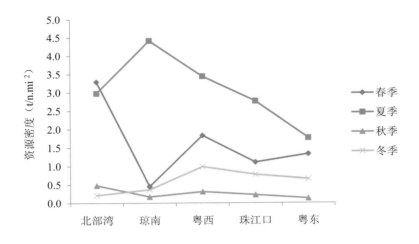

图5.58　竹荚鱼密度时空变化

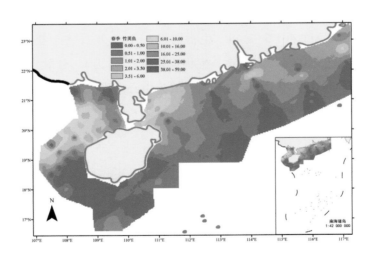

图5.59　竹荚鱼生物量密度季节分布

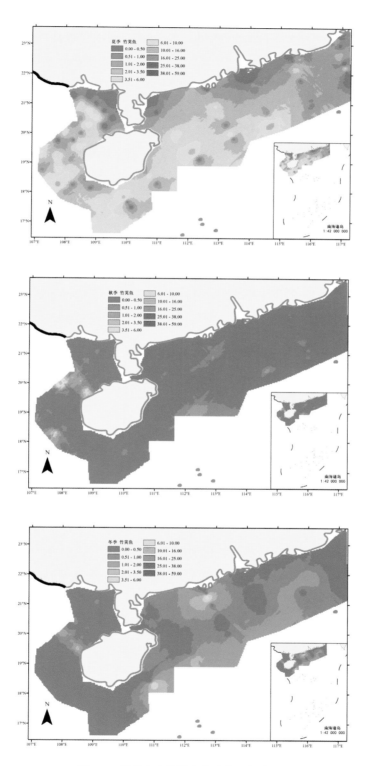

图5.59　竹荚鱼生物量密度季节分布（续）

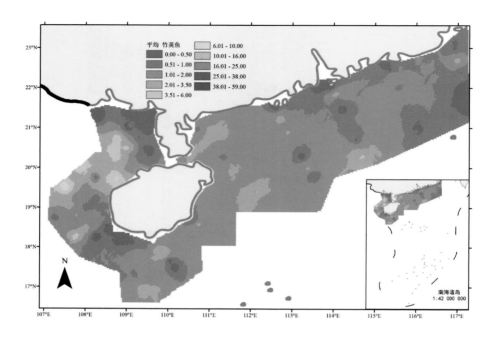

图5.60　竹荚鱼生物量密度平均分布

五、带鱼类

带鱼平均生物量密度为 0.126 0 t/n.mi²，平均生物量为 1.215 0 万 t，分布较少，在粤西海域有少量聚群现象（图 5.61）。

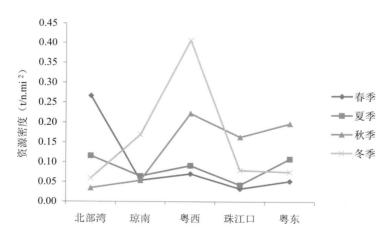

图5.61　带鱼密度时空变化

春季生物量密度为 0.099 3 t/n.mi²，生物量为 0.957 3 万 t，主要集中分布在北部湾海域，其余海域分布较少（图 5.62 和图 5.63）。

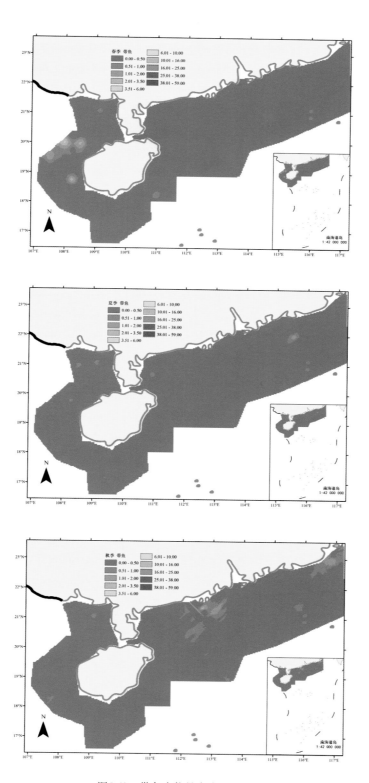

图5.62　带鱼生物量密度季节分布

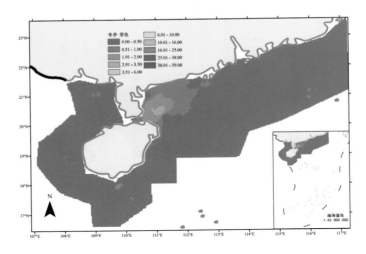

图5.62　带鱼生物量密度季节分布（续）

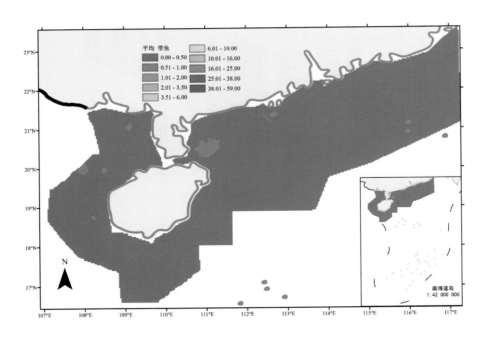

图5.63　带鱼生物量密度平均分布

夏季生物量密度为 0.087 1 t/n.mi^2，生物量为 0.840 2 万 t，分散分布于各个海域，数量较少。

秋季生物量密度为 0.145 2 t/n.mi^2，生物量为 1.399 9 万 t，在粤西海域、珠江口海域、粤东海域有聚群。

冬季生物量密度为 0.172 4 t/n.mi²，生物量为 1.662 7 万 t，在粤西海域有聚群，且极限密度相对较大。

带鱼在春季时北部湾海域有聚群，秋、冬季时在粤西海域附近出现较大规模聚群，夏季分布较分散。

六、马面鲀类

马面鲀类平均生物量密度为 0.678 7 t/n.mi²，平均生物量为 6.543 8 万 t，主要集中分布于粤西海域、琼南海域（图 5.64）。

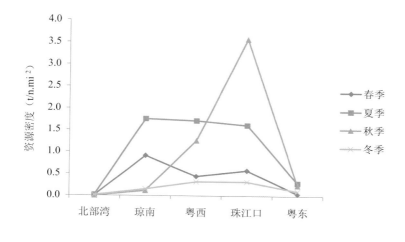

图5.64　马面鲀类密度时空变化

春季生物量密度为 0.356 4 t/n.mi²，生物量为 3.436 5 万 t，主要集中分布在琼南海域（图 5.65 和图 5.66）。

夏季生物量密度为 1.056 5 t/n.mi²，生物量为 10.186 4 万 t，在琼南海域、粤西海域、珠江口海域出现大规模聚群。

秋季生物量密度为 1.109 8 t/n.mi²，生物量为 10.699 8 万 t，在珠江口海域出现大规模聚群，且有较大的极限密度。

冬季生物量密度为 0.192 1 t/n.mi²，生物量为 1.852 4 万 t，分散分布。

马面鲀类在夏季时有范围较广的聚群分布，在秋季时珠江口海域出现较大极限密度，而在北部湾海域、粤东海域全时段少有分布。

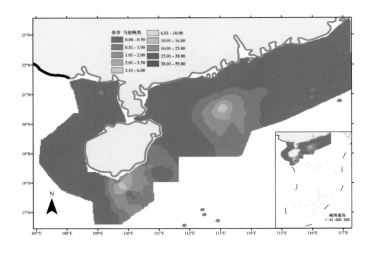

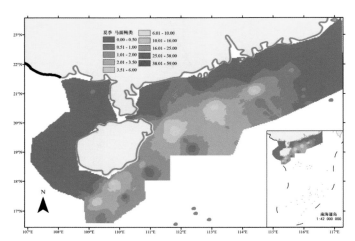

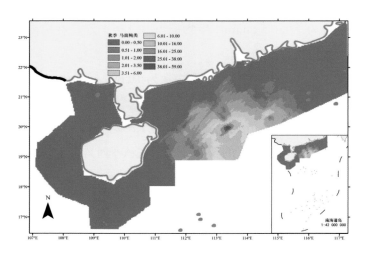

图5.65 马面鲀类生物量密度季节分布

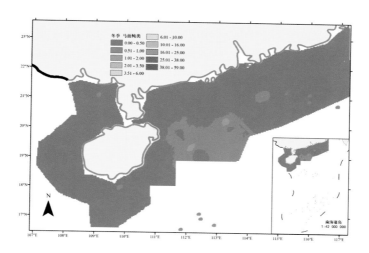

图5.65　马面鲀类生物量密度季节分布（续）

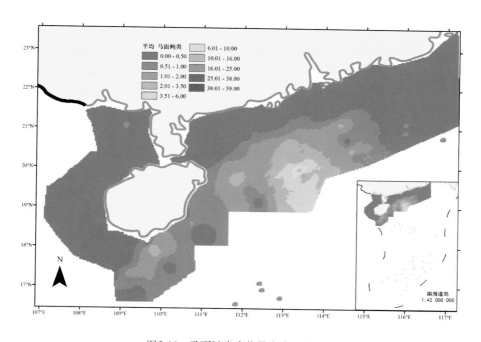

图5.66　马面鲀类生物量密度平均分布

七、白姑鱼类

白姑鱼类平均生物量密度为 0.171 7 t/n.mi^2，平均生物量为 1.655 5 万 t，主要集中分布于北部湾海域，其余海域分布较少（图 5.67）。

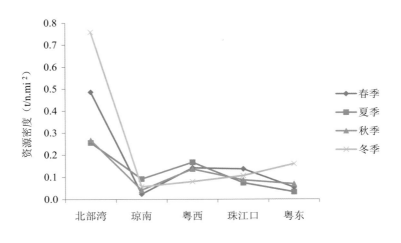

图5.67 白姑鱼类密度时空变化

春季生物量密度为 0.182 5 t/n.mi²，生物量为 1.759 9 万 t，主要集中分布在北部湾海域，其余海域少有分布，且有较大极限密度（图 5.68 和图 5.69）。

夏季生物量密度为 0.131 6 t/n.mi²，生物量为 1.269 2 万 t，主要集中分布在北部湾海域，其余海域少有分布。

秋季生物量密度为 0.129 7 t/n.mi²，生物量为 1.250 5 万 t，主要集中分布在北部湾海域，其余海域少有分布。

冬季生物量密度为 0.243 0 t/n.mi²，生物量为 2.342 5 万 t，主要集中分布在北部湾海域，其余海域少有分布，且有较大极限密度。

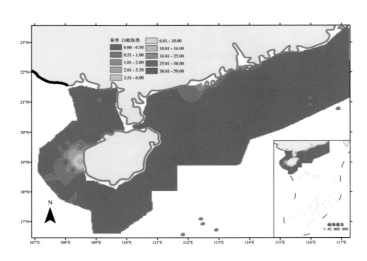

图5.68 白姑鱼类生物量密度季节分布

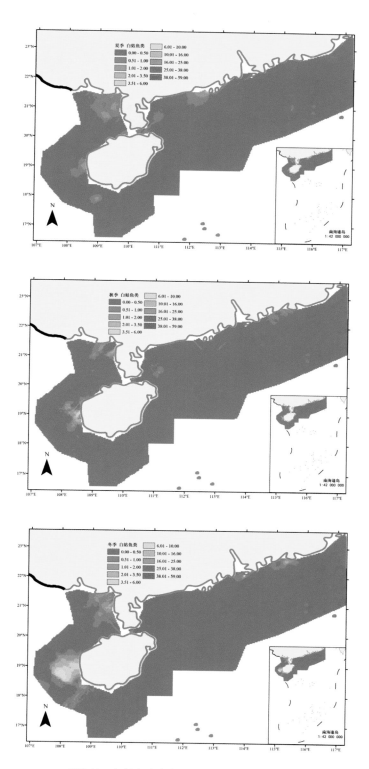

图5.68　白姑鱼类生物量密度季节分布（续）

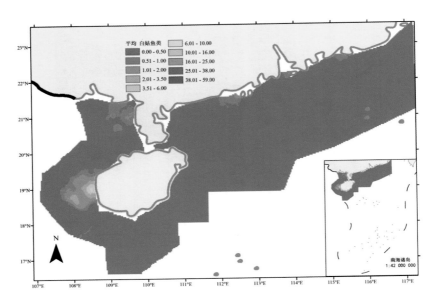

图5.69 白姑鱼类生物量密度平均分布

白姑鱼类全时段以北部湾海域分布为主,且春、冬季时出现较大的极限密度,其余海域全时段分布稀少。

八、蛇鲻类

蛇鲻类平均生物量密度为 0.447 3 t/n.mi^2,平均生物量为 4.312 4 万 t,主要集中分布于北部湾海域、粤西海域中部以及珠江口海域(图 5.70)。

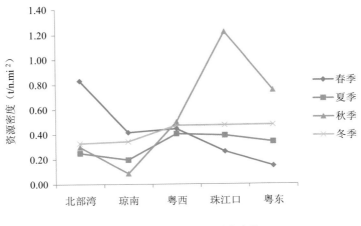

图5.70 蛇鲻类密度时空变化

春季生物量密度为 0.428 7 t/n.mi^2,生物量为 4.133 1 万 t,主要集中分布在北部湾海域,且有较大的极限密度(图 5.71 和图 5.72)。

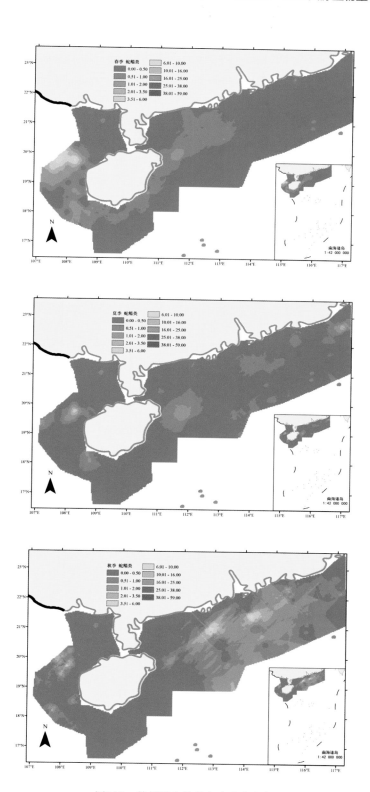

图5.71 蛇鲻类生物量密度季节分布

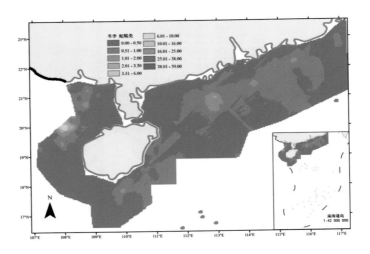

图5.71　蛇鲻类生物量密度季节分布（续）

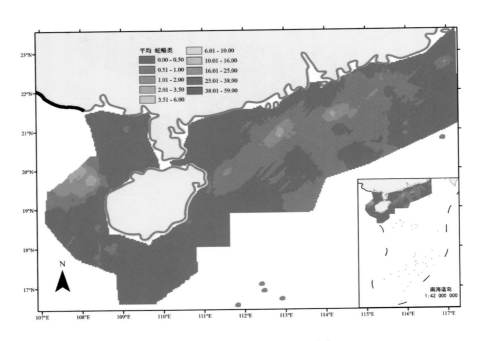

图5.72　蛇鲻类生物量密度平均分布

夏季生物量密度为 0.331 0 t/n.mi²，生物量为 3.191 5 万 t，分布较分散，以粤西海域、珠江口海域为主。

秋季生物量密度为 0.601 6 t/n.mi²，生物量为 5.800 2 万 t，在珠江口海域出现聚群，且有较大极限密度，其次粤东海域也有分布。

冬季生物量密度为 0.427 8 t/n.mi^2，生物量为 4.124 7 万 t，分布较分散。

蛇鲻类春季时在北部湾聚群，秋季时在珠江口海域及其临近海域聚群分布，而粤西海域全时段分布较稳定。

九、二长棘犁齿鲷

二长棘犁齿鲷平均生物量密度为 0.761 1 t/n.mi^2，平均生物量为 7.337 8 万 t，主要集中分布于北部湾海域，在珠江口海域附近也有分布（图 5.73）。

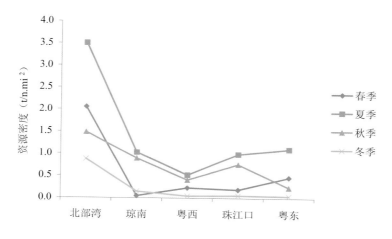

图5.73　二长棘犁齿鲷密度时空变化

春季生物量密度为 0.639 4 t/n.mi^2，生物量为 6.164 5 万 t，在北部湾海域有聚群，且有较大极限密度（图 5.74 和图 5.75）。

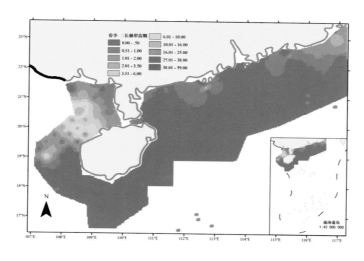

图5.74　二长棘犁齿鲷生物量密度季节分布

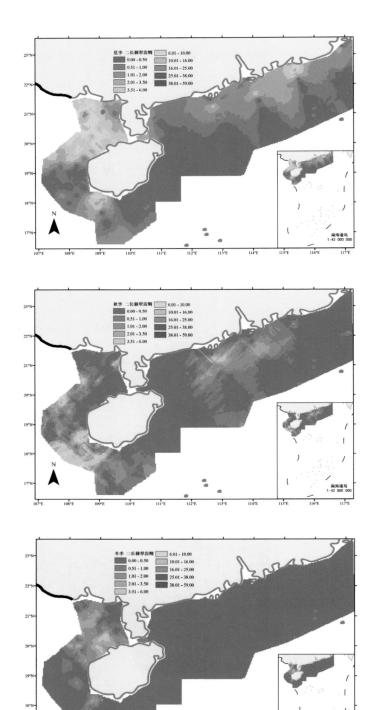

图5.74 二长棘犁齿鲷生物量密度季节分布（续）

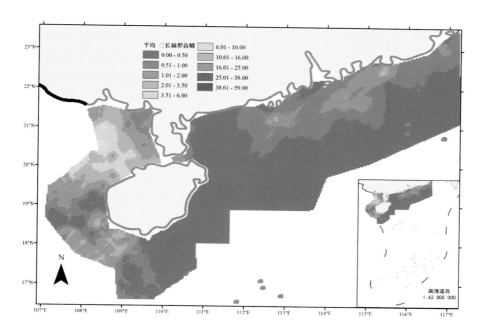

图5.75 二长棘犁齿鲷生物量密度平均分布

夏季生物量密度为 1.431 6 t/n.mi²，生物量为 13.802 9 万 t，在北部湾海域有聚群，且有较大极限密度。

秋季生物量密度为 0.734 1 t/n.mi²，生物量为 7.077 8 万 t，主要集中分布于北部湾海域。

冬季生物量密度为 0.239 2 t/n.mi²，生物量为 2.306 1 万 t，分布较分散，北部湾海域相对较多。

二长棘犁齿鲷全时段以北部湾为主要分布海域，且在春、夏季有高密度聚群，其余海域分布不多。

十、大眼鲷类

大眼鲷类平均生物量密度为 0.207 1 t/n.mi²，平均生物量为 1.996 5 万 t，主要集中分布于粤西海域及珠江口海域，其余海域分布较少（图 5.76）。

春季生物量密度为 0.047 4 t/n.mi²，生物量为 0.456 7 万 t，分散分布，且数量较少（图 5.77 和图 5.78）。

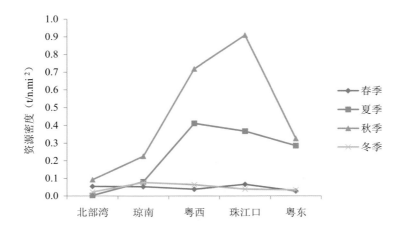

图5.76 大眼鲷类密度时空变化

夏季生物量密度为 0.250 4 t/n.mi^2，生物量为 2.414 7 万 t，主要集中分布于粤西海域，珠江口海域、粤东海域也有分布。

秋季生物量密度为 0.484 6 t/n.mi^2，生物量为 4.671 8 万 t，珠江口海域、粤西海域有聚群分布。

冬季生物量密度为 0.045 9 t/n.mi^2，生物量为 0.442 8 万 t，分散分布，且数量较少。

大眼鲷类在夏秋季时聚群分布在粤西海域、珠江口海域附近，北部湾海域全时段分布较少（不考虑捕捞因素的前提下）。

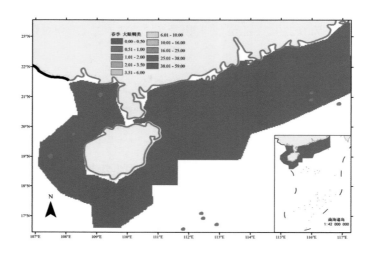

图5.77 大眼鲷类生物量密度季节分布

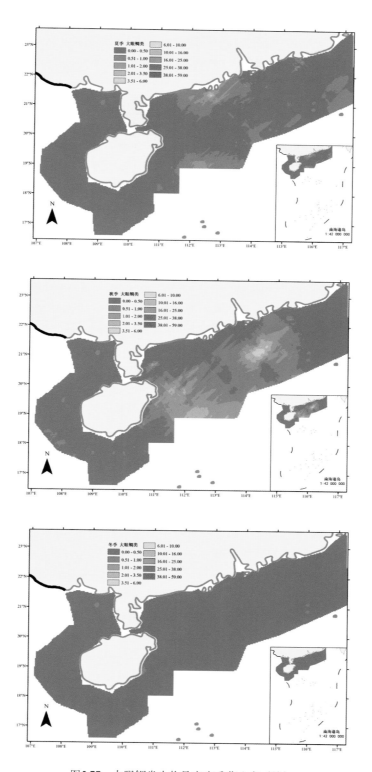

图5.77　大眼鲷类生物量密度季节分布（续）

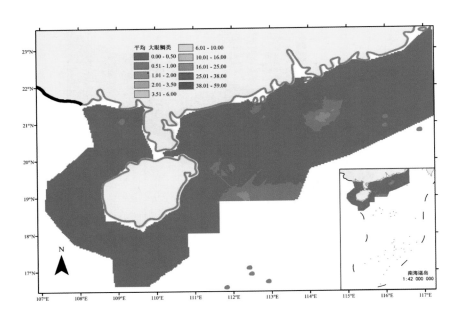

图5.78　大眼鲷类生物量密度平均分布

十一、金线鱼类

金线鱼类平均生物量密度为 0.896 8 t/n.mi^2，平均生物量为 8.646 1 万 t，主要集中分布于珠江口海域、粤西海域、粤东海域附近，而北部湾海域、琼南海域分布较少（图 5.79）。

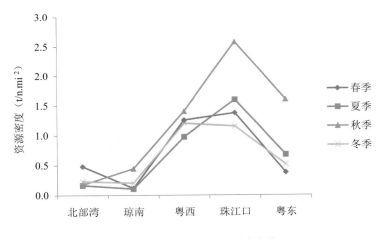

图5.79　金线鱼类密度时空变化

春季生物量密度为 0.801 7 t/n.mi^2，生物量为 7.729 5 万 t，主要集中分布在粤西海域以及珠江口附近海域（图 5.80 和图 5.81）。

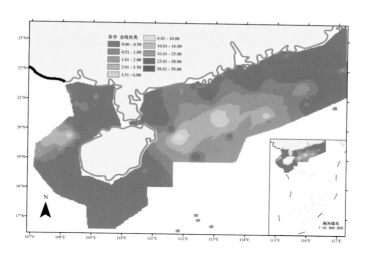

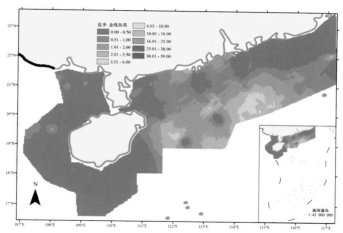

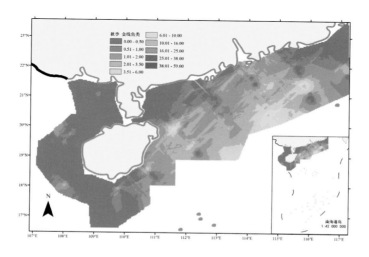

图5.80　金线鱼类生物量密度季节分布

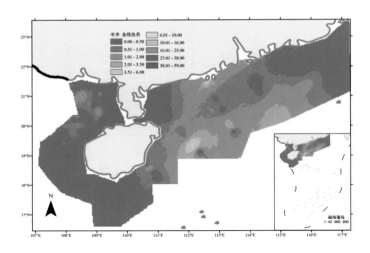

图5.80　金线鱼类生物量密度季节分布（续）

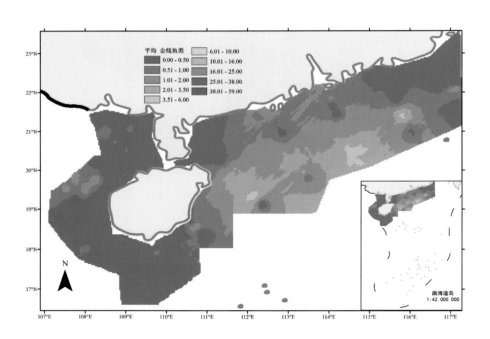

图5.81　金线鱼类生物量密度平均分布

夏季生物量密度为 0.761 0 t/n.mi^2，生物量为 7.337 5 万 t，主要集中分布于粤西海域以及珠江口附近海域。

秋季生物量密度为 1.298 5 t/n.mi^2，生物量为 12.519 6 万 t，集中分布于粤西海域、珠江口海域、粤东海域附近，且出现较大极限密度。

冬季生物量密度为 0.725 8 t/n.mi²，生物量为 6.997 9 万 t，主要集中分布于粤西海域以及珠江口附近海域。

金线鱼类夏秋季在珠江口海域有大规模聚群，且有较大极限密度，在粤西海域全时段都有较大分布，而在北部湾海域、琼南海域则全时段分布较少。

十二、绯鲤类

绯鲤类平均生物量密度为 1.672 6 t/n.mi²，平均生物量为 16.126 1 万 t，主要集中分布于粤西海域、珠江口海域的 50 m 水深海域附近（图 5.82）。

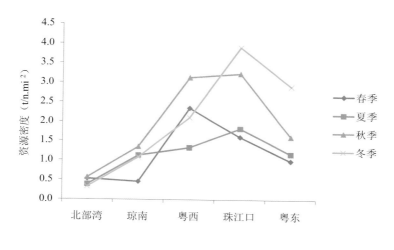

图5.82　绯鲤类密度时空变化

春季生物量密度为 1.312 6 t/n.mi²，生物量为 12.655 5 万 t，主要集中分布在粤西海域、珠江口附近海域，且在粤西海域出现较大极限密度（图 5.83 和图 5.84）。

夏季生物量密度为 1.169 5 t/n.mi²，生物量为 11.276 0 万 t，分布较平缓，以珠江口海域为中心向附近缓慢减少。

秋季生物量密度为 2.087 2 t/n.mi²，生物量为 20.123 0 万 t，在粤西海域、珠江口海域 50 米水深附近出现大规模聚群，且有较高极限密度。

冬季生物量密度为 2.121 0 t/n.mi²，生物量为 20.449 7 万 t，在珠江口海域及其附近海域均出现大范围聚群。

绯鲤类全时段在粤西海域、珠江口海域均有较大规模分布，且在春、秋季有较大极限密度，可能是珠江口 50 m 水深海域主要聚群产卵类群，冬季时有大范围分布，而在北部湾少有分布。

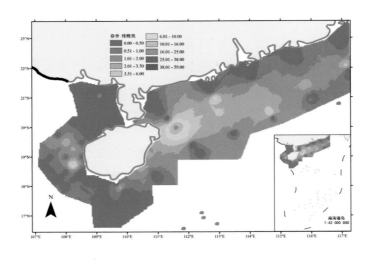

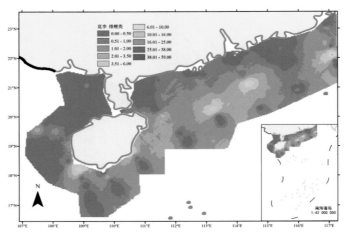

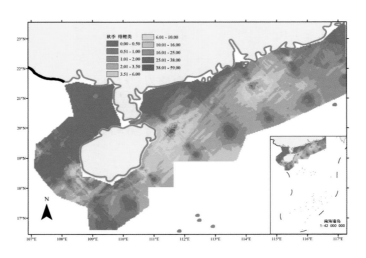

图5.83 绯鲤类生物量密度季节分布

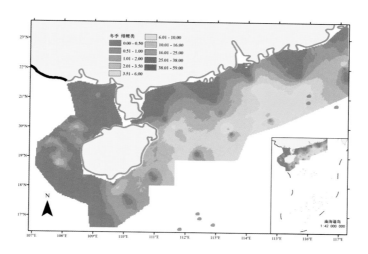

图5.83　绯鲤类生物量密度季节分布（续）

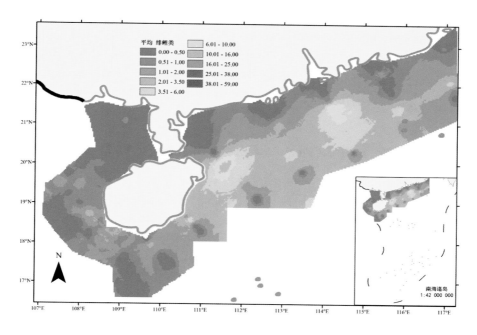

图5.84　绯鲤类生物量密度平均分布

十三、篮子鱼类

篮子鱼类平均生物量密度为 0.046 9 t/n.mi²，平均生物量为 0.451 8 万 t，分布较少，且少有聚群现象，相对在北部湾海域有较大极限密度（图 5.85）。

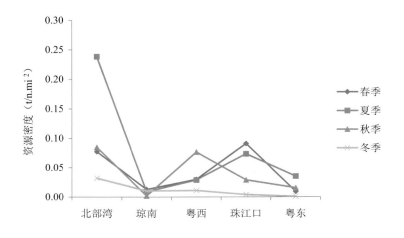

图5.85　篮子鱼类密度时空变化

春季生物量密度为 0.046 0 t/n.mi², 生物量为 0.443 7 万 t, 主要集中分布在北部湾海域、珠江口海域（图 5.86 和图 5.87）。

夏季生物量密度为 0.081 5 t/n.mi², 生物量为 0.786 0 万 t, 主要集中在北部湾海域, 且有较大极限密度, 另外在珠江口海域也有集中分布。

秋季生物量密度为 0.047 8 t/n.mi², 生物量为 0.460 6 万 t, 主要集中在北部湾海域、粤西海域。

冬季生物量密度为 0.012 1 t/n.mi², 生物量为 0.117 0 万 t, 分散分布, 且数量较少。

篮子鱼类在春夏季时多在北部湾海域聚群, 且有较大极限密度, 春夏季在珠江口海域也有较大分布, 琼南海域全时段分布较少。

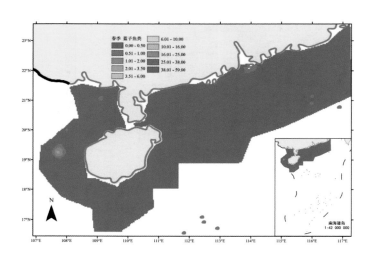

图5.86　篮子鱼类生物量密度季节分布

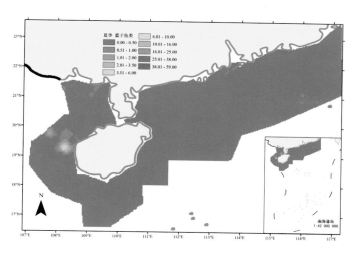

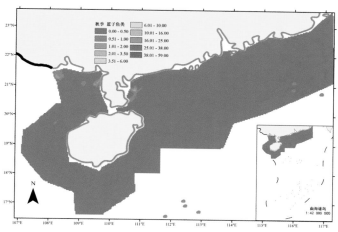

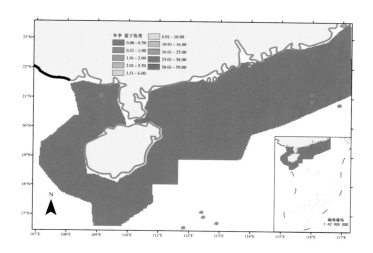

图5.86 篮子鱼类生物量密度季节分布（续）

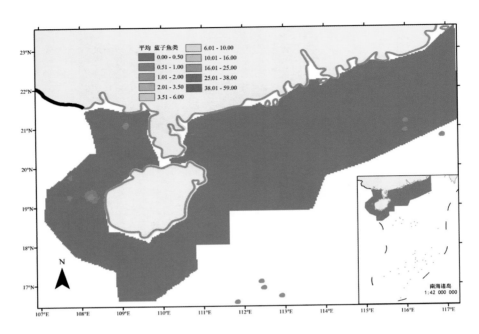

图5.87 篮子鱼类生物量密度平均分布

十四、沙丁鱼类

沙丁鱼类平均生物量密度为 0.2234 t/n.mi^2，平均生物量为 2.1537 万 t，分布较少，但有聚群现象，相对在粤西海域有较大极限密度（图 5.88）。

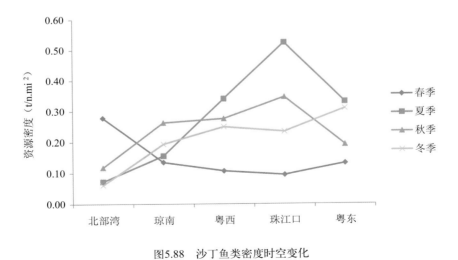

图5.88 沙丁鱼类密度时空变化

春季生物量密度为 0.149 5 t/n.mi^2，生物量为 1.441 2 万 t，自西向东分布逐渐减少，以北部湾海域最多（图 5.89 和图 5.90）。

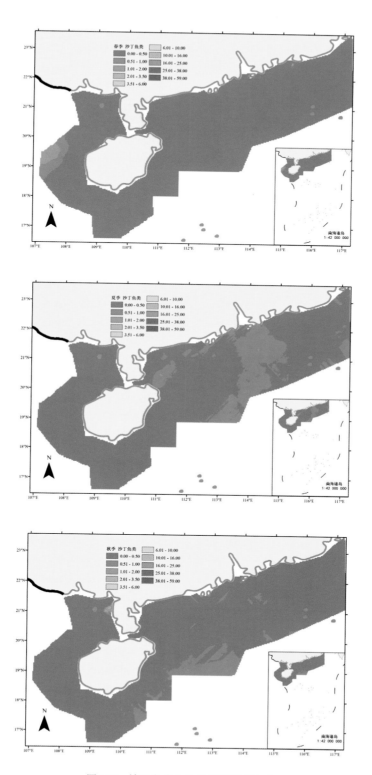

图5.89 沙丁鱼类生物量密度季节分布

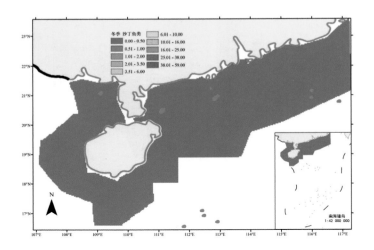

图5.89　沙丁鱼类生物量密度季节分布（续）

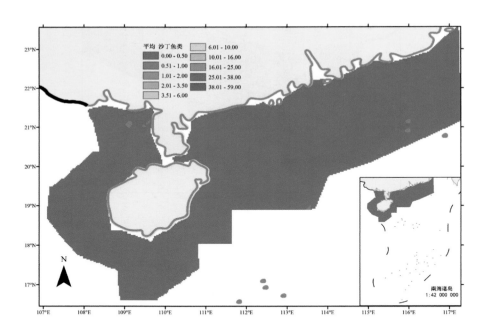

图5.90　沙丁鱼类生物量密度平均分布

夏季生物量密度为 0.295 4 t/n.mi^2，生物量为 2.848 3 万 t，以珠江口海域为主要聚群区，向附近海域减少。

秋季生物量密度为 0.237 9 t/n.mi^2，生物量为 2.293 9 万 t，主要集中在珠江口海域、粤西海域附近。

冬季生物量密度为 0.210 7 t/n.mi²，生物量为 2.031 4 万 t，自西向东逐渐增多，北部湾最少，粤东海域最多。

沙丁鱼类在夏秋冬季时多在珠江口海域聚群分布，春季自西向东减少，北部湾海域最多，秋季时粤西海域附近有较大范围聚群分布。

十五、发光鲷类

发光鲷类平均生物量密度为 3.893 6 t/n.mi²，平均生物量为 37.539 9 万 t，分布较广，且有大范围聚群现象，主要集中在粤西海域、琼南海域（图 5.91）。

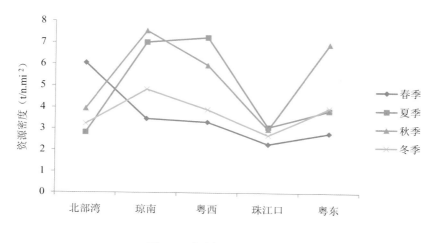

图5.91 发光鲷类密度时空变化

春季生物量密度为 3.304 1 t/n.mi²，生物量为 31.855 8 万 t，自西向东分布呈逐渐减少趋势，以北部湾海域最多（图 5.92 和图 5.93）。

夏季生物量密度为 4.514 1 t/n.mi²，生物量为 43.522 2 万 t，以琼南海域、粤西海域为主要聚群区，向附近海域减少。

秋季生物量密度为 4.273 2 t/n.mi²，生物量为 41.199 6 万 t，主要集中在琼南海域、粤东海域。

冬季生物量密度为 3.483 1 t/n.mi²，生物量为 33.581 9 万 t，主要分布在琼南海域，其余海域分布较少。

发光鲷类在夏秋冬季时多在琼南海域聚群分布，春季自西向东减少，北部湾海域最多，秋季时粤东海域有聚群分布，而珠江口海域在全时段分布较少。

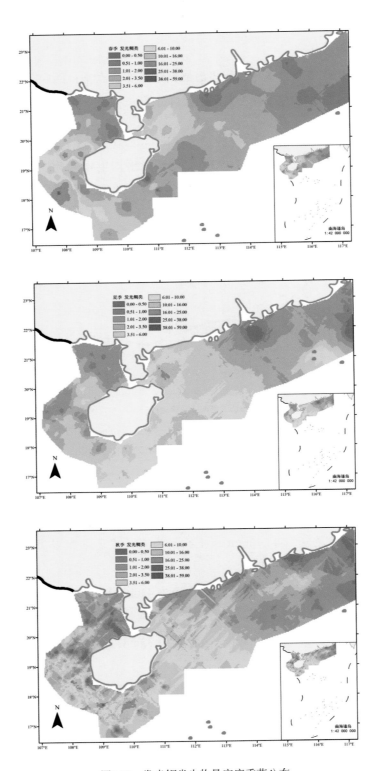

图5.92 发光鲷类生物量密度季节分布

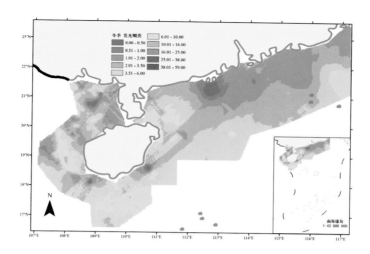

图5.92 发光鲷类生物量密度季节分布（续）

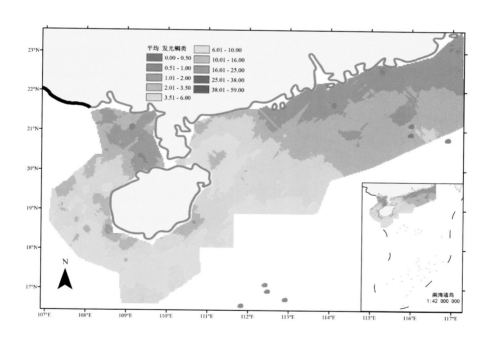

图5.93 发光鲷类生物量密度平均分布

十六、剑尖枪乌贼

剑尖枪乌贼平均生物量密度为 3.102 9 t/n.mi²，平均生物量为 29.916 3 万 t，总体分布较多，且主要集中分布于粤西、珠江口、粤东海域的 50 米水深附近区域，北部湾海域部分时段分布较少（图 5.94）。

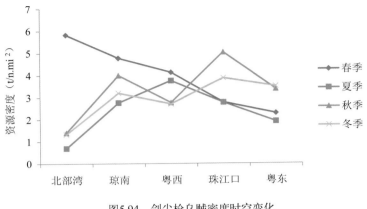

图5.94　剑尖枪乌贼密度时空变化

春季生物量密度为 3.938 5 t/n.mi^2，生物量为 37.972 2 万 t，主要集中分布于北部湾海域，并有较大极限密度，自西向东逐渐减少（图 5.95 和图 5.96）。

夏季生物量密度为 2.418 4 t/n.mi^2，生物量为 23.316 5 万 t，集中分布于粤西海域为中心的附近海域，且分布规模较大。

秋季生物量密度为 3.195 3 t/n.mi^2，生物量为 30.806 7 万 t，在琼南海域、珠江口海域有聚群分布，且在珠江口海域 50 m 水深区域范围有较大极限密度。

冬季生物量密度为 2.859 5 t/n.mi^2，生物量为 27.569 8 万 t，主要集中分布于琼南海域、珠江口海域、粤东海域附近，且自西向东有逐渐增大的趋势。

剑尖枪乌贼全时段分布较多，春季时集中分布在北部湾海域，且有较大极限密度，夏季时在粤西海域有较大规模分布，秋季时在珠江口海域 50 米水深区域大规模聚群，冬季时自西向东资源密度逐渐增大。

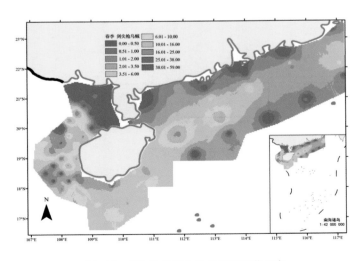

图5.95　剑尖枪乌贼生物量密度季节分布

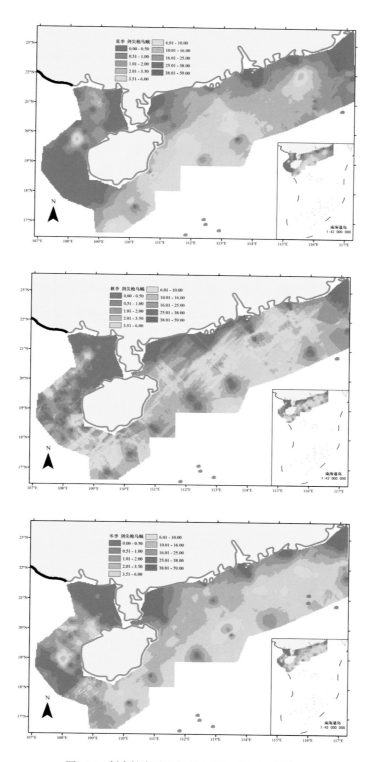

图5.95　剑尖枪乌贼生物量密度季节分布（续）

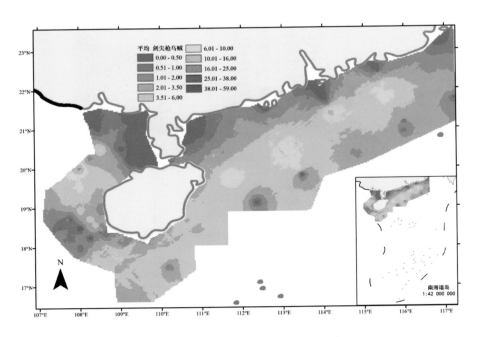

图5.96 剑尖枪乌贼生物量密度平均分布

十七、中国枪乌贼

中国枪乌贼平均生物量密度为 2.727 2 t/n.mi^2，平均生物量为 26.293 5 万 t，在北部湾海域出现较大极限密度，而广泛分布区域为粤西海域、珠江口海域（图 5.97）。

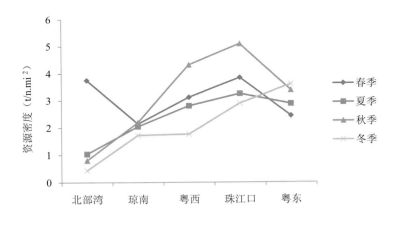

图5.97 中国枪乌贼密度时空变化

春季生物量密度为 3.139 5 t/n.mi^2，生物量为 30.269 4 万 t，在北部湾海域出现聚群，且有较大极限密度，粤西海域、珠江口海域有大范围分布（图 5.98 和图 5.99）。

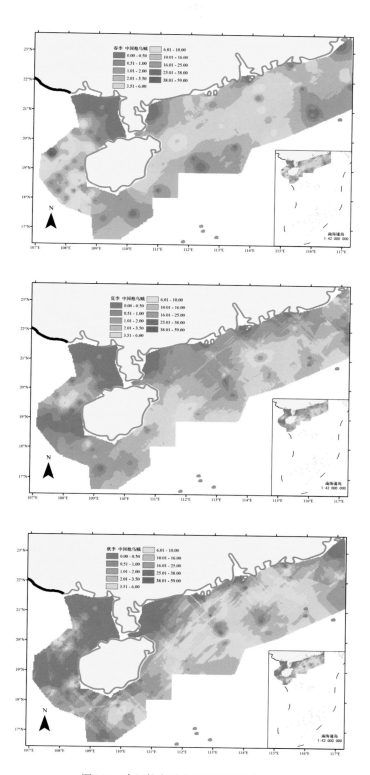

图5.98 中国枪乌贼生物量密度季节分布

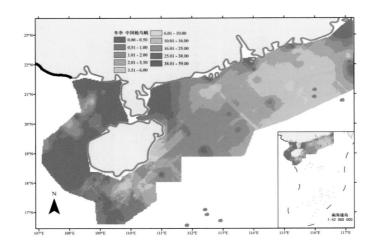

图5.98　中国枪乌贼生物量密度季节分布（续）

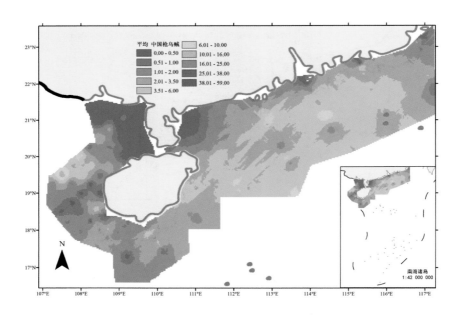

图5.99　中国枪乌贼生物量密度平均分布

夏季生物量密度为2.435 7 t/n.mi²，生物量为23.483 5万t，在珠江口海域有聚群分布，且在50 m水深区域出现较大极限密度，粤西海域200 m水深范围也出现聚群。

秋季生物量密度为3.273 3 t/n.mi²，生物量为31.558 8万t，在粤西海域、珠江口海域有大规模聚群，且有较大极限密度，在粤西海域200 m水深范围有较大分布。

冬季生物量密度为2.060 1 t/n.mi²，生物量为19.862 3万t，主要集中分布于粤东海域，且自西向东有增大趋势，粤东海域有最大分布。

中国枪乌贼以珠江口海域为全时段主要聚群区域，春季时在北部湾、珠江口有大规模聚群（春生群），夏季时在珠江口海域聚群（夏生群），秋季时在粤西海域 200 m 水深范围较大规模聚群分布，冬季时自西向东密度逐渐增大。

十八、其他头足类

其他头足类平均生物量密度为 3.408 0 t/n.mi²，平均生物量为 32.857 5 万 t，分布特征与剑尖枪乌贼、中国枪乌贼相似，自西向东密度逐渐增大，且春、秋季聚群特征明显（图 5.100）。

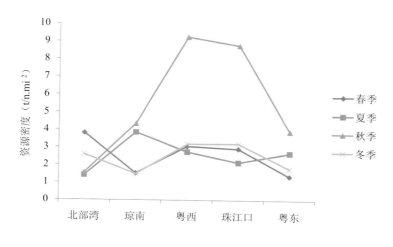

图5.100 其他头足类密度时空变化

春季生物量密度为 2.682 6 t/n.mi²，生物量为 25.863 8 万 t，主要集中在北部湾海域、粤西海域近岸区域，且在北部湾海域出现较大极限密度（图 5.101 和图 5.102）。

夏季生物量密度为 2.474 3 t/n.mi²，生物量为 23.855 6 万 t，分布较分散，琼南海域密度稍高。

秋季生物量密度为 5.877 1 t/n.mi²，生物量为 56.663 6 万 t，在粤西海域、珠江口海域出现大规模聚群，且分别在粤西海域 200 米水深范围区域，以及珠江口 50 米水深范围区域，并有较大极限密度。

冬季生物量密度为 2.597 9 t/n.mi²，生物量为 25.046 9 万 t，分布较分散，以粤西、珠江口海域稍高。

其他头足类包含的种类较多，但从分布规律来看，与剑尖枪乌贼和中国枪乌贼有很多相似之处，比如春季在北部湾海域有聚群，秋季时在珠江口海域、粤西海域有大规模聚群，且在粤西海域 200 m 水深范围、珠江口海域 50 m 水深范围有较大极限密度。不同的是，夏季和冬季分布较分散，少有聚群，或只有小规模聚群。

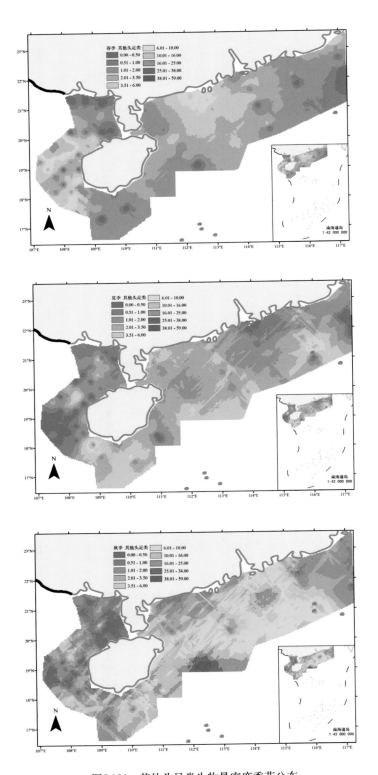

图5.101 其他头足类生物量密度季节分布

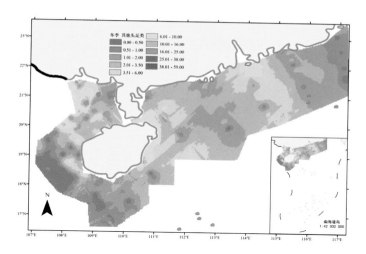

图5.101　其他头足类生物量密度季节分布（续）

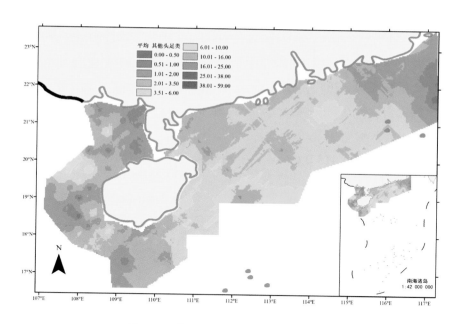

图5.102　其他头足类生物量密度平均分布

十九、其他评估种类

其他评估种类主要包括一些鳐类、鲀类、刺鲀类、鲹类等，平均生物量密度为 4.630 7 t/n.mi²，平均生物量为 44.646 3 万 t，春、冬季密度特征相似，北部湾密度最高，向东逐渐减小，夏、秋季特征相似，北部湾最低，琼南海域最高，向东逐渐减小（图 5.103）。

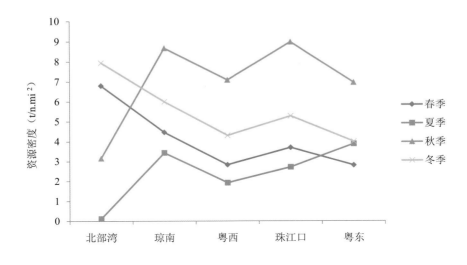

图5.103　其他评估种类密度时空变化

　　春季生物量密度为 4.045 6 t/n.mi²，生物量为 39.004 8 万 t，主要集中分布在北部湾海域，有大规模聚群，且有较大极限密度（图 5.104 和图 5.105）。

　　夏季生物量密度为 2.268 9 t/n.mi²，生物量为 21.875 7 万 t，在琼南海域分布较多。

　　秋季生物量密度为 6.790 4 t/n.mi²，生物量为 65.468 3 万 t，在琼南海域分布较多，且有较大极限密度。

　　冬季生物量密度为 5.418 0 t/n.mi²，生物量为 52.236 5 万 t，在北部湾海域近岸有大规模聚群，且有较大极限密度。

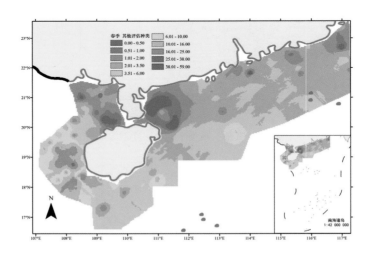

图5.104　其他评估种类生物量密度季节分布

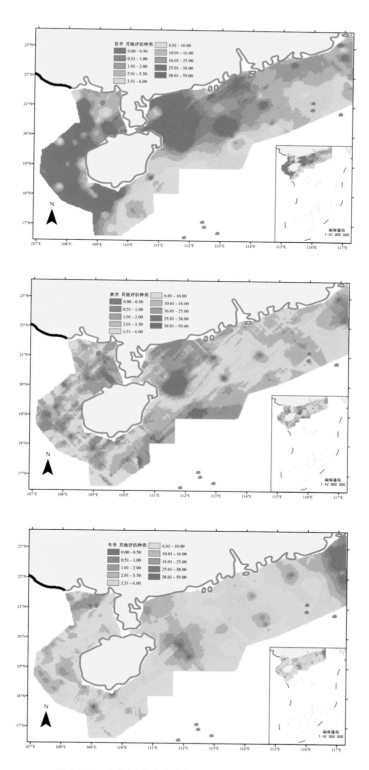

图5.104 其他评估种类生物量密度季节分布（续）

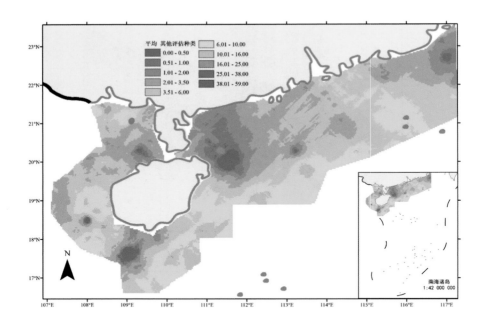

图5.105 其他评估种类生物量密度平均分布

其他评估种类春、冬季密度特征相似，北部湾有大规模聚群，且有较大极限密度，向东逐渐减小，夏、秋季特征相似，北部湾最低，琼南海域最高，向东逐渐减小，且秋季有较大极限密度。

二十、小结

鲐鱼以北部湾海域为全时段主要集中分布区，其他海域分布较少。其中，冬季、春季为其主要聚群季节。

鲳鱼全时段分布较广泛，春季时在北部湾大规模聚群，夏季时琼南海域密度最大，秋季时在粤西海域、珠江口进行大规模聚群，冬季分散分布。

蓝圆鲹在夏季时最为活跃，并以粤西海域为中心出现大规模聚群，春季时在北部湾有小规模聚群。

竹荚鱼总体分布较广泛，北部湾海域的春夏季都有较大的资源密度，有聚群现象，夏季为竹荚鱼最活跃的季节，以琼南海域分布最多，秋冬季似乎比较分散。

带鱼在春季时北部湾海域有聚群，秋、冬季时在粤西海域附近出现较大规模聚群，夏季分布较分散。

马面鲀类在夏季时有范围较广的聚群分布，在秋季时珠江口海域出现较大极限密度，而在北部湾海域、粤东海域全时段少有分布。

白姑鱼类全时段以北部湾海域分布为主，且春、冬季时出现较大的极限密度，其余海域全时段分布稀少。

蛇鲻类春季时在北部湾聚群，秋季时在珠江口海域及其临近海域聚群分布，而粤西海域全时段分布较稳定。

二长棘犁齿鲷全时段以北部湾为主要分布海域，且在春、夏季有高密度聚群，其余海域分布不多。

大眼鲷类在夏秋季时聚群分布在粤西海域、珠江口海域附近，北部湾海域全时段分布较少（不考虑捕捞因素的前提下）。

金线鱼类夏秋季在珠江口海域有大规模聚群，且有较大极限密度，在粤西海域全时段都有较大分布，而在北部湾海域、琼南海域则全时段分布较少。

绯鲤类全时段在粤西海域、珠江口海域均有较大规模分布，且在春、秋季有较大极限密度，可能是珠江口 50 m 海域主要聚群产卵类群，冬季时有大范围分布，而在北部湾少有分布。

篮子鱼类在春夏季时多在北部湾海域聚群，且有较大极限密度，春夏季在珠江口海域也有较大分布，琼南海域全时段分布较少。

沙丁鱼类在夏秋冬季时多在珠江口海域聚群分布，春季自西向东减少，北部湾海域最多，秋季时粤西海域附近有较大范围聚群分布。

发光鲷类在夏秋冬季时多在琼南海域聚群分布，春季自西向东减少，北部湾海域最多，秋季时粤东海域有聚群分布，而珠江口海域在全时段分布较少。

剑尖枪乌贼全时段分布较多，春季时集中分布在北部湾海域，且有较大极限密度，夏季时在粤西海域有较大规模分布，秋季时在珠江口海域 50 m 水深区域大规模聚群，冬季时自西向东资源密度逐渐增大。

中国枪乌贼以珠江口海域为全时段主要聚群区域，春季时在北部湾、珠江口有大规模聚群（春生群），夏季时在珠江口海域聚群（夏生群），秋季时在粤西海域 200 m 水深范围较大规模聚群分布，冬季时自西向东密度逐渐增大。

其他头足类包含的种类较多，但从分布规律来看，与剑尖枪乌贼和中国枪乌贼有很多相似之处，比如春季在北部湾海域有聚群，秋季时在珠江口海域、粤西海域有大规模聚群，且在粤西海域 200 m 水深范围、珠江口海域 50 m 水深范围有较大极限密度。不同的是，夏季和冬季分布较分散，少有聚群，或只有小规模聚群。

其他评估种类春、冬季密度特征相似，北部湾有大规模聚群，且有较大极限密度，向东逐渐减小，夏、秋季特征相似，北部湾最低，琼南海域最高，向东逐渐减小，且秋季有较大极限密度。

第四节　总允许捕捞量（TAC）

一、南海北部近海渔业资源 TAC

（一）剩余产量模型

根据 Catch-MSY 模型评估结果（图 5.106），四种不同内禀增长率先验分布区间所评估得到的南海北部渔业资源 MSY 相差不大，分别为 306.2 万 t（变异系数 CV=0.09），312.6 万 t（CV = 0.07），307.7 万 t（CV = 0.08）和 307.9 万 t（CV = 0.08），取其平均值，即 308.6 万 t；内禀增长率评估结果分别为 0.99（CV = 0.26），0.96（CV = 0.37），1.02（CV = 0.29）和 0.98（CV = 0.35），取其平均值，即 0.99。根据保守的渔业管理策略，可捕量设置为 MSY 的 69% ～ 83%，即 212.9~256.1 万 t。

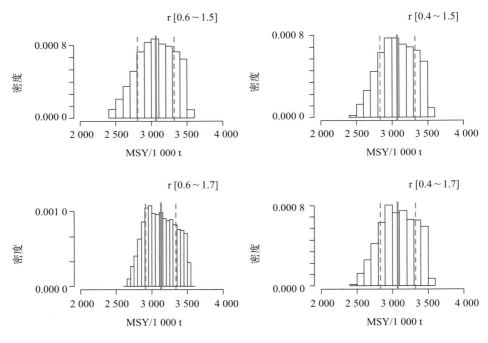

图5.106　四种内禀增长率先验分布下MSY的后验密度分布。
实线为MSY后验分布中值，虚线为95%置信区间

（二）Cadima 经验公式

评估结果表明，南海区渔业资源总 MSY 为 314.8 万 ～ 360.3 万 t，可捕量根据 MSY 下限的 69% ～ 83% 取值，即 217.2 万 ～ 261.3 万 t。

剩余产量模型和 Cadima 经验公式评估的南海北部渔业资源 MSY 和可捕量相差不大。渔业统计年鉴显示，2015—2019 年南海区渔业资源平均产量为 340.1 万 t，可见当前的捕捞产量已超过 MSY，南海北部渔业资源处于过度捕捞状态。

二、主要经济种类可捕量评估结果

模型评估结果（表 5.7）显示，南海区 11 个重要经济类群内禀增长率的范围在 0.21 ~ 0.99，其中石斑鱼类最低，而鲷类最高；除了石斑鱼类、海鳗和带鱼类，其他类群内禀增长率都在 0.55 以上。评估的 MSY 在 30.0 万 t 以上有蓝圆鲹和竹荚鱼、金线鱼类和带鱼类，10.0 万 t 以内的包括石斑鱼类、鲾类和鲐类。带鱼类、金线鱼类、石斑鱼类、海鳗和鲳类这 5 个类群的产量从 20 世纪 80 年代开始一直呈上升趋势，近几年产量都超过 MSY（图 5.107），尤其是石斑鱼类和海鳗（2015 年产量分别超过 MSY 90% 和 63.6%）；另外 6 个类群产量波动较大，近十几年产量呈下降趋势，2015 年产量小于或等于 MSY，除了马面鲀类以外，其他类群的产量均超过评估的可捕量（表 5.7）。

表5.7 南海区11个重要经济类群评估结果

类群	内禀增长率	MSY/10^4 t	可捕量 /10^4 t	2015 年产量 /10^4 t
带鱼类	0.49	30.2 (0.11)	20.8 ~ 25.1	35.5
金线鱼类	0.73	33.9 (0.08)	23.4 ~ 28.1	38.7
石斑鱼类	0.21	5.0 (0.21)	3.5 ~ 4.2	9.5
海鳗	0.27	11.8 (0.25)	8.1 ~ 9.8	19.3
鲳类	0.58	10.5 (0.09)	7.2 ~ 8.7	12.7
鲾类	0.61	5.7 (0.12)	3.9 ~ 4.7	5.5
鲐类	0.78	7.4 (0.09)	5.1 ~ 6.1	6.2
沙丁鱼类	0.89	10.7 (0.03)	7.4 ~ 8.9	10.3
蓝圆鲹和竹荚鱼	0.90	30.6 (0.04)	21.1 ~ 25.4	26.7
马面鲀类	0.79	12.2 (0.02)	8.4 ~ 10.1	9.6
鲷类	0.99	10.4 (0.06)	7.2 ~ 8.6	10.4

注：MSY 列括号内为变异系数 CV 值。

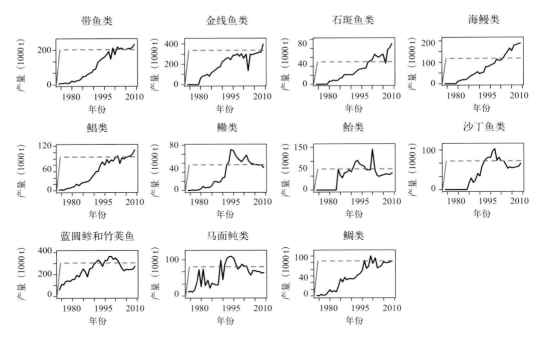

图5.107　南海区11个重要经济类群评估的MSY（虚线）与产量（实线）序列

第一节　面临的问题

一、近海捕捞能力过剩，作业结构和布局不合理

南海北部大陆架和北部湾是我国的传统近海渔场。在该海域从事捕捞作业的主要是广东省、海南省、广西等三省（区）以及港澳特区和福建省的渔船。从 20 世纪 80 年代初开始，随着渔业经营的私有化，南海北部沿海的捕捞能力持续高速增长，广东、海南、广西三省（区）的机动渔船数量从 1981 年的 1.45 万艘、30.82 万 kW 猛增至 2015 年的 7.5 万艘、383.3 万 kW（图 6.1），这些渔船绝大部分在南海北部作业。此外，我国香港、澳门特别行政区、福建省和台湾省及越南北方的部分渔船也在南海北部作业生产，再加上数量较多的涉渔"三无船舶"，造成该海区捕捞渔船的捕捞强度远远超过了该海区的最适捕捞作业量。

图 6.1　南海区海洋渔业捕捞产量和捕捞渔船功率

南海北部的捕捞作业历来主要集中在沿海水域，80 年代初以来虽然开发利用了近海及外海的渔业资源，但由于沿海小型渔船的大量增加，捕捞作业的分布格局并没有明显改观。目前沿海地区的绝大部分渔船仍在水深 100 m 以浅的南海北部海域作业，由于广东、海南、广西三省（区）的渔船单船平均功率仅 40 kW，其中的绝大部分又只能在分布在沿岸浅海，使早已捕捞过度的沿海渔业资源面临枯竭的境地，同时也进一步增加了对分布在沿岸海域的经济鱼类幼鱼的损害。

除捕捞努力量的区域分布不合理外，渔船作业结构也存在问题。南海北部的捕捞产量历来以底拖网为主，目前主要作业类型的产量比例大致为底拖网占 39%、围网 14%、刺网 31%、钓业 9%、其他类型 7%。虽然底拖网的捕捞效率最高，但其选择性较差，渔获物中有部分为经济种类的幼鱼及作为优质经济种类食物的小型鱼类，对渔业资源的破坏较大，同时，底拖网对底栖生态有明显的破坏作用。

二、近海渔业资源明显衰退，渔获物结构趋向低值化小型化

持续的过度捕捞导致渔业资源日趋恶化，难以形成大规模的渔汛，导致单位捕捞努力量渔获量（CPUE）不断降低。实际上，自 20 世纪 80 年代开始，CPUE 就维持不到 1 t/kW 的低水平。在资源密度下降的同时，渔获物的结构也发生了明显的变化。渔业资源优势种更替频繁，群落结构趋向低值化。以北部湾为例。在 20 世纪 60 年代调查中，红笛鲷曾占北部湾渔获物的 10.7%，资源密度高达 229.5 kg/km^2，而到了 1997—1999 年则下降为 0.48 kg/km^2，目前则几乎没有渔获。黑印真鲨、灰裸顶鲷等优质鱼类也出现了类似资源衰竭的现象。在大规格、长寿命的优质鱼类资源降低的同时，发光鲷、二长棘犁齿鲷、竹荚鱼等小型鱼类和枪乌贼类在渔获物种的比例逐渐增多。如发光鲷在 20 世纪 60 年代中占渔获物组成小于 1%，不作为统计对象，1992—1993 年其占渔获比例的 16.63%，而本次调查则高达 17.7%。

渔获物中幼鱼比例明显增加。以《农业部关于实施带鱼等 15 种重要经济鱼类最小可捕标准及幼鱼比例管理规定的通告》（农业部通告 [2018]3 号）确定的可捕规格为标准，目前底拖网渔获物中部分经济鱼类未达到可捕规格。如 1997—1999 年蓝圆鲹的优势体长组为 161 ~ 170 mm，低于可捕规格（叉长 ≥ 150 mm）的比例为 41.5%；而本次调查的优势体长组为 121 ~ 130 mm，低于可捕规格的比例则高达为 73.9%。

表6.1　不同时期南海北部蓝圆鲹叉长、体重组成

时期	叉长（mm）				体重（g）			
	最小	最大	平均	优势组	最小	最大	平均	优势组
1997—1999 年	32	300	141.9	161 ~ 170	0.3	407	55.7	0 ~ 10
2014—2015 年	12	236	138.3	121 ~ 130	0.4	290	44.0	21 ~ 30

三、重要水域污染，生态系统的服务和生产功能受损

由于饵料生物资源丰富，初级生产力高，近海海域是渔业资源栖息、繁殖、索饵和育肥的重要场所。在海域污染、涉渔工程建设等因素胁迫下，南海北部近岸重要的繁殖场、索饵场等遭到了严重破坏，栖息地碎片化明显加重，严重影响了渔业生态系统的产出和服务功能。根据原国家海洋局南海分局发布的《2016 年南海区海洋环境状况公报》显示，南海区近岸局部海域污染依然严重，严重污染海域的面积为 7 940 km²，主要污染要素为无机氮、活性磷酸盐和石油类，主要分布在珠江口、汕头港、湛江港等海域。赤潮等自然灾害频发，渔业水域污染事故时有发生。2017 年全年监测赤潮灾害共发生 17 次，累计面积约 968 km²，次数和影响面积较以往明显升高。海域污染以及生态灾害频发等状况直接危及了重要经济鱼类的产卵场功能、以及鱼卵仔鱼的存活率和发育。1964—1965 年南海北部近海渔业资源调查鱼卵平均网采数量为 223.6 粒 / 网，仔稚鱼为 84.6 尾 / 网，本次调查结果鱼卵数量只有其 1/4，仔稚鱼数量只有其 1/10。

在众多涉渔涉海工程中，特别是围填海工程，给沿岸河口及港湾生态环境带来了巨大的影响。"十二五"期间广东省围填海面积超过 23 万公顷。大量的围填海工程导致湿地面积萎缩，生境丧失、斑块化、水动力条件紊乱等一系列生态问题。以珠江口南沙段为例，近 10 年来，南沙湿地因围填海增加面积约 46.3 km²，使得该区域的浮游动物、大型底栖动物、潮间带生物、鱼类和头足类等生物资源种类分别减少了 60.34%、73.21%、26.67%、79.78% 和 50.00%。

四、资源监测调查不足，科技支撑能力有待提升

渔业资源的有效管理和科学利用必须要开展系统、规范、常规性的渔业资源调查。国际上渔业发达国家已经将渔业资源监测调查作为常规任务，积累了渔业生物学和资源动态方面的长期系列数据，资源监测的结果已成为渔业资源管理必不可少的科学依据。

目前，我国尚未建立以生物资源可持续开发利用为目标的资源变动监测调查体系，使得我们对近海渔业资源的现状及变化缺乏科学的了解和判断，近年来，虽然启动南海近岸的资源调查项目，但调查覆盖面不一、连续性和系统性不强，缺乏针对重要种类、特定区域全面系统的专项调查，加上捕捞上岸量统计体系不完善，使得调查结果难以应用在南海区渔业资源总量管理、限额捕捞以及伏季休渔等重大渔业管理决策。

此外，调查技术手段和研究能力有待提升。目前国内主要利用底拖网进行渔业资源监测和调查，渔业声学、遥感等先进调查技术使用还十分有限。由于长时间序列的高质量科学数据的缺乏，难以用现有的成熟模型分析南海近海渔业资源的资源量和可捕量。在渔业资源的补充动态、种间关系、群落演替及其与人类活动、环境变化之间的关系等基础研究方面仍不够系统深入，难以回答近海渔业资源数量变动过程及影响机制等科学问题。

第二节 管理建议

一、严格执行现行渔业管理措施，进一步完善政策体系

根据我国现行渔业法规的有关规定和渔业资源养护与管理实践，我国渔业资源养护与管理的法律制度主要包括：捕捞许可证管理制度、船网工具指标管理制度（主要是捕捞渔船数量和主机功率控制，简称"双控"）、捕捞渔民转产专业和捕捞渔船强制报废、禁渔区和禁（休）渔期制度、渔业资源增殖保护费征收制度、渔具渔法管理等。实践表明，海洋机动渔船底拖网禁渔区、捕捞许可证、伏季休渔、最小网目规格限制等现行的渔业资源管理措施是切合我国渔业资源实际、行之有效的，对于降低捕捞强度，保护渔业资源和水域生态环境，维护水生生物多样性，提高广大民众的资源环境保护意识等方面都发挥了重要作用，取得了良好的生态、社会和经济效益，同时也在国际上树立了我负责任渔业大国的形象。

由于执法监管能力不足等问题，非法造船、涉渔"三无船舶"、船证不符、资源环境破坏性渔具和捕捞方法滥用等现象比较突出，在一定程度上影响了制度实施效果，扰乱了渔业生产秩序。从未来发展来看，应进一步严格执行捕捞许可制度，完善伏季休渔制度，落实可捕规格和幼鱼比例制度，大力推进总量管理和限额捕捞，严格执法与监管，确保规章制度落到实处，尤其涉渔"三无船舶"、"绝户网"及"电毒炸"等违法捕捞行为，应进一步加大打击力度。同时，利用《渔业法》修订的契机，进一步

完善渔业资源管理和养护制度，加快构建有利于海洋渔业资源保护和渔业可持续发展的法律法规和政策体系。

二、降低沿岸近海捕捞强度，调整捕捞作业结构

当前，捕捞强度过大是南海北部近海渔业资源衰退、海洋捕捞业效益下降的主要原因。因此，压缩捕捞力量、降低捕捞强度是亟待解决的突出问题。

（1）利用国家减船转产政策和调整渔业油价补贴政策，切实贯彻落实渔船报废制度，执行捕捞渔船船检制度，按照各类渔船报废年限和安全要求，对超龄或不适航的捕捞渔船进行强制报废，改善渔船安全性能，保障渔业生产安全，从源头上控制捕捞强度和生产安全。

（2）强化捕捞渔民从业资格许可制度，使专业捕捞渔民逐步向渔业其他产业转移、兼业捕捞渔民逐步退出捕捞业，加大对捕捞渔民转产转业工作的政策支持和财政资金支持力度，稳妥推进水产养殖业、远洋渔业发展和水产加工流通业发展，积极引导捕捞渔民从事休闲渔业，为捕捞渔民转产转业提供新的空间和途径。同时，针对目前海洋捕捞渔船所存在的雇佣非海洋渔业人口的现象，加强立法管控，以杜绝非海洋渔业人口从事海洋捕捞生产的现象。

（3）合理调整捕捞结构和捕捞布局。目前南海区过大的捕捞作业量主要分布在浅海和近海，对目前不合理的作业结构应进行调整，主要任务是减少在沿海作业的、选择性差的、对幼鱼损害较严重的底拖网和张网作业。部分底拖网的捕捞能力可以也应该由选择性更好的其他作业类型所取代，对张网作业应严格执行禁渔期制度并限制其发展。鼓励使用选择性较好的刺、钓作业以及利用中上层鱼类为主的围网作业。

（4）积极发展外海及远洋渔业。发展远洋渔业是减轻近海捕捞压力、拓展我国渔业发展空间、充分利用外国和国际渔业资源、扩大我国渔业影响的重要途径。目前，发达渔业国家的远洋渔业在逐步萎缩，为我国远洋渔业发展提供了新机遇。但以《联合国海洋法公约》为核心的新国际渔业管理制度的逐步建立，使我国过洋性远洋渔业发展受到一定限制，国际公海渔业资源争夺也日趋激烈，对我国远洋渔业发展提出了新挑战。南海外海海域广阔、渔业资源丰富，仅经济价值较高的优质鱼类就有30多种。据南海水产研究所等专业科研机构调查，约150万 km^2 的中南部深水海域和约60万 km^2 的西沙、中沙和南沙群岛等礁盘水域在内的外海渔业资源有巨大开发潜力，其中以鸢乌贼、金枪鱼（主要是扁舵鲣、圆舵鲣、鲣等小型金枪鱼）和鲹类等资源极具开发潜力。建议发展以大型灯光罩网渔业为主的南海外海渔业，加大鸢

乌贼、金枪鱼等大洋性中上层资源的开发力度，不仅可以形成新的海洋渔业经济生长点，还可以有效转移近海捕捞强度。

三、实施渔业资源增殖和生态修复措施，推动渔业经济转型升级

水域生态环境是水生生物赖以生存的物质条件，针对目前水生生物生存空间被大量挤占，水域生态环境不断恶化，水域生态荒漠化趋势日益明显等问题，应该坚持因地制宜的原则，秉持自然恢复为主的理念，加大渔业生态环境保护和修复力度。

（1）大力开展水生生物资源增殖和海洋牧场建设。根据南海区海洋环境特征以及水生生物资源分布状况、特点以及生态系统类型和生物习性，分区域规划适宜增殖放流的重点水域。重点针对已经衰退的渔业资源品种和生态荒漠化严重的水域，大力开展水生生物资源增殖放流活动，坚持质量和数量并重、效果和规模兼顾的原则，推动水生生物增殖放流科学、规范、有序进行。加大海洋牧场建设力度，高起点、高标准地建设一批具有南海特色的国家级和省级海洋牧场示范区，建立以人工鱼礁为载体，底播增殖、海藻种植为手段，增殖放流为补充的海洋牧场示范区，并带动休闲渔业及其他产业的发展，实现第一产业和第三产业融合发展，以提高渔民收入，形成渔区经济社会发展的渔业产业新业态。

（2）大力推进各类保护区的建设。加强和完善海洋自然保护区、水生生物自然保护区、海洋特别保护区、水产种质资源保护区、公益型人工鱼礁保护区、海洋公园、湿地公园等类型的海洋与渔业保护区建设，逐步建立布局合理、类型齐全、层次清晰、重点突出、面积适宜的各类水生生物自然保护区体系，使之覆盖重要水生生物的产卵场、洄游通道和栖息地，并形成系统效应。对已遭破坏的重要渔场、重要渔业资源品种的产卵场制定并实施重建计划。加强保护区管理能力建设，配套完善保护区管理设施，加强保护区人员业务知识和技能培训，强化各项监管措施，促进保护区的规范化、科学化管理。

四、加强渔业资源监测调查，提升科技支撑能力

渔业资源学科是水产学的二级学科，以基础研究和公益性工作为主。渔业资源的调查评估结果已经成为渔业资源合理利用与管理的重要科学依据，是政府渔业管理决策的基础和依据。

（1）健全渔业资源调查监测和评估体系，为科学实施资源管理提供有力支撑。

目前南海海域尚未有针对渔业资源系统、全面、综合性的监测调查研究体系，对南海渔业资源与生态环境的变化仍缺乏科学全面的了解，建议充分发挥农业农村部海

洋渔业资源评估专家委员会（简称评估委）的作用，整合现有的国家级和省级渔业资源监测网络，利用现有渔业科学调查船和观测实验站等科研条件，加大经费投入，对重点区域和重要渔业捕捞种类开展有针对性和系统性的专项调查，尽快建立起以实现生物资源长期持续开发利用为目标的资源变动监测调查体系，全面系统摸清南海近海渔业资源的分布区域、种类组成和生物量、主要经济种类生物学特性、洄游规律及其资源量与可捕量，为南海区海洋捕捞产业的调整及各项资源养护管理措施的制定与完善提供科学依据和技术支撑。

（2）健全生产统计和信息监测体系，及时准确掌握渔业生产动态。捕捞生产数据统计是现代渔业管理决策的基础，也是海洋渔业监督执法的重要工具。完善南海区渔业资源与生态环境动态监测网络建设，推动海洋捕捞生产统计方法改革，以渔港为主要依托，重建渔获物统计报告体系，改进现有捕捞日志制度，推广电子捕捞日志，实现海洋捕捞生产渔情动态监测，及时准确反映海洋捕捞生产、渔民收入、成本效益和渔区经济发展动态。加强基层渔业统计人员业务培训，强化监督管理，加大渔业统计监督检查力度，坚决制止人为干预信息数据的违法行为，切实维护信息数据的严肃性、权威性。

五、实施限额捕捞制度，提高渔业资源管理精细化水平

限额捕捞制度是国际通行的渔业资源管理制度，在 2000 年修订的《中华人民共和国渔业法》中，首次提出了"我国渔业实行限额捕捞制度"。此后，国务院于 2006 年和 2013 年先后印发了《中国水生生物资源养护行动纲要》和《关于促进海洋渔业持续健康发展的若干意见》，多次强调实施限额捕捞制度。2017 年，农业农村部印发了《关于进一步加强国内渔船管控，实施海洋渔业资源总量管理的通知》，并于 2017、2018 年，在辽宁、山东、浙江、福建、广东沿海 5 省开展限额捕捞管理试点。可见，限额捕捞制度已成为当前和今后一个时期我国海洋渔业资源管理的主要方向。

南海北部近海地处热带和亚热带，属于典型的多鱼种兼捕渔业，渔船和渔民数量庞大、分布广泛，渔港众多、缺乏集中的渔获物上岸地点，且渔政执法监督管理力量有限。为了推进限额捕捞管理，建议如下：

（1）完善相关渔业管理制度。限额捕捞管理的相关制度在各个法律、行政法规中都有涉及，但缺少如何细化实施的细则。结合目前新一轮《渔业法》修订的契机，建议尽快出台《渔业资源配额（限额）捕捞实施细则》，对配额的转让、配额的初试分配方式和流程、渔获物定点上岸及报告制度、渔获物绿色标签等作出明确规定，增加法律的可操作性。

（2）创新渔业管理机制。渔业监管是实施限额捕捞管理的核心，尤其是对渔船的监管和上岸渔获量的交易环节的监督管理。相对于海上执法监管而言，岸上的监管的可操作性更强。因此，应加大投入，尽快建立以渔港为主要依托的岸上监管制度，实现渔获物捕捞、上岸、交易、加工、贸易和闭环管理，真正实现依港管船、管安全和管渔获物。

（3）高度重视第三方渔业中介组织的作用。针对当前机构改革后渔业监督执法力量薄弱的现状，要积极培育壮大专业渔村、渔业合作组织、协会等各类基层渔业中介组织，赋予其在渔船证书办理、限额分配、入渔安排、船员培训、安全生产组织管理等方面一定权限，增强服务功能，充分发挥渔民群众参与捕捞业管理的基础作用。

（4）进一步扩大试点范围。在全面总结限额捕捞试点工作的基础上，进一步扩大试点范围和种类。对于单鱼种渔业，可在伏季休渔期间，以特许捕捞的形式对重要经济种类开展限额捕捞试点。对于多鱼种渔业，可考虑短期内按区域对全部渔业资源种类设置整体的捕捞限额，或者对主要鱼种设置比例性限额，即"总量＋关键鱼种"双限的管理模式来试行推进。

参考文献

蔡秉及,连光山,林玉辉,等.1995.台湾海峡西部海域浮游动物的基本特征.海洋学报,17(2): 93–98.

蔡研聪,徐姗楠,陈作志,等.2018.南海北部近海渔业资源群落结构及其多样性现状.南方水产科学,14(2): 10–18.

陈柏云.1984.中国海洋浮游桡足类区系的初步研究.海洋学报,5: 914–922.

陈国宝,李娜娜,陈丕茂,等.2010.南海黄斑篮子鱼的目标强度测量研究.中国水产科学,17: 1293–1299.

陈国宝,李永振,赵宪勇,等.2006.南海 5 类重要经济鱼类资源声学评估.海洋学报,28: 128–134.

陈新军,周应祺.2001.论渔业资源的可持续利用.资源科学,23(2): 70–74.

陈作志,孔啸兰,徐姗楠,等.2012.北部湾深水金线鱼种群参数的动态变化.水产学报,36 (4): 584–591.

陈作志,邱永松.2002.南海区海洋渔业资源现状和可持续利用对策.湖北农学院学报,22(6): 507–510.

戴燕玉,陈瑞祥,林景宏,等.2000.台湾岛东部和南部浮游动物的生态特点.中国海洋学文集——西北太平洋副热带环流研究(二).北京:中国海洋学会.201–208.

杜明敏,刘镇盛,王春生,等.2013.中国近海浮游动物群落结构及季节变化.生态学报,33(17): 5407–5418.

费鸿年,张诗全.1990.水产资源学.北京:科学出版社.

国家海洋局南海分局.2017.2016 年南海区海洋环境状况公报.

郭皓.2004.中国近海赤潮生物图谱.北京:海洋出版社.

黄良敏.2011.闽江口和九龙江口及其邻近海域渔业资源现状与鱼类多样性.青岛:中国海洋大学.

黄宗国,林茂.2012.中国海洋生物图集(第一册).北京:海洋出版社.

贾晓平,李纯厚,陈作志,等.2012.南海北部近海渔业资源及其生态系统水平管理策略.北京:海洋出版社.

贾晓平,李纯厚,邱永松,等.2005.广东海洋渔业资源调查评估与可持续利用对策.北京:海洋出版社.

金德祥,陈金环,黄凯歌.1965.中国海洋浮游硅藻类.上海:上海科学技术出版社.

乐凤凤,孙军,宁修仁,等.2006.2004 年夏季中国南海北部的浮游植物.海洋与湖沼,

37(3): 238–248.

李纯厚, 贾晓平, 蔡文贵. 2004. 南海北部浮游动物多样性研究. 中国水产科学, 11(2):139–146.

李永振, 陈国宝, 赵宪勇, 等. 2005. 南海北部海域小型非经济鱼类资源声学评估. 中国海洋大学学报(自然科学版), 35(2): 206–212.

林玉辉, 连光山. 1988. 台湾海峡西部海域浮游桡足类的生态. 台湾海峡, 7(3): 248–255.

刘瑞玉. 2008. 中国海洋生物名录. 北京: 科学出版社.

马威, 孙军. 2014. 夏、冬季南海北部浮游植物群落特征. 生态学报, 34(3): 621–632.

邱永松. 2002. 南海北部渔业资源状况与合理利用对策. 我国专属经济区和大陆架勘测研究论文集. 北京: 海洋出版社, 360–367.

邱永松, 曾晓光, 陈涛, 等. 2008. 南海渔业资源与渔业管理. 北京: 海洋出版社.

孙铭帅, 陈作志, 蔡研聪, 等. 2017. 空间插值法在北部湾渔业资源密度评估中的应用. 中国水产科学, 24(4): 853–861.

唐议, 邹伟红, 黄硕琳. 2008. 我国渔业资源养护与管理的法制进程. 中国人口资源与环境, 18: 133–136.

伍汉霖, 邵广昭, 赖春福. 1999. 拉汉世界鱼类系统名典. 基隆: 水产出版社.

徐宗军, 孙萍, 朱明远, 等. 2011. 南海北部春季网采浮游植物群落结构初步研究. 海洋湖沼通报, (2): 100–106.

杨吝. 1999. 南海海洋渔业状况和管理建议. 海洋水产科学研究文集. 广州: 广东科技出版社.

袁蔚文. 1995. 北部湾底层渔业资源的数量变动和种类更替. 中国水产科学, 2(2): 57–65.

曾炳光, 张进上, 陈冠贤, 等. 1989. 南海区渔业资源调查和区划. 广州: 广东科技出版社.

张俊, 邱永松, 陈作志, 等. 2018. 南海外海大洋性渔业资源调查评估进展. 南方水产科学, 14(6): 118–127.

张魁, 陈作志, 邱永松. 2016. 北部湾二长棘犁齿鲷生长、死亡和性成熟参数的年际变化. 南方水产科学, 12(6): 9–16.

张魁, 廖宝超, 许友伟, 等. 2017. 基于渔业统计数据的南海区渔业资源可捕量评估. 海洋学报, 39(8): 25–33.

Boswell K M, Kaller M D, Cowan J H, et al., 2008. Evaluation of target strength-fish length equation choices for estimating estuarine fish biomass. Hydrobiologia, 610: 113–123.

Chen G B, Zhang J, Yu J, et al., 2013. Hydroacoustic scattering characteristics and biomass assessment of the purpleback flying squid [*Sthenoteuthis oualaniensis*, (Lesson, 1830)] from the deepwater area of the South China Sea. Journal of Applied Ichthyology, 29: 1447–1452.

Drastik V, Kubecka J, Cech M, et al., 2009. Hydroacoustic estimates of fish stocks in temperate reservoirs: day or night surveys? Aquatic Living Resources, 22: 69–77.

Martell S, Froese R. 2013. A simple method for estimating MSY from catch and resilience. Fish and Fisheries, 14: 504–514.

Qiu Y, Lin Z, Wang Y. 2010. Responses of fish production to fishing and climate variability in the northern South China Sea. Progress in Oceanography, 85: 197–212.

SimmondS E J, Maclennan D N. 1992. Fisheries Acoustics. London: Chapman and Hall.

Simmonds J, Maclennan D. 2005. Fisheries Acoustics: Theory and Practice, Second Edition. Oxford: Blackwell Science.

Simmonds J E. 1996. Fisheries and Plankton Acoustics. ICES Journal of Marine Science, 53: 1885–1894.

Velho F V, Barros P, AXelsen B E. 2010. Day-night differences in Cunene horse mackerel (*Trachurus trecae*) acoustic relative densities off Angola. ICES Journal of Marine Science, 67: 1004–1009.

附录 1　南海北部近海浮游植物名录

中文名	拉丁名	春季	夏季	秋季	冬季
硅藻门	**BACILLARIOPHYTA**				
短柄曲壳藻	*Achnanthes brevipes*			+	
丹麦曲壳藻	*Achnanthes danica*	+			
椭圆辐环藻	*Actinocyclus ehrenbergii*	+			
奇妙辐环藻	*Actinocyclus alienus*	+			
洛氏辐环藻	*Actinocyclus roperii*	+			
辐裥藻	*Actinoptychus* sp.		+		+
波状辐裥藻	*Actinoptychus undulatus*			+	
中等辐裥藻	*Actinoptychus vulgaris*	+		+	
翼茧形藻美丽变种	*Amphiprora alata* var. *pulchra*	+	+		
尖锐双眉藻	*Amphora acuta*			+	
爪哇双眉藻	*Amphora javanica*			+	
海洋双眉藻	*Amphora marina*		+	+	
卵形双眉藻	*Amphora ovalis*				+
易变双眉藻眼状变种	*Amphora proteus* var. *aculeta*				+
强壮双眉藻	*Amphora robusta*	+		+	
施氏双眉藻	*Amphora schmidtii*				+
双眉藻	*Amphora* sp.		+	+	
偏缝藻	*Anorthoneis excentrica*	+			
日本星杆藻	*Asterionella japonica*			+	+
南方星纹藻	*Asterolampra marylandica*		+		+
克氏星脐藻	*Asteromphalus cleveanus*	+			+
扇形星脐藻	*Asteromphalus flabellatus*	+			+
近圆星脐藻	*Asteromphalus heptactis*	+			+
胡克星脐藻	*Asteromphalus hookei*	+			+
粗星脐藻	*Asteromphalus rubustus*			+	+
眼纹藻	*Auliscus incertus*				+
眼纹藻	*Auliscus* sp.				+
丛毛辐杆藻	*Bacteriastrum comosum*				+
优美辐杆藻	*Bacteriastrum delicatulum*	+	+	+	
长辐杆藻异端变种	*Bacteriastrum elongatum* var. *diversum*	+			+
长辐杆藻	*Bacteriastrum elongatum*	+		+	+
透明辐杆藻异毛变种	*Bacteriastrum hyalinum* var. *princeps*	+		+	+
透明辐杆藻	*Bacteriastrum hyalinum*	+	+	+	+
小辐杆藻	*Bacteriastrum minus*	+			+

中文名	拉丁名	春季	夏季	秋季	冬季
变异辐杆藻多刺变种	*Bacteriastrum varians* var. *hispida*			+	+
变异辐杆藻	*Bacteriastrum varians*	+	+	+	+
锤状中鼓藻	*Bellerochea malleus*	+	+	+	+
长耳盒形藻	*Biddulphia aurita*			+	
可疑盒形藻	*Biddulphia dubia*	+		+	+
活动盒形藻	*Biddulphia mobiliensis*	+	+	+	+
钝角盒形藻	*Biddulphia obtusa*			+	
高盒形藻	*Biddulphia regia*	+	+	+	+
圆角盒形藻	*Biddulphia sanpedroana*	+		+	+
中华盒形藻	*Biddulphia sinensis*	+	+	+	+
盒形藻	*Biddulphia* sp.	+			
托氏盒形藻	*Biddulphia tuomegi*			+	
网状盒形藻	*Bidduphia reticulata*		+	+	
三齿盒形藻	*Bidduphia tridens*		+	+	
相似美壁藻	*Caloneis aemula*	+			
长形美壁藻	*Caloneis elongata*	+			
美丽美壁藻	*Caloneis formosa*	+			
美壁藻	*Caloneis* sp.		+		+
双喙马鞍藻	*Campylodiscus birostratus*	+			
布氏马鞍藻	*Campylodiscus brightwellii*	+			+
双角马鞍藻	*Campylodiscus daemelianus*			+	
优美马鞍藻	*Campylodiscus decorus*				+
不定马鞍藻	*Campylodiscus incertus*	+			
马鞍藻	*Campylodiscus* sp.		+	+	+
波形马鞍藻	*Campylodiscus undulatus*			+	
柏氏角管藻	*Cerataulina bergoni*			+	
紧密角管藻	*Cerataulina compacta*		+	+	
大角管藻	*Cerataulina daemon*				+
大洋角管藻	*Cerataulina pelagica*		+		+
中华角管藻	*Cerataulina sinensis*				+
均等角毛藻	*Chaetoceros aequatoriale*	+		+	
窄隙角毛藻威尔变种	*Chaetoceros affinis* var. *willei*			+	
窄隙角毛藻	*Chaetoceros affinis*	+	+	+	+
大西洋角毛藻那不勒斯变种	*Chaetoceros atlanticus* var. *neapolitana*	+	+	+	+
大西洋角毛藻骨条变种	*Chaetoceros atlanticus* var. *skeleton*	+	+	+	+
大西洋角毛藻	*Chaetoceros atlanticus*	+	+	+	+
北方角毛藻	*Chaetoceros borealis*	+	+	+	+
短孢角毛藻	*Chaetoceros breois*	+	+	+	+

中文名	拉丁名	春季	夏季	秋季	冬季
卡氏角毛藻	*Chaetoceros castracanei*		+	+	
绕孢角毛藻	*Chaetoceros cinctus*	+		+	+
密聚角毛藻	*Chaetoceros coarctatus*	+	+	+	
扁面角毛藻	*Chaetoceros compressus*	+	+	+	+
扭角毛藻	*Chaetoceros convolutum*			+	
双脊角毛藻	*Chaetoceros costatus*				+
旋链角毛藻	*Chaetoceros curvisetus*		+	+	+
柔弱角毛藻	*Chaetoceros debilis*	+	+	+	+
并基角毛藻单胞变型	*Chaetoceros decipiens* f. *singular*	+			
并基角毛藻	*Chaetoceros decipiens*	+	+	+	+
密联角毛藻	*Chaetoceros densus*	+	+	+	+
细齿角毛藻	*Chaetoceros denticulatus*	+	+	+	
双突角毛藻隆起变种	*Chaetoceros didymus* var. *protuberans*	+		+	
双突角毛藻	*Chaetoceros didymus*	+	+		
远距角毛藻	*Chaetoceros distans*	+	+	+	+
异角角毛藻	*Chaetoceros diversus*			+	
爱氏角毛藻	*Chaetoceros eibenii*	+	+	+	
印度角毛藻	*Chaetoceros indicus*	+	+	+	+
垂缘角毛藻	*Chaetoceros laciniosus*	+	+	+	+
平滑角毛藻	*Chaetoceros laevis*	+	+	+	+
罗氏角毛藻	*Chaetoceros lauderi*	+	+	+	+
洛氏角毛藻	*Chaetoceros lorenzianus*	+	+	+	+
短刺角毛藻	*Chaetoceros messanensis*	+	+	+	+
小角毛藻	*Chaetoceros minutissimus*			+	
高孢角毛藻	*Chaetoceros mitra*	+			
牟氏角毛藻	*Chaetoceros muelleri*	+	+	+	+
日本角毛藻	*Chaetoceros nipponica*			+	
窄面角毛藻	*Chaetoceros paradoxus*	+			
海洋角毛藻	*Chaetoceros pelagicus*	+	+	+	+
秘鲁角毛藻	*Chaetoceros peruvianus*	+	+	+	+
拟弯角毛藻	*Chaetoceros pseudocurvisetus*	+	+	+	+
假双刺角毛藻	*Chaetoceros pseudodichaeta*			+	
嘴状角毛藻	*Chaetoceros rostratus*	+			
暹罗角毛藻	*Chaetoceros siamense*	+	+	+	+
角毛藻	*Chaetoceros* sp.		+	+	+
冕孢角毛藻	*Chaetoceros subsecundus*	+		+	+
细弱角毛藻	*Chaetoceros subtilis*		+	+	
扭链角毛藻	*Chaetoceros tortissimus*	+			+

中文名	拉丁名	春季	夏季	秋季	冬季
范氏角毛藻	*Chaetoceros vanheurcki*	+	+	+	+
威氏角毛藻	*Chaetoceros weissflogii*			+	
威格海母角毛藻	*Chaetoceros wighami*	+	+		
金色金盘藻	*Chrysanthemodiscus floriatus*			+	+
佛朗梯形藻	*Climacodium frauenfeldianum*	+	+	+	+
串珠梯楔藻	*Climacosphenia moniligera*	+		+	+
扁圆卵形藻椭圆变种	*Cocconeis placentula* var. *euglypta*	+			
扁圆卵形藻	*Cocconeis placentula*	+			
小环毛藻	*Corethron hystrix*	+	+	+	+
海洋环毛藻	*Corethron pelagicum*	+	+	+	+
非洲圆筛藻	*Coscinodiscus africanus*				+
善美圆筛藻	*Coscinodiscus agapetos*	+			
安氏圆筛藻	*Coscinodiscus angstii*		+	+	
线形安氏圆筛藻	*Coscinodiscus anguste-lineatus*	+		+	+
短尖圆筛藻	*Coscinodiscus apiculatus*				+
蛇目圆筛藻	*Coscinodiscus argus*	+	+	+	+
星脐圆筛藻	*Coscinodiscus asteromphalus*	+	+	+	+
深脐圆筛藻	*Coscinodiscus bathyomphalus*	+			+
有翼圆筛藻	*Coscinodiscus bipartitus*	+	+	+	+
中心圆筛藻	*Coscinodiscus centralis*	+	+	+	+
整齐圆筛藻	*Coscinodiscus concinnus*			+	
弓束圆筛藻	*Coscinodiscus curvatulus*		+	+	
明壁圆筛藻	*Coscinodiscus debilis*	+			
减小圆筛藻	*Coscinodiscus decrescens*			+	
畸形圆筛藻	*Coscinodiscus deformatus*				+
多束圆筛藻	*Coscinodiscus divisus*				+
偏心圆筛藻	*Coscinodiscus excentricus*	+			+
交织巨圆筛藻	*Coscinodiscus gigas* var. *praetexta*			+	+
巨圆筛藻	*Coscinodiscus gigas*	+	+	+	+
格氏圆筛藻	*Coscinodiscus granii*		+	+	+
海南圆筛藻	*Coscinodiscus heinanensis*			+	
关闭圆筛藻	*Coscinodiscus inclusus*	+			+
强氏圆筛藻	*Coscinodiscus janischii*		+	+	
琼氏圆筛藻	*Coscinodiscus jonesianus*	+	+	+	+
库氏圆筛藻	*Coscinodiscus kutzingii*	+	+	+	+
宽缘翼圆筛藻	*Coscinodiscus latimarginatus*			+	
线形圆筛藻	*Coscinodiscus lineatus*	+	+	+	+
具边圆筛藻	*Coscinodiscus marginatus*	+	+	+	+
小形圆筛藻	*Coscinodiscus minor*	+			+

中文名	拉丁名	春季	夏季	秋季	冬季
光亮圆筛藻	*Coscinodiscus nitidus*	+			+
高圆筛藻	*Coscinodiscus nobilis*	+			+
结节圆筛藻	*Coscinodiscus nodulifer*	+			+
小眼圆筛藻	*Coscinodiscus oculatus*	+	+	+	+
虹彩圆筛藻	*Coscinodiscus oculusiridis*	+	+	+	+
孔圆筛藻疏室变种	*Coscinodiscus perforatus* var. *cellulosa*			+	
孔圆筛藻	*Coscinodiscus perforatus*			+	
辐射圆筛藻	*Coscinodiscus radiatus*	+	+	+	+
肾形圆筛藻	*Coscinodiscus reniformus*	+		+	
洛氏圆筛藻	*Coscinodiscus rothii*	+	+		
秀丽圆筛藻	*Coscinodiscus scitulus*	+			+
汕头圆筛藻	*Coscinodiscus shantouensis*	+		+	+
圆筛藻	*Coscinodiscus* sp.		+	+	+
有棘圆筛藻	*Coscinodiscus spinosus*			+	+
细弱圆筛藻小形变种	*Coscinodiscus subtilis* var. *minorus*	+		+	
细弱圆筛藻	*Coscinodiscus subtilis*	+	+		+
苏氏圆筛藻	*Coscinodiscus thorii*	+			
威氏圆筛藻	*Coscinodiscus wailesii*	+	+	+	+
强氏圆筛藻	*Coscinodiscus janischii*	+	+		
筛链藻	*Coscinosira* sp.				+
极微小环藻	*Cyclotella atomus*	+	+	+	+
广缘小环藻	*Cyclotella bodanica*	+			
小环藻	*Cyclotella* sp.		+		+
条纹小环藻	*Cyclotella striata*	+			+
柱状小环藻	*Cyclotella stytorum*	+		+	+
洛氏波纹藻	*Cymatosira lorenziana*				+
桥弯藻	*Cymbella* sp.		+	+	
膨胀桥弯藻	*Cymbella tumida*	+	+	+	+
地中海指管藻	*Dactyliosolen mediterraneus*			+	+
蜂腰双壁藻	*Diploneis bombus*	+	+	+	+
黄蜂双壁藻可疑变型	*Diploneis crabro* f. *suspecta*	+			
黄蜂双壁藻近椭圆变种	*Diploneis crabro* var. *subellipbica*			+	
黄蜂双壁藻	*Diploneis crabro*	+	+	+	+
史密斯双壁藻菱形变种	*Diploneis smithii* var. *rhombica*				+
近圆双壁藻	*Diploneis suborbicularis*	+			
蓬勃拟翼藻	*Diplopsalopsis bomba*	+			
扁豆形拟翼藻	*Diplopsalopsis lenticulatum*	+			
布氏双尾藻	*Ditylum brightwellii*	+	+	+	+

中文名	拉丁名	春季	夏季	秋季	冬季
太阳双尾藻	*Ditylum sol*	+	+	+	+
伽氏筛盘藻	*Ethmodiscus gazella*			+	
长角弯角藻	*Eucampia cornuta*		+	+	
短角弯角藻	*Eucampia zoodiacus*	+	+	+	+
柔弱井字藻	*Eunotogramma frauenfeldii*	+			+
平滑井字藻	*Eunotogramma laevis*	+			+
嘴端井字藻	*Eunotogramma rostratum*	+	+		+
短线脆杆藻	*Fragilaria brevistriata*	+			
克罗脆杆藻	*Fragilaria crotonensis*	+			
大洋脆杆藻	*Fragilaria oceanica*			+	
脆杆藻	*Fragilaria* sp.	+	+	+	
细弱异极藻	*Gomphonema subtile*			+	
海生斑条藻	*Grammatophora marina*		+	+	
斑条藻	*Grammatophora* sp.		+	+	
萎软几内亚藻	*Guinardia flaccida*	+	+	+	+
尖布纹藻	*Gyrosigma acuminatum*	+	+	+	+
波罗的海布纹藻	*Gyrosigma balticum*	+	+	+	+
扭布纹藻	*Gyrosigma distortum*			+	
结节布纹藻	*Gyrosigma nodiferum*			+	
斯氏布纹藻	*Gyrosigma spencerii*		+		+
柔弱布纹藻	*Gyrosigma tenuissimum*			+	
澳立布纹藻	*Gyrosigma wormleyi*			+	
霍氏半管藻	*Hemiaulus hauckii*	+	+	+	+
印度半管藻	*Hemiaulus indicus*	+	+	+	
膜质半管藻	*Hemiaulus membranacus*	+	+	+	+
中华半管藻	*Hemiaulus sinensis*	+	+	+	+
楔形半盘藻圆形变种	*Hemidiscus cuneiformis* var. *orbicularis*				+
楔形半盘藻	*Hemidiscus cuneiformis*	+	+	+	+
哈氏半盘藻	*Hemidiscus hardmannianus*	+	+	+	+
可疑明盘藻	*Hyalodiscus ambiguus*	+	+		
辐射明盘藻	*Hyalodiscus radiatus*	+			
环纹劳德藻	*Lauderia annulata*	+	+	+	+
丹麦细柱藻	*Leptocylindrus danicus*	+	+	+	+
短纹楔形藻	*Licmophora abbreviata*		+	+	
加利福尼亚楔形藻	*Licmophora califorica*	+			
爱氏楔形藻	*Licmophora ehrenbergii*	+		+	+
纤细楔形藻长型变型	*Licmophora gracile* f. *elongata*	+			
纤细楔形藻	*Licmophora gracilis*		+		+

中文名	拉丁名	春季	夏季	秋季	冬季
奇异楔形藻	*Licmophora paradoxa*	+			
曲壳胸隔藻椭圆变种	*Mastogloia achnanthioides* var. *elliptica*			+	
扁中节胸隔藻延长变型	*Mastogloia brauni* f. *elongata*	+		+	
扁中节胸隔藻	*Mastogloia brauni*	+	+		+
红胸隔藻	*Mastogloia erythraea*	+			+
模仿胸隔藻	*Mastogloia imitatrix*	+			
印尼胸隔藻	*Mastogloia indonesiana*				+
披针胸隔藻	*Mastogloia lanceolata*		+		+
乳头胸隔藻	*Mastogloia mammosa*	+			
龟胸隔藻	*Mastogloia testudinea*				+
念珠直链藻	*Melosira moniliformis*			+	
直链藻	*Melosira* sp.		+		+
具槽直链藻	*Melosira sulcata*	+	+	+	+
龙骨舟形藻	*Navicula carinifera*	+			+
似隐头舟形藻	*Navicula cryptocephaloides*			+	
直舟形藻	*Navicula directa*	+	+	+	+
颗粒舟形藻	*Navicula granulata*	+			
琴状舟形藻	*Navicula lgra*	+	+		+
长舟形藻	*Navicula longa*	+	+	+	
膜状舟形藻	*Navicula membranacea*	+	+	+	+
最小舟形藻	*Navicula minima*	+			
帕维舟形藻	*Navicula pavillard*	+			
佩氏舟形藻	*Navicula perrotettii*			+	
喙头舟形藻	*Navicula rhynchocephala*	+	+		
半十字舟形藻	*Navicula semistauros*	+			
舟形藻	*Navicula* sp.	+	+	+	+
船形舟形藻	*Navicula subcarinata*	+			+
有棱菱形藻	*Nitzschia angularis*	+			
头状菱形藻	*Nitzschia capitellata*	+	+	+	
新月菱形藻	*Nitzschia closterium*		+	+	
分散菱形藻中间变种	*Nitzschia dissipata* var. *media*	+			
簇生菱形藻	*Nitzschia fasciculata*	+	+	+	+
流水菱形藻	*Nitzschia flumnensis*	+			
标志菱形藻	*Nitzschia insignis*	+			+
披针菱形藻	*Nitzschia lanceolata*		+		+
长菱形藻弯端变种	*Nitzschia longissima* var. *reversa*		+	+	
长菱形藻	*Nitzschia longissima*	+	+	+	+
洛氏菱形藻	*Nitzschia lorenziana*	+	+	+	+

中文名	拉丁名	春季	夏季	秋季	冬季
较大菱形藻直列变种	Nitzschia majuscule var. lineata			+	
海洋菱形藻	Nitzschia marina	+			
钝头菱形藻刀形变种	Nitzschia obtusa var. scalpelliformis			+	+
钝头菱形藻	Nitzschia obtusa	+	+		
谷皮菱形藻	Nitzschia palea			+	
延长菱形藻	Nitzschia prolongata			+	
弯端菱形藻	Nitzschia reversa	+		+	+
螺形菱形藻	Nitzschia sigma	+	+	+	+
拟螺形菱形藻	Nitzschia sigmoidea	+	+	+	+
中国菱形藻	Nitzschia sinensis				+
菱形藻	Nitzschia sp.		+	+	
美丽菱形藻	Nitzschia spectabilis			+	
微盐菱形藻	Nitzschia subsalsa			+	
粗条菱形藻	Nitzschia valdestriata				+
奇异棍形藻	Bacillaria paradoxa	+	+	+	+
短肋羽纹藻	Pinnularia brevicostata				+
羽纹藻	Pinnularia legumen	+	+		
大羽纹藻	Pinnularia major	+			
微辐节羽纹藻	Pinnularia microstauron	+			
范氏瘤足斑条藻	Plagiogramma vanheurchii			+	
太阳漂流藻	Planktoniella sol	+	+	+	+
端尖斜纹藻	Pleurosigma acurum	+		+	+
艾希斜纹藻	Pleurosigma aestuarii	+	+	+	+
相似曲舟藻	Pleurosigma affine		+	+	+
宽角斜纹藻镰刀变种	Pleurosigma balticum var. sinensis	+		+	+
宽角斜纹藻	Pleurosigma balticum	+	+	+	+
柔弱斜纹藻	Pleurosigma delicatulum	+			
长斜纹藻中华变种	Pleurosigma elongatum var. sinica			+	+
长斜纹藻	Pleurosigma elongatum	+	+		+
镰刀斜纹藻	Pleurosigma falx	+		+	+
飞马斜纹藻	Pleurosigma finmarchicum	+		+	+
美丽曲舟藻	Pleurosigma formosum		+	+	
中型斜纹藻	Pleurosigma intermedium	+	+	+	+
中型斜纹藻东山变种	Pleurosigma intermedium var. dongshanense				+
大斜纹藻	Pleurosigma major	+			+
微小斜纹藻	Pleurosigma minutum	+	+		+
舟形斜纹藻	Pleurosigma naviculaceum	+		+	+
诺马斜纹藻化石变种	Pleurosigma normanii var. fossilis	+			+

中文名	拉丁名	春季	夏季	秋季	冬季
诺氏曲舟藻	*Pleurosigma normanii*			+	+
海洋曲舟藻	*Pleurosigma pelagicum*	+	+	+	+
坚实斜纹藻	*Pleurosigma rigidum*	+			
盐生斜纹藻	*Pleurosigma salinarum*			+	
曲舟藻	*Pleurosigma* sp.		+	+	
粗毛斜纹藻	*Pleurosigma strigosum*				+
柔弱拟菱形藻	*Pseudo-nitzschia delicatissima*	+	+	+	+
尖刺拟菱形藻	*Pseudo-nitzschia pungens*	+	+	+	+
缝杆线藻	*Rhabdonema sutum*			+	
渐尖根管藻	*Rhizosolenia acuminata*			+	
翼根管藻弯喙变型	*Rhizosolenia alata* f. *curvirostris*	+			
翼根管藻纤细变型	*Rhizosolenia alata* f. *gracillima*	+	+	+	+
印度翼根管藻	*Rhizosolenia alata* f. *indica*	+	+	+	+
翼根管藻	*Rhizosolenia alata*	+	+	+	
伯氏根管藻	*Rhizosolenia bergonii*	+	+	+	+
距端根管藻	*Rhizosolenia calcaravis*	+	+	+	+
卡氏根管藻	*Rhizosolenia castracanei*			+	+
螺端根管藻	*Rhizosolenia cochlea*	+		+	+
厚刺根管藻	*Rhizosolenia crassipina*	+		+	+
圆柱根管藻	*Rhizosolenia cylindrus*	+	+	+	
柔弱根管藻	*Rhizosolenia delicatula*	+	+	+	+
脆根管藻	*Rhizosolenia fragilissima*	+	+	+	+
钝根管藻半棘变型	*Rhizosolenia hebetata* f. *semispina*			+	
透明根管藻	*Rhizosolenia hyalina*	+	+	+	+
覆瓦根管藻	*Rhizosolenia imbricata*	+	+	+	+
覆瓦根管藻细径变种	*Rhizosolenia imbricata* var. schrubsolei		+	+	
粗根管藻	*Rhizosolenia robusta*	+	+	+	+
刚毛根管藻	*Rhizosolenia setigera*	+	+	+	+
中华根管藻	*Rhizosolenia sinensis*	+	+	+	+
斯氏根管藻	*Rhizosolenia stolterfothii*	+	+	+	+
笔尖形根管藻粗径变种	*Rhizosolenia styliformis* var. latissima	+	+	+	+
长笔尖形根管藻	*Rhizosolenia styliformis* var. longispina	+	+	+	+
笔尖形根管藻	*Rhizosolenia styliformis*	+	+	+	+
谭氏根管藻	*Rhizosolenia tempersi*	+		+	+
旭氏藻	*Schroederella* sp.			+	+
优美旭氏藻	*Schroederella delicatula*		+	+	
中肋骨条藻	*Skeletonema costatum*	+	+	+	+

中文名	拉丁名	春季	夏季	秋季	冬季
热带骨条藻	*Skeletonema tropicum*	+	+	+	+
缢缩辐节藻	*Stauroneis constricta*			+	
紫心辐节藻	*Stauroneis phoeicenteroa*			+	
掌状冠盖藻	*Stephanopyxis palmeriana*	+	+	+	+
加利福尼亚斑盘藻光亮变种	*Stictodiscus californicus* var. *nitida*	+			+
斑盘藻	*Stictodiscus* sp.	+			
泰晤士扭鞘藻	*Streptotheca tamesis*	+	+	+	+
流水双菱藻	*Surirella fluminensis*	+	+		
华丽针杆藻	*Synedra formosa*	+	+		
光辉针杆藻	*Synedra fulgens*	+			
伽氏针杆藻	*Synedra gaillonii*	+			
海氏针杆藻	*Synedra hennedyana*	+			
粗针杆藻	*Synedra robusta*	+	+		
针杆藻	*Synedra* sp.		+	+	+
平片针杆藻簇生变种	*Synedra tabulata* var. *fasciculata*			+	
平片针杆藻	*Synedra tabulata*	+	+		+
肘状针杆藻狭细变种	*Synedra ulna* var.*danica*	+			
肘状针杆藻	*Synedra ulna*	+	+		
菱形海线藻小型变种	*Thalassionema nitzschioides* var. *parva*	+	+		
菱形海线藻	*Thalassionema nitzschioides*	+	+	+	+
密联海链藻	*Thalassiosira condensata*	+	+		
平滑海链藻	*Thalassiosira laevis*	+			
太平洋海链藻	*Thalassiosira pacifica*	+	+		+
圆海链藻	*Thalassiosira rotula*	+	+		
细弱海链藻	*Thalassiosira subtilis*	+		+	+
诺氏海链藻	*Thalassiosira nordenskioeldii*	+			
佛氏海毛藻	*Thalassiothrix frauenfeldii*	+	+	+	+
长海毛藻	*Thalassiothrix longissima*	+	+	+	+
粗纹藻相似变种	*Trachyneis aspera* var. *pulchella*			+	
巴里三角藻方面变型	*Triceratium balearicum* f. *biquadrata*			+	
不规则三角藻	*Triceratium dubium*			+	
蜂窝三角藻	*Triceratium favus*	+	+		+
透明三角藻	*Triceratium pellucida*				+
三角藻	*Triceratium* sp.		+	+	+
长龙骨藻	*Tropidoneis longa*		+	+	+
大龙骨藻	*Tropidoneis maxima*	+	+	+	+
细龙骨藻	*Tropidoneis pusilla*	+	+	+	+
甲藻门	**DINOPHYTA**				

中文名	拉丁名	春季	夏季	秋季	冬季
黄芪双管藻	*Amphisolenia astragalus*	+		+	
歪突双管藻	*Amphisolenia asymmetrica*			+	
二齿双管藻	*Amphisolenia bidentata*	+	+	+	+
	Amphisolenia palatatitaidas			+	
掌状双管藻	*Amphisolenia palmata*	+			
四齿双管藻	*Amphisolenia schauinslandi*	+		+	
双管藻	*Amphisolenia* sp.	+	+	+	
三叉双管藻	*Amphisolenia thrinax*	+	+	+	+
叉角藻	*Ceratium furca*	+	+		+
羊头角藻中国变种	*Ceratium arietinum* var. *sinicum*				+
羊头角藻	*Ceratium arietinum*	+			+
细轴角藻	*Ceratium axiale*				+
亚速尔角藻	*Ceratium azoricum*	+	+	+	+
针角藻	*Ceratium belone*				+
二裂角藻	*Ceratium biceps*	+		+	+
波氏角藻	*Ceratium boehmii*	+			
短角角藻弯曲变种	*Ceratium breve* var. *curvulum*	+	+	+	+
短角角藻平行变种	*Ceratium breve* var. *parallelum*		+		+
短角角藻	*Ceratium breve*	+	+	+	+
牛角角藻棒槌变型	*Ceratium buceros* f. *claviger*				+
牛角角藻异弓变种	*Ceratium buceros* var. *heterocamptum*				+
牛角角藻	*Ceratium buceros*	+	+		+
腊台角藻	*Ceratium candelabrum*	+	+	+	+
歧分角藻飞姿变种斯里兰卡变型	*Ceratium carriense* var. *volans* f. *ceylanicum*			+	
歧分角藻舞姿变型	*Ceratium carriense* var. *volans*		+	+	
歧分角藻	*Ceratium carriense*	+	+	+	+
扭角藻微曲变种	*Ceratium contortum* var. *subcontortum*	+			
扭角藻舞姿变种	*Ceratium contortum* var. *saltans*	+			+
扭角藻	*Ceratium contortum*	+	+	+	+
偏斜角藻	*Ceratium declinatum*		+	+	+
偏转角藻	*Ceratium deflexum*			+	
弓形角藻	*Ceratium euarcuatum*	+			+
奇长角藻窄变型	*Ceratium extensum* f. *strictum*	+		+	
奇长角藻	*Ceratium extensum*	+	+	+	+
拟镰角藻	*Ceratium falcatiforme*	+			
镰角藻	*Ceratium falcatum*	+	+		

中文名	拉丁名	春季	夏季	秋季	冬季
梭角藻刚毛变种	*Ceratium fusus* var. *seta*	+		+	+
梭角藻舒氏变种	*Ceratium fusus* var. *schucttii*	+		+	+
梭角藻	*Ceratium fusus*	+	+	+	+
驼背角藻异角变种	*Ceratium gibberum* var. *dispar*	+		+	+
驼背角藻左旋变型	*Ceratium gibberum* var. *sinistrum*	+			
驼背角藻	*Ceratium gibberum*	+	+	+	+
圆头形角藻窄变种	*Ceratium gravidum* var. *angustum*				+
圆头角藻	*Ceratium gravidum*		+	+	+
网纹角藻绕角变型	*Ceratium hexacanthum* f. *spirale*	+			
网纹角藻反曲变种	*Ceratium hexacanthum* var. *contortum*	+		+	+
网纹角藻	*Ceratium hexacanthum*	+	+	+	+
羊角角藻中国变种	*Ceratium hircus* var. *sinicum*				+
粗刺角藻棒槌变种	*Ceratium horridum* var. *claviger*	+	+	+	+
粗刺角藻伸展变种	*Ceratium horridum* var. *patentissimum*	+			
粗刺角藻柔软变种	*Ceratium horridum* var. *molle*	+			
粗刺角藻纤细变种	*Ceratium horridum* var. *tenue*	+			
粗刺角藻	*Ceratium horridum*	+			+
低顶角藻	*Ceratium humile*	+	+	+	+
剑峰角藻	*Ceratium incisum*		+	+	+
膨角藻	*Ceratium inflatum*	+		+	
波状角藻	*Ceratium inflexum*	+	+	+	+
卡氏角藻	*Ceratium karstenii*	+			
卡氏角藻粗壮变种	*Ceratium karstenii* var. *robustum*	+			
科氏角藻	*Ceratium kofoidii*		+	+	
	Ceratium lamellicorne	+			
歪斜角藻	*Ceratium limulus*			+	+
线形角藻	*Ceratium lineatum*	+	+	+	+
长角角藻	*Ceratium longinum*			+	+
弯顶角藻	*Ceratium longipes*				+
长顶角藻	*Ceratium longirostrum*	+			
新月角藻矮顶变型	*Ceratium lunula* f. *brachyceros*	+		+	+
新月角藻	*Ceratium lunula*	+	+	+	+
大角角藻窄变种	*Ceratium macroceros* var. *gallicum*	+	+	+	+
大角角藻海南变种	*Ceratium macroceros* var. *hainanensis*	+		+	+
大角角藻	*Ceratium macroceros*	+	+	+	+
马西里亚角藻具刺变种	*Ceratium massiliense* var. *armatum*		+		

中文名	拉丁名	春季	夏季	秋季	冬季
马西里亚角藻	*Ceratium massiliense*	+	+	+	+
柔软角藻	*Ceratium molle*			+	+
日本角藻	*Ceratium nipponicum*			+	
圆胖角藻	*Ceratium paradoxides*			+	
巴氏角藻长角变种	*Ceratium pavillardii* var. *hundhausenii*	+		+	+
巴氏角藻南沙变种	*Ceratium pavillardii* var. *nanshaensis*	+		+	+
五角形角藻长角变种	*Ceratium pentagonum* var. *longisetum*	+		+	+
	Ceratium pentagonum var. *scapiforme*	+		+	+
五角形角藻	*Ceratium pentagonum*		+		+
扁平角藻	*Ceratium platycornia*		+		+
美丽角藻	*Ceratium pulchellum*	+	+	+	+
蛙趾角藻掌状变种小叉变型	*Ceratium ranipes* var. *palmatum*	+		+	+
蛙趾角藻	*Ceratium ranipes*		+	+	+
后弯角藻	*Ceratium recurvatum*	+			
反射角藻	*Ceratium reflexure*	+	+		
凹腹角藻	*Ceratium schmidtii*	+	+		
施氏角藻	*Ceratium schrankii*				+
锥形角藻	*Ceratium schröeteri*				+
角藻	*Ceratium* sp.	+	+		+
直角藻	*Ceratium strictum*	+			
苏门答腊角藻	*Ceratium sumatranum*	+	+	+	
对称角藻直变种	*Ceratium symmetricum* var. *coarctatum*	+			
对称角藻	*Ceratium symmetricum*	+	+		
纤细角藻先端下倾变型	*Ceratium tenue* f. *inclinatum*	+			
纤细角藻	*Ceratium tenue*	+	+	+	
圆柱角藻	*Ceratium teres*		+		+
三叉角藻	*Ceratium trichoceros*	+	+	+	+
仿锚角藻	*Ceratium tripodioides*			+	+
三角角藻忽视变种	*Ceratium tripos* var. *neglectum*	+			+
三角角藻大西洋变种	*Ceratium tripos* var. *atlanticum*	+	+	+	+
三角角藻美丽变种	*Ceratium tripos* var. *pulchellum*	+		+	+
三角角藻	*Ceratium tripos*	+	+	+	+
兀鹰角藻梭角变型	*Ceratium vultur* f. *angustum*	+			+
兀鹰角藻后弯变型	*Ceratium vultur* f. *recuvum*	+	+		
兀鹰角藻日本变种	*Ceratium vultur* var. *japonicum*			+	

中文名	拉丁名	春季	夏季	秋季	冬季
兀鹰角藻日本变种粗壮变型	*Ceratium vultur* var. *japonicus* f. *robustum*	+			
兀鹰角藻苏门答腊变种	*Ceratium vultur* var. *sumatranum*	+	+	+	+
兀鹰角藻	*Ceratium vultur*	+	+	+	+
具刺角甲藻	*Ceratocorys armatum*		+	+	
长刺角甲藻	*Ceratocorys horrida*		+	+	
大角甲藻	*Ceratocorys magna*			+	
网纹角甲藻	*Ceratocorys reticulata*			+	
多环旋沟藻	*Cochlodinium polykrikoides*			+	
锋利鳍藻	*Dinophysis acutoides*	+		+	
光亮鳍藻	*Dinophysis argus*	+	+	+	+
具尾鳍藻	*Dinophysis caudata*	+	+	+	+
具刺鳍藻	*Dinophysis doryphorum*			+	
蜂窝鳍藻	*Dinophysis favus*	+		+	
矛形鳍藻	*Dinophysis haotata*			+	
勇士鳍藻	*Dinophysis miles*	+	+		+
帽状鳍藻	*Dinophysis mitra*	+		+	
孔状鳍藻	*Dinophysis porodictyum*			+	
罗卜鳍藻	*Dinophysis rapa*	+			
圆形鳍藻	*Dinophysis rotundata*	+		+	
鳍藻	*Dinophysis* sp.	+	+	+	
戴氏鳍藻	*Dinophysis tailisum*			+	
尾棘鳍藻	*Dinophysis uracantha*	+			
	Diplopsalosis asymmctrica	+			
新月球甲藻	*Dissodinium lunula*	+	+	+	+
具毒冈比甲藻	*Gamibierdiscus toxicus*	+	+	+	+
多边屋甲藻	*Goniodoma polyedricum*	+			
多边膝沟藻	*Gonyaulax polyedra*	+	+	+	
多纹膝沟藻	*Gonyaulax polygramma*		+	+	
具刺膝沟藻	*Gonyaulax spinifera*	+	+	+	
链状裸甲藻	*Gymnodinium catenatum*		+	+	
米氏裸甲藻	*Gymnodinium mikimotoi*			+	
血红哈卡藻	*Gymnodinium sanguineum*	+	+		
裸甲藻	*Gymnodinium* sp.	+	+	+	
闪光裸甲藻	*Gymnodinium splendens*		+	+	
条纹环沟藻	*Gyrodinium instriatum*	+		+	
多边异沟藻	*Heteraulacus polyedricus*	+		+	+
多边舌甲藻	*Lingulodinium polyedrum*	+	+	+	+
夜光藻	*Noctiluca scintillans*	+	+	+	+

中文名	拉丁名	春季	夏季	秋季	冬季
相似方形鸟尾藻	*Ornithocercus guadratus* var. *quadratus* f. *assimiles*			+	
大鸟尾藻	*Ornithocercus magnificus*	+	+	+	+
方鸟尾藻原变种希氏变型	*Ornithocercus quadratus* var. *quadratus* f. *schuettii*	+			
方鸟尾藻	*Ornithocercus quadratus*	+	+	+	+
具锯齿鸟尾藻	*Ornithocercus serratus*	+			
斯科鸟尾藻	*Ornithocercus skogskergii*	+			
鸟尾藻	*Ornithocercus* sp.		+	+	
美丽鸟尾藻	*Ornithocercus splendidus*	+	+	+	+
斯氏鸟尾藻	*Ornithocercus stebai*		+	+	
四叶鸟尾藻	*Ornithocercus steinii*	+	+	+	
中距鸟尾藻	*Ornithocercus thumii*	+	+	+	+
查林尖甲藻	*Oxytoxum challengeroides*			+	
厚尖甲藻	*Oxytoxum crassum*			+	+
刺尖甲藻	*Oxytoxum scolopax*			+	
双刺足甲藻	*Podolampas bipes*	+	+		
掌状足甲藻	*Podolampas palmipes*		+	+	
单刺足甲藻	*Podolampas spinifera*	+	+		
斯氏多沟藻	*Polykrikos schwartzii*			+	
	Prorocentrum veloi			+	
	Prorocentrum cassubicum	+			
扁形原甲藻	*Prorocentrum compressum*	+	+	+	+
心形原甲藻	*Prorocentrum cordatum*			+	
具齿原甲藻	*Prorocentrum dentatum*				+
纤细原甲藻	*Prorocentrum gracile*		+	+	
扁豆原甲藻	*Prorocentrum lenticulatum*	+		+	+
利马原甲藻	*Prorocentrum lima*	+	+	+	
海洋原甲藻	*Prorocentrum micans*	+	+	+	+
微小原甲藻	*Prorocentrum minutum*	+			+
诺里斯原甲藻	*Prorocentrum norrisianum*			+	+
	Prorocentrum scutelum			+	
反曲原甲藻	*Prorocentrum sigmoides*	+	+	+	
	Protoperidinium achrometicum	+			
樱桃原多甲藻	*Protoperidinium cerasus*	+			
窄脚原多甲藻	*Protoperidinium claudicans*			+	
锥形原多甲藻	*Protoperidinium conicumt*	+	+		
厚甲原多甲藻	*Protoperidinium crassipes*		+	+	
窄角原多甲藻	*Protoperidinium daudicans*			+	

中文名	拉丁名	春季	夏季	秋季	冬季
迷惑原多甲藻	*Protoperidinium decipiens*			+	+
扁平原多甲藻	*Protoperidinium depressum*	+	+	+	
	Protoperidinium diabolum			+	
歧散原多甲藻	*Protoperidinium divergens*	+	+	+	+
优美原多甲藻颗粒变种	*Protoperidinium elegans* f. *granulatum*	+			+
优美原多甲藻	*Protoperidinium elegans*		+	+	
偏心原多甲藻	*Protoperidinium excentricum*	+		+	+
大原多甲藻	*Protoperidinium grande*			+	
格氏原多甲藻	*Protoperidinium granii*			+	
半球形原多甲藻	*Protoperidinium hemisphericum*	+		+	+
长顶原多甲藻	*Protoperidinium longipes*			+	
墨氏原多甲藻	*Protoperidinium murrayi*		+		+
日本原多甲藻	*Protoperidinium nipponicum*	+		+	+
长形原多甲藻	*Protoperidinium oblongum*		+	+	+
钝形原多甲藻	*Protoperidinium obtusum*			+	
海洋原多甲藻	*Protoperidinium oceanicum*	+	+	+	
椭圆原多甲藻	*Protoperidinium ovatum*	+	+	+	+
平行原多甲藻	*Protoperidinium paralletum*	+	+		
灰色原多甲藻	*Protoperidinium pellucidum*			+	+
五角原多甲藻	*Protoperidinium pentagonum*	+	+	+	
梨形原多甲藻	*Protoperidinium pyriforme*	+	+	+	+
实角原多甲藻	*Protoperidinium solidicorne*				+
原多甲藻	*Protoperidinium* sp.		+		+
细高原多甲藻	*Protoperidinium tenuissimum*	+		+	+
膨胀原多甲藻	*Protoperidinium tumidum*			+	
魅原多甲藻长角变种	*Protoperidinium* var. *diabolus*			+	
斯氏扁甲藻	*Pyrophacus steinii*			+	
钟扁甲藻	*Pyrophacus horologium*			+	
纺锤梨甲藻双锥形	*Pyrocystis fusiformis* f. *bicornia*	+			+
浅弧梨甲藻	*Pyrocystis gerbautii*	+	+	+	+
钩梨甲藻异肢变种	*Pyrocystis hamulus* var. *inaeaqualis*	+			+
新月梨甲藻	*Pyrocystis lunula*	+	+	+	+
拟夜光梨甲藻	*Pyrocystis pseudonoctiluca*	+	+	+	+
菱形梨甲藻	*Pyrocystis rhomboides*	+	+	+	+
粗梨甲藻	*Pyrocystis robusta*	+		+	+
梨甲藻	*Pyrocystis* sp.	+	+		
锥状斯克里谱藻	*Scrippsiclla trochoidea*	+	+	+	+
点刺多甲藻	*Staurastrum punctulatum*			+	

中文名	拉丁名	春季	夏季	秋季	冬季
蓝藻门	**CYANOPHYTA**				
鞘丝藻	*Lyngbya* sp.	+	+	+	+
微囊藻	*Microcystis* sp.	+			+
铜绿微囊藻	*Mictocystis aeruginosa*			+	
阿氏颤藻	*Oscillatoria agardhii*	+			
巨颤藻	*Oscillatoria princeps*	+		+	+
颤藻	*Oscillatoria* sp.		+		+
辫状席藻	*Phormidium crosbyanum*			+	
脆席藻	*Phormidium fragile*	+			
席藻	*Phormidium* sp.	+		+	+
纤细席藻	*Phormidium tenue*				+
螺旋藻	*Spirulina* sp.	+	+		+
红海束毛藻	*Trichodesmium erythraeum*	+	+	+	+
铜色眉藻	*Calothrix aeruginea*			+	
胞内植生藻	*Richelia intracellularis*	+			
绿藻门	**CHLOROPHYTA**				
网球藻	*dictyosphaerium* sp.		+		+
颗粒角星鼓	*Staurastrum punctulatum*			+	
角星鼓藻	*Staurastrum* sp.			+	
新月藻	*Closterium lunula*	+			
金藻门	**CHRYSOPHYTA**				
小等刺硅鞭藻	*Dictyocha fibula*	+	+	+	+
六异刺硅鞭藻	*Distephanus speculum*		+	+	
六异刺硅鞭藻八角变种	*Distephanus speculum* var. octonarium	+	+	+	
皮氏黄群藻	*Synura petersenii*			+	
黄藻门	**XANTHOPHYTA**				
海洋浮囊藻	*Pelagocystis oceanica*			+	
海洋卡盾藻	*Chattonella marina*			+	+
裸藻门	**EUGLENOPHYTA**				
裸藻	*Euglena* sp.	+			

附录2 南海北部近海浮游动物名录

中文名	拉丁名	春季	夏季	秋季	冬季
原生动物	**PROTOZOA**				
等辐骨虫类	Acanthaea	+			
有孔虫类	Foraminiferida	+			
自育水母类	**AUTOMEDUSA**				
四手间囊水母	*Aegina citrea*				+
八手拟间囊水母	*Aeginura grimaldii*		+		+
两手筐水母	*Solmundella bitentaculata*	+	+	+	+
果状摇篮水母	*Cunina frugifera*	+			
八囊摇篮水母	*Cunina octonaria*	+			
坚固水母	*Pegantha* sp.	+			
枝管怪水母	*Geryonia proboscidalis*	+			+
四叶小舌水母	*Liriope tetraphylla*	+	+	+	+
半口壮丽水母	*Aglaura hemistoma*	+	+	+	+
顶突瓮水母	*Amphogona apicata*	+			
宽膜棍手水母	*Rhopalonema velatum*	+	+	+	+
真胃穴水母	*Sminthea eurygaster*	+			
水螅水母类	**HYDROIDOMEDUSA**				
扁胃高手水母	*Bougainvillia platygaster*	+		+	
台湾八束水母	*Koellikerina taiwanensis*	+			
管单肢水母	*Nubiella tubularia*	+			
顶斑潜水母	*Merga apicispottis*	+			
潜水母	*Merga* sp.	+			
贝氏真囊水母	*Euphysora bigelowi*	+		+	+
褐色真囊水母	*Euphysora brunnescentis*	+			
疣真囊水母	*Euphysora verrucosa*	+			
粗端梅尔水母	*Mayeri forbesi*	+		+	+
大笔螅水母	*Pennaria grandis*				+
顶囊外肋水母	*Ectopleura apicisacciformis*	+			
萱外肋水母	*Ectopleura xuxuanae*	+			
银币水母	*Porpita porpita*	+			+
嵴状镰螅水母	*Zanclea costata*	+			+
球形多管水母	*Aequorea globosa*	+			
细小多管水母	*Aequorea parva*	+			
多管水母	*Aequorea* sp.				+
管叉水母	*Dichotomia cannoides*	+			
短腺和平水母	*Eirene brevigona*		+	+	
短柄和平水母	*Eirene brevistylis*		+		+

中文名	拉丁名	春季	夏季	秋季	冬季
六辐和平水母	*Eirene hexanemalis*	+	+	+	
黑疣真瘤水母	*Eutima krampi*	+			
真瘤水母	*Eutima levuka*	+	+		+
异手真瘤水母	*Eutima variabilis*	+			
印度感棒水母	*Laodicea indica*	+	+	+	+
波状感棒水母	*Laodicea undulata*				+
八管水母	*Octocannoides* sp.			+	
单囊美螅水母	*Clytia folleata*	+			
半球美螅水母	*Clytia hemisphaerica*	+			+
双叉薮枝螅水母	*Obelia dichotoma*	+			
华丽盛装水母	*Agalma elegans*	+	+		+
盛装水母	*Agalma okeni*		+	+	+
海冠水母	*Halistemma rubrum*				+
直蕉马鲁水母	*Marrus orthocanna*	+			
性轭小型水母	*Nanomia bijuga*	+		+	
歪钟水母	*Forskalia edwardsi*	+			
气囊水母	*Physophora hydrostatica*		+	+	+
横棱多面水母	*Abyla haeckeli*	+			
顶大多面水母	*Abyla schmidti*	+	+		
三角多面水母	*Abyla trigona*	+	+		
四角舟水母	*Ceratocymba leuckarti*	+			
小拟多面水母	*Abylopsis eschscholtzi*	+	+	+	+
方拟多面水母	*Abylopsis tetragona*	+	+	+	+
巴斯水母	*Bassia bassensis*	+	+	+	+
晶莹九角水母	*Enneagonum hyalinum*	+	+	+	+
爪室水母	*Chelophyes appendiculata*	+	+	+	+
扭歪爪室水母	*Chelophyes contorta*	+	+	+	+
拟双生水母	*Diphyes bojani*	+	+	+	+
双生水母	*Diphyes chamissonis*	+	+	+	+
异双生水母	*Diphyes dispar*	+	+	+	+
尖角水母	*Eudoxoides mitra*	+	+	+	+
螺旋尖角水母	*Eudoxoides spiralis*	+	+	+	+
拟铃浅室水母	*Lensia campanella*	+	+		+
微脊浅室水母	*Lensia cossack*	+			+
小体浅室水母	*Lensia hotspur*	+	+	+	+
垂板浅室水母	*Lensia meteori*	+		+	+
七棱浅室水母	*Lensia multicristata*	+			+
细浅室水母	*Lensia subtilis*	+		+	+
拟细浅室水母	*Lensia subtiloides*	+	+	+	+
浅室水母	*Lensia* sp.	+			

中文名	拉丁名	春季	夏季	秋季	冬季
大西洋五角水母	*Muggiaea atlantica*	+	+	+	+
长囊无棱水母	*Sulculeolaria chuni*	+		+	+
五齿无棱水母	*Sulculeolaria monoica*	+			
四齿无棱水母	*Sulculeolaria quadrivalvis*	+		+	+
膨大无棱水母	*Sulculeoloria turgida*	+		+	+
马蹄水母	*Hippopodius hippopus*				+
光滑拟蹄水母	*Vogtia glabra*	+		+	
尖囊双钟水母	*Amphicaryon acaule*	+		+	
支管双钟水母	*Amphicaryon ernesti*	+			
链钟水母	*Desmophyes annectens*	+			
玫瑰里来水母	*Lilyopsis rosea*	+			
不定帕腊水母	*Praya dubia*	+			
褶玫瑰水母	*Rosacea plicata*	+			
细球水母	*Sphaeronectes gracilis*	+	+	+	+
钵水母类	**SCYPHOZOA**				
红斑游船水母	*Nausithoe punctata*	+			
栉水母类	**CTENOPHORA**				
球型侧腕水母	*Pleurobrachia globosa*	+		+	+
掌状风球水母	*Hormiphora palmata*	+			
蝶水母	*Ocyropsis crystallina*	+			
瓜水母	*Beroe cucumis*	+			+
多毛类	**POLYCHAETA**				
短盘首蚕	*Lopadorhynchus brevis*		+		
方盘首蚕	*Lopadorhynchus unicinatus*		+		
盘首蚕	*Lopadorhynchus* sp.	+			
游蚕	*Pelagobis longicirrata*	+			
晶明蚕	*Vanadis crystallina*				+
囊明蚕	*Vanadis fuscapunctata*		+		
小明蚕	*Vanadis minuta*		+		
眼蚕	*Alciopina parasitica*	+			
鼻蚕	*Rhynchonerella gracilis*	+			
鼻蚕	*Rhynchonerella* sp.	+			
等须浮蚕	*Tomopteris duccii*			+	+
秀丽浮蚕	*Tomopteris elegans*			+	
唇舌浮蚕	*Tomopteris ligulata*			+	
太平浮蚕	*Tomopteris pacifica*		+	+	
漂泊浮蚕	*Tomopteris planktonis*	+			+
盲蚕	*Typhloscolex muelleri*	+			
无瘤蚕	*Travisiopsis dubia*	+			
瘤蚕	*Travisiopsis lobifera*	+			+

中文名	拉丁名	春季	夏季	秋季	冬季
瘤蚕	*Travisiopsis* sp.	+			
箭蚕	*Sagitella kowalewskii*		+		+
南海刺沙蚕	*Neanthes nanhaiensis*				+
单叶吻沙蚕	*Glycera lancadivae*				+
腹足类	**GASTROPODA**				
扁明螺	*Atlanta depressa*	+		+	+
褐明螺	*Atlanta fusca*	+		+	+
蜗牛明螺	*Atlanta helcinoides*	+			+
歪轴明螺	*Atlanta inclinata*		+		
大口明螺	*Atlanta lesueuri*	+			+
明螺	*Atlanta peroni*	+			
玫瑰明螺	*Atlanta rosea*		+	+	
塔明螺	*Atlanta turriculata*	+	+		+
翼体螺	*Pterosoma planum*	+			
拟翼管螺	*Firoloida desmaresti*	+			+
翼管螺	*Pterotrachea coronata*	+			
海蜗牛	*Janthina janthina*		+		
泡螔螺	*Limacina bulimoides*	+		+	+
胖琥螺	*Limacina inflata*	+		+	+
马蹄琥螺	*Limacina trochiformis*	+	+	+	+
琥螺	*Limacina* sp.	+			
强卷螺	*Agadina stimpsoni*	+	+	+	+
强卷螺	*Agadina* sp.	+			
尖笔帽螺	*Creseis acicula*	+	+	+	+
棒笔帽螺	*Creseis clava*	+		+	
芽笔帽螺	*Creseis virgula*	+		+	+
锥笔帽螺	*Creseis virgula* var. *conica*	+		+	+
笔帽螺	*Creseis* sp.	+		+	
锥棒螺	*Styliola subula*	+		+	+
玻杯螺	*Hyalocylix striata*	+	+	+	+
矛头长角螺	*Euclio pyramidata* var. *lanceolata*	+			
四齿厚唇螺	*Diacria quadridentata*	+			+
厚唇螺	*Diacria* sp.	+			
长吻龟螺	*Cavolinia longirostris*			+	+
角长吻龟螺	*Cavolinia longirostris* var. *angulata*	+			+
球龟螺	*Cavolinia globulosa*	+			
钩龟螺	*Cavolinia uncinata*	+			
长轴螺	*Peraclis reticulata*	+			
舴艋螺	*Cymbulia peroni*	+			
冕螺	*Corolla ovata*	+	+		+

中文名	拉丁名	春季	夏季	秋季	冬季
蝴蝶螺	*Desmopterus papilio*	+	+	+	+
皮鳃螺	*Pneumoderma atlanticum*	+			
皮鳃螺	*Pneumoderma* sp.	+			
拟皮鳃螺	*Pneumodermopsis ciliata*	+			
大盘拟皮鳃螺	*Pneumodermopsis macrocotyla*	+			
多盘拟皮鳃螺	*Pneumodermopsis polycatyla*	+			
拟皮鳃螺	*Pneumodermopsis* sp.	+			
拟海若螺	*Paraclione longicaudata*	+			+
背鳃螺	*Notobranchaea macdonaldi*	+		+	
鳃螺	*Notobranchaea* sp.	+			
透明扁齿螺	*Thliptodon diaphanus*	+			+
枝角类	**CLADOCERA**				
肥胖三角溞	*Evadne tergestina*	+	+	+	
鸟喙尖头溞	*Penilia avirostris*	+	+	+	
史氏圆囊溞	*Podon schmackeri*	+	+	+	
介形类	**OSTRACODA**				
尖尾海萤	*Cypridina acuminata*	+	+	+	+
齿形海萤	*Cypridina dentata*	+	+	+	+
纳米海萤	*Cypridina nami*		+		
小型海萤	*Cypridina nana*		+		
弯曲海萤	*Cypridina sinuosa*		+		
贝氏拟海萤	*Cypridinodes bairdii*		+		
弱小铃萤	*Codonocera pusilla*			+	+
黄色单萤	*Monopia flaveola*	+		+	
特氏单萤	*Monopia tehani*			+	
双牙喜萤	*Philomedes eugeniae*				+
小齿真喜萤	*Euphilomedes interpuncta*				+
拟圆荚萤	*Cycloleberis similis*	+			
小深海浮萤	*Bathyconchoecia paulula*	+			
针刺真浮萤	*Euconchoecia aculeata*	+	+	+	+
双叉真浮萤	*Euconchoecia bifurata*	+			
细长真浮萤	*Euconchoecia elongata*	+	+	+	+
后圆真浮萤	*Euconchoecia maimai*	+	+	+	+
真浮萤	*Euconchoecia* sp.	+			
球大额萤	*Halocypria globosa*	+		+	
肥胖吸海萤	*Halocypris brevirostris*	+	+	+	+
双突猫萤	*Fellia bicornis*				+
腹腺浮萤	*Conchoecia lophura*	+			
细齿浮萤	*Conchoecia parvidentata*				+
亚弓浮萤	*Conchoecia subarcuata*	+		+	+

中文名	拉丁名	春季	夏季	秋季	冬季
腹突拟浮萤	*Paraconchoecia decipiens*	+			
齿形拟浮萤	*Paraconchoecia dentata*		+		
猬刺拟浮萤	*Paraconchoecia echinata*	+			
无刺拟浮萤	*Paraconchoecia inermis*				+
小型拟浮萤	*Paraconchoecia microprocera*	+			+
长拟浮萤	*Paraconchoecia oblonga*	+			+
斜突拟浮萤	*Paraconchoecia procera*	+			+
棘刺拟浮萤	*Paraconchoecia spinifera*	+			
葱萤	*Porroecia porrecta*	+			+
刺喙葱萤	*Porroecia spinirostris*	+	+		+
华丽双浮萤	*Discoconchoecia elegans*	+			
膨大双浮萤	*Discoconchoecia tamensis*	+			
尖头毛浮萤	*Conchoecetta acuminata*	+			+
球形毛浮萤	*Conchoecetta giesbrechti*	+			
短形小浮萤	*Microconchoecia curta*	+	+	+	+
小斑小浮萤	*Microconchoecia stigmatica*	+			
粗大后浮萤	*Metaconchoecia macromma*	+			
大西洋直浮萤	*Orthoconchoecia atlantica*	+			+
双刺直浮萤	*Orthoconchoecia bispinosa*	+			+
哈氏直浮萤	*Orthoconchoecia haddoni*			+	+
短刺直浮萤	*Orthoconchoecia secernenda*			+	+
贞女刺萤	*Spinoecia parthenoda*	+			+
切曲萤	*Gaussicia incisa*	+		+	+
钝额齿浮萤	*Conchoecilla daphnoides*			+	
尖额齿浮萤	*Conchoecilla daphnoides minor*			+	
尖尾翼萤	*Alacia alata*		+		+
小尖尾翼萤	*Alacia alata minor*	+			
同心假浮萤	*Pseudoconchoecia concentrica*	+			
桡足类	**COPEPODA**				
丹氏纺锤水蚤	*Acartia danae*	+	+	+	+
红纺锤水蚤	*Acartia erythraea*		+	+	+
小纺锤水蚤	*Acartia negligens*	+	+	+	+
太平洋纺锤水蚤	*Acartia pacifica*	+	+	+	+
刺尾纺锤水蚤	*Acartia spinicauda*		+	+	+
纺锤水蚤	*Acartia* sp.	+	+	+	+
尖鹰嘴水蚤	*Aetideus acutus*	+	+		+
武装鹰嘴水蚤	*Aetideus armatus*	+	+		
纪氏鹰嘴水蚤	*Aetideus giesbrecht*	+	+		+
瘦袖水蚤	*Chiridius gracilis*		+		
波氏袖水蚤	*Chiridius poppei*		+		

中文名	拉丁名	春季	夏季	秋季	冬季
印度手水蚤	*Chirundina indica*	+			
粗壮真胖水蚤	*Euchirella amoena*			+	
秀真胖水蚤	*Euchirella bella*		+	+	+
短尾真胖水蚤	*Euchirella curticauda*		+		
印度真胖水蚤	*Euchirella indica*				+
巨大真胖水蚤	*Euchirella maxima*		+		
东方真胖水蚤	*Euchirella orientalis*		+		
美真胖水蚤	*Euchirella speciosa*		+		
丽真胖水蚤	*Euchirella venusta*	+			
短角枪水蚤	*Gaetanus brevicornis*		+		
长角枪水蚤	*Gaetanus miles*		+		
小枪水蚤	*Gaetanus minor*		+		
锐刺盾水蚤	*Gaidius pungens*	+			
大型波刺水蚤	*Undeuchaeta major*		+		
羽波刺水蚤	*Undeuchaeta plumosa*		+		
欧氏后哲水蚤	*Metacalanus aurivillii*	+			
长尾亮羽水蚤	*Augaptilus longicaudatus*				+
长角海羽水蚤	*Haloptilus longicornis*	+	+	+	+
深角水蚤	*Bathypontia* sp.		+		
中华哲水蚤	*Calanus sinicus*	+	+	+	+
隆线似哲水蚤	*Calanoides carinatus*	+	+		+
微刺哲水蚤	*Canthocalanus pauper*	+	+	+	+
达氏宇哲水蚤	*Cosmocalanus darwinii*	+	+		+
细角间哲水蚤	*Mesocalanus tenuicornis*	+			+
小哲水蚤	*Nannocalanus minor*	+	+	+	+
瘦新哲水蚤	*Neocalanus gracilis*	+	+	+	+
粗新哲水蚤	*Neocalanus robustior*		+	+	+
普通波水蚤	*Undinula vulgaris*	+	+	+	+
短缩丽哲水蚤	*Calocalanus contractus*	+	+		
瘦丽哲水蚤	*Calocalanus gracilis*		+		+
单刺丽哲水蚤	*Calocalanus monospinus*		+		
孔雀丽哲水蚤	*Calocalanus pavo*	+	+	+	+
锦丽哲水蚤	*Calocalanus pavoninus*	+	+		+
羽丽哲水蚤	*Calocalanus plumulosus*	+	+	+	+
针丽哲水蚤	*Calocalanus styliremis*	+	+		+
丽哲水蚤	*Calocalanus* sp.		+	+	+
双翼平头水蚤	*Candacia bipinnata*	+	+		+
伯氏平头水蚤	*Candacia bradyi*	+	+	+	+
幼平头水蚤	*Candacia catula*	+	+	+	+
短平头水蚤	*Candacia curta*	+	+	+	

中文名	拉丁名	春季	夏季	秋季	冬季
异尾平头水蚤	*Candacia discaudata*		+	+	+
黑斑平头水蚤	*Candacia ethiopica*		+	+	+
耳突平头水蚤	*Candacia guggenheimi*		+		
厚指平头水蚤	*Candacia pachydactyla*	+	+	+	+
瘦平头水蚤	*Candacia tenuimana*		+		
腹突平头水蚤	*Candacia varicans*	+	+		
平头水蚤	*Candacia* sp.		+		
双刺拟平头水蚤	*Paracandacia bispinosa*	+	+		+
简拟平头水蚤	*Paracandacia simplex*			+	
截拟平头水蚤	*Paracandacia truncata*	+	+	+	+
腹针胸刺水蚤	*Centropages abdominalis*		+	+	
短尾胸刺水蚤	*Centropages brevifurcus*		+		
哲胸刺水蚤	*Centropages calaninus*	+	+	+	+
背针胸刺水蚤	*Centropages dorsispinatus*	+			
瘦长胸刺水蚤	*Centropages elongatus*	+	+	+	+
叉胸刺水蚤	*Centropages furcatus*	+	+	+	+
瘦胸刺水蚤	*Centropages gracilis*	+	+	+	+
长角胸刺水蚤	*Centropages longicornis*	+			
奥氏胸刺水蚤	*Centropages orsinii*	+	+	+	+
中华胸刺水蚤	*Centropages sinensis*		+	+	
瘦尾胸刺水蚤	*Centropages tenuiremis*	+	+	+	+
弓角基齿哲水蚤	*Clausocalanus arcuicornis*	+	+	+	+
法氏基齿哲水蚤	*Clausocalanus farrani*	+	+		
长尾基齿哲水蚤	*Clausocalanus furcatus*	+	+	+	+
三刺基齿哲水蚤	*Clausocalanus jobei*		+		
拟鞭基齿哲水蚤	*Clausocalanus mastigophorus*	+			
小基齿哲水蚤	*Clausocalanus minor*	+	+		
厚基齿哲水蚤	*Clausocalanus paululus*		+		
尖基齿哲水蚤	*Clausocalanus pergens*	+	+	+	+
基齿哲水蚤	*Clausocalanus* sp.		+	+	+
长真哲水蚤	*Eucalanus elongatus*	+	+	+	+
明真哲水蚤	*Eucalanus hyalinus*		+		
细拟真哲水蚤	*Pareucalanus attenuatus*	+	+	+	+
伪细拟真哲水蚤	*Pareucalanus pseudattenuatus*	+	+	+	+
鼻锚哲水蚤	*Rhincalanus nasutus*	+	+	+	+
彩额锚哲水蚤	*Rhincalanus rostrifrons*	+	+	+	+
强次真哲水蚤	*Subeucalanus crassus*	+	+	+	+
刺额次真哲水蚤	*Subeucalanus dentatus*	+			
尖额次真哲水蚤	*Subeucalanus mucronatus*	+	+	+	+
帽形次真哲水蚤	*Subeucalanus pileatus*	+	+	+	

中文名	拉丁名	春季	夏季	秋季	冬季
亚强次真哲水蚤	*Subeucalanus subcrassus*	+	+	+	+
狭额次真哲水蚤	*Subeucalanus subtenuis*	+	+	+	+
精致真刺水蚤	*Euchaeta concinna*	+	+	+	+
印度真刺水蚤	*Euchaeta indica*	+	+	+	+
长角真刺水蚤	*Euchaeta longicornis*	+	+	+	+
中型真刺水蚤	*Euchaeta media*		+	+	
平滑真刺水蚤	*Euchaeta plana*	+	+	+	+
窄缝真刺水蚤	*Euchaeta rimana*	+	+	+	+
真刺水蚤	*Euchaeta* sp.	+			
瘦真刺水蚤	*Euchaeta tenuis*		+	+	
双突拟真刺水蚤	*Paraeuchaeta bisinuata*		+		
瘦尾拟真刺水蚤	*Paraeuchaeta gracilicauda*		+		
马来拟真刺水蚤	*Paraeuchaeta malayensis*		+		
红拟真刺水蚤	*Paraeuchaeta rubra*	+			
芦氏拟真刺水蚤	*Paraeuchaeta russelli*	+	+	+	+
锥拟真刺水蚤	*Paraeuchaeta vorax*		+		
拟真刺水蚤	*Paraeuchaeta* sp.		+		
深异肢水蚤	*Heterorhabdus abyssalis*	+	+		
淡异肢水蚤	*Heterorhabdus insukae*	+			
乳状异肢水蚤	*Heterorhabdus papilliger*	+	+	+	+
刺额异肢水蚤	*Heterorhabdus spinifrons*	+	+		+
小刺异肢水蚤	*Heterorhabdus spinosus*		+		
亚刺额异肢水蚤	*Heterorhabdus subspinifrons*				+
长角异刺水蚤	*Heterostylites longicornis*	+			
耳光水蚤	*Lucicutia aurita*		+		
双角光水蚤	*Lucicutia bicornuta*		+		
克氏光水蚤	*Lucicutia clausi*	+			
短光水蚤	*Lucicutia curta*	+	+		
黄角光水蚤	*Lucicutia flavicornis*	+	+	+	+
高斯光水蚤	*Lucicutia gaussae*	+			
卵形光水蚤	*Lucicutia ovalis*		+	+	+
克氏长角哲水蚤	*Mecynocera clausi*	+			
美丽长腹水蚤	*Metridia venusta*		+		
腹突乳点水蚤	*Pleuromamma abdominalis*	+	+	+	+
北方乳点水蚤	*Pleuromamma borealis*		+		+
瘦乳点水蚤	*Pleuromamma gracilis*	+	+	+	+
皮氏乳点水蚤	*Pleuromamma piseki*	+			
粗乳点水蚤	*Pleuromamma robusta*	+	+	+	+
剑乳点水蚤	*Pleuromamma xiphias*	+	+	+	+
安氏隆哲水蚤	*Acrocalanus andersoni*	+	+	+	+

中文名	拉丁名	春季	夏季	秋季	冬季
驼背隆哲水蚤	*Acrocalanus gibber*	+	+	+	+
微驼隆哲水蚤	*Acrocalanus gracilis*	+	+	+	+
长角隆哲水蚤	*Acrocalanus longicornis*	+	+	+	+
单隆哲水蚤	*Acrocalanus monachus*	+	+	+	+
隆哲水蚤	*Acrocalanus* sp.	+			
拟矮隆水蚤	*Bestiolina similis*		+		
裸桂水蚤	*Delius nudus*	+			
针刺拟哲水蚤	*Paracalanus aculeatus*	+	+	+	+
强额拟哲水蚤	*Paracalanus crassirostris*	+	+	+	+
瘦拟哲水蚤	*Paracalanus gracilis*	+	+	+	+
矮拟哲水蚤	*Paracalanus nanus*		+	+	+
裸拟哲水蚤	*Paracalanus denudatus*				+
小拟哲水蚤	*Paracalanus parvus*	+	+	+	+
锯缘拟哲水蚤	*Paracalanus serrulus*		+		
拟哲水蚤	*Paracalanus* sp.			+	+
美丽孔雀哲水蚤	*Parvocalanus elegans*	+			
刺褐水蚤	*Phaenna spinifera*	+	+		
褐水蚤	*Phaenna* sp.	+			
活泼黄水蚤	*Xanthocalanus agilis*	+			+
等叶足水蚤	*Phyllopus aequalis*		+		
椭形长足水蚤	*Calanopia elliptica*	+	+	+	+
小长足水蚤	*Calanopia minor*	+	+	+	+
长足水蚤	*Calanopia* sp.		+		
尖刺唇角水蚤	*Labidocera acuta*	+	+	+	+
锐唇角水蚤	*Labidocera acutifrons*		+		
后截唇角水蚤	*Labidocera detruncata*	+	+	+	+
真刺唇角水蚤	*Labidocera euchaeta*	+	+		
科氏唇角水蚤	*Labidocera kröyeri*	+	+	+	+
小齿唇角水蚤	*Labidocera laevidentata*		+		
小唇角水蚤	*Labidocera minuta*	+	+		
孔雀唇角水蚤	*Labidocera pavo*		+		
圆唇角水蚤	*Labidocera rotunda*	+			+
叉刺角水蚤	*Pontella chierchiae*	+	+	+	+
丹氏角水蚤	*Pontella danae*		+		
阔节角水蚤	*Pontella fera*				+
中华角水蚤	*Pontella sinica*	+			
刺尾角水蚤	*Pontella spinicauda*		+		
羽小角水蚤	*Pontellina plumata*	+	+	+	+
克氏简角水蚤	*Pontellopsis krameri*	+	+		+
瘦尾简角水蚤	*Pontellopsis tenuicauda*	+	+	+	+

中文名	拉丁名	春季	夏季	秋季	冬季
粗毛简角水蚤	*Pontellopsis villosa*	+			+
钝简角水蚤	*Pontellopsis yamadae*				+
缺刻伪镖水蚤	*Pseudodiaptomus incisus*	+			
深海小厚壳水蚤	*Scolecithricella abyssalis*	+	+		+
叶足小厚壳水蚤	*Scolecithricella dentata*				+
法氏小厚壳水蚤	*Scolecithricella fowleri*	+			
长刺小厚壳水蚤	*Scolecithricella longispinosa*	+	+	+	+
热带小厚壳水蚤	*Scolecithricella tropica*				+
强小厚壳水蚤	*Scolecithricella valens*		+		
带小厚壳水蚤	*Scolecithricella vittata*		+	+	+
小厚壳水蚤	*Scolecithricella* sp.	+	+	+	
伯氏厚壳水蚤	*Scolecithrix bradyi*	+	+	+	+
丹氏厚壳水蚤	*Scolecithrix danae*	+	+	+	+
缘齿厚壳水蚤	*Scolecithrix nicobarica*	+	+	+	+
异尾宽水蚤	*Temora discaudata*	+	+	+	+
锥形宽水蚤	*Temora turbinata*	+	+	+	+
腹突拟宽水蚤	*Temoropia mayumbaensis*		+		
捷氏歪水蚤	*Tortanus derjugini*		+		
钳形歪水蚤	*Tortanus forcipatus*			+	+
瘦歪水蚤	*Tortanus gracilis*	+	+		
坚双长腹剑水蚤	*Dioithona rigida*	+	+		
简双长腹剑水蚤	*Dioithona simplex*	+	+		+
细长腹剑水蚤	*Oithona attenuata*	+	+	+	
短角长腹剑水蚤	*Oithona brevicornis*	+	+	+	
隐长腹剑水蚤	*Oithona decipiens*		+	+	+
伪长腹剑水蚤	*Oithona fallax*		+		+
线长腹剑水蚤	*Oithona linearis*		+		
长刺长腹剑水蚤	*Oithona longispina*		+	+	
小长腹剑水蚤	*Oithona nana*		+		+
羽长腹剑水蚤	*Oithona plumifera*	+	+	+	+
刺长腹剑水蚤	*Oithona setigera*	+	+	+	+
拟长腹剑水蚤	*Oithona similis*	+	+	+	+
瘦长腹剑水蚤	*Oithona tenuis*	+		+	+
敏长腹剑水蚤	*Oithona vivida*	+	+		
长腹剑水蚤	*Oithona* sp.		+	+	
喙额盔头猛水蚤	*Clytemnestra rostrata*				+
小盆盔头猛水蚤	*Clytemnestra scutellata*	+	+		
小毛猛水蚤	*Microsetella norvegica*	+	+		
红小毛猛水蚤	*Microsetella rosea*	+			+
尖额谐猛水蚤	*Euterpina acutifrons*	+	+		

中文名	拉丁名	春季	夏季	秋季	冬季
瘦长毛猛水蚤	*Macrosetella gracilis*	+			
柔大眼水蚤	*Corycaeus (Agetus) flaccus*	+	+	+	+
菱形大眼水蚤	*Corycaeus (Agetus) limbatus*	+	+	+	+
典型大眼水蚤	*Corycaeus (Agetus) typicus*	+	+	+	+
微胖大眼水蚤	*Corycaeus (Corycaeus) crassiusculus*	+	+	+	+
美丽大眼水蚤	*Corycaeus (Corycaeus) speciosus*	+	+	+	+
绿大眼水蚤	*Corycaeus (Corycaeus) vitreus*	+		+	+
近缘大眼水蚤	*Corycaeus (Ditrichocorycaeus) affinis*	+	+	+	+
亮大眼水蚤	*Corycaeus (Ditrichocorycaeus) andrewsi*	+	+	+	
东亚大眼水蚤	*Corycaeus (Ditrichocorycaeus) asiaticus*	+	+	+	+
平大眼水蚤	*Corycaeus (Ditrichocorycaeus) dahli*	+	+		+
红大眼水蚤	*Corycaeus (Ditrichocorycaeus) erythraeus*	+			+
小突大眼水蚤	*Corycaeus (Ditrichocorycaeus) lubbocki*	+			+
细大眼水蚤	*Corycaeus (Ditrichocorycaeus) subtilis*	+			
粗大眼水蚤	*Corycaeus (Monocorycaeus) robustus*	+		+	
活泼大眼水蚤	*Corycaeus (Onychocorycaeus) agilis*	+	+		+
灵巧大眼水蚤	*Corycaeus (Onychocorycaeus) catus*	+	+	+	+
太平洋大眼水蚤	*Corycaeus (Onychocorycaeus) pacificus*	+	+	+	+
小型大眼水蚤	*Corycaeus (Onychocorycaeus) pumilus*	+	+	+	
叉大眼水蚤	*Corycaeus (Urocorycaeus) furcifer*	+		+	+
伶俐大眼水蚤	*Corycaeus (Urocorycaeus) lautus*	+	+	+	+
长刺大眼水蚤	*Corycaeus (Urocorycaeus) longistylis*	+	+	+	+
大眼水蚤	*Corycaeus* sp.	+	+	+	+
精致羽刺大眼水蚤	*Farranula concinna*				+
驼背羽刺大眼水蚤	*Farranula gibbula*	+			+
拟额羽刺大眼水蚤	*Farranula rostrata*	+		+	
针刺梭水蚤	*Lubbockia aculeata*	+			
掌刺梭水蚤	*Lubbockia squillimana*	+			
背突隆水蚤	*Oncaea clevei*	+	+	+	+
中隆水蚤	*Oncaea media*	+	+	+	+
等刺隆水蚤	*Oncaea mediterranea*	+	+	+	+
锦隆水蚤	*Oncaea ornata*		+		
丽隆水蚤	*Oncaea venusta*	+	+	+	+
隆水蚤	*Oncaea* sp.			+	+
角三锥水蚤	*Triconia conifera*		+	+	+
齿三锥水蚤	*Triconia dentipes*	+	+		
齿厚水蚤	*Pachysoma dentatum*				+
斑点厚水蚤	*Pachysoma punctatum*	+			+
狭叶水蚤	*Sapphirina angusta*	+	+	+	+
曙光叶水蚤	*Sapphirina auronitens*	+	+	+	+

中文名	拉丁名	春季	夏季	秋季	冬季
双尖叶水蚤	*Sapphirina bicuspidata*				+
达氏叶水蚤	*Sapphirina darwinii*	+	+	+	+
胃叶水蚤	*Sapphirina gastrica*		+	+	+
芽叶水蚤	*Sapphirina gemma*	+	+	+	+
肠叶水蚤	*Sapphirina intestinata*		+	+	+
狭尾叶水蚤	*Sapphirina lactens*	+	+		+
斑点叶水蚤	*Sapphirina maculosa*				+
金叶水蚤	*Sapphirina metallina*	+	+	+	+
黑点叶水蚤	*Sapphirina nigromaculata*	+	+		
玛瑙叶水蚤	*Sapphirina opalina*	+	+	+	+
圆矛叶水蚤	*Sapphirina ovatolanceolata*	+	+	+	
红叶水蚤	*Sapphirina scarlata*	+	+	+	+
弯尾叶水蚤	*Sapphirina sinuicauda*	+	+		+
星叶水蚤	*Sapphirina stellata*	+	+	+	+
叶水蚤	*Sapphirina* sp.	+	+	+	
大桨水蚤	*Copilia lata*	+	+		
长桨水蚤	*Copilia longistylis*		+		
奇桨水蚤	*Copilia mirabilis*	+	+	+	+
方桨水蚤	*Copilia quadrata*	+	+	+	+
晶桨水蚤	*Copilia vitrea*	+			
深角管水虱	*Pontoeciella abyssicola*	+			
糠虾类	**MYSIDACEA**				
细节糠虾	*Siriella gracilis*		+		+
中华节糠虾	*Siriella sinensis*				+
节糠虾	*Siriella* sp.		+		
小拟节糠虾	*Hemisiriella parva*		+	+	+
美丽拟节糠虾	*Hemisiriella pulchra*	+	+		
小近糠虾	*Anchialina parva*		+	+	+
近糠虾	*Anchialina typica*	+	+	+	
极小假近糠虾	*Pseudanchialina pusilla*	+	+	+	+
圆凹小井伊糠虾	*Iiella hibii*	+	+	+	
漂浮小井伊糠虾	*Iiella pelagicus*		+	+	+
四刺端糠虾	*Doxomysis quadrispinosa*	+		+	
东方原糠虾	*Promysis orientalis*	+	+	+	+
宽尾刺糠虾	*Acanthomysis laticauda*	+	+	+	
四刺刺糠虾	*Acanthomysis quadrispinosa*		+	+	+
中华刺糠虾	*Acanthomysis sinensis*				+
刺尾狼糠虾	*Lycomysis spinicauda*	+			
涟虫类	**CUMACEA**				
卵圆涟虫	*Bodotria ovalis*	+			

中文名	拉丁名	春季	夏季	秋季	冬季
涟虫	*Bodotria* sp.	+			
细长涟虫	*Iphinoe tenera*	+			
针尾涟虫	*Diastylis* sp.	+	+		+
等足类	**ISOPODA**				
圆柱水虱	*Cirolana* sp.			+	+
小寄虱	*Microniscus* sp.	+			
端足类	**AMPHIPODA**				
亮钩虾	*Photis* sp.	+	+		+
弯指锥蜮	*Scina curvidactyla*	+			
武装路蜮	*Vibilia armata*	+	+	+	+
春氏路蜮	*Vibilia chuni*	+			
隆背路蜮	*Vibilia gibbosa*		+	+	+
长腕路蜮	*Vibilia longicarpus*	+			
犁足路蜮	*Vibilia pyripes*			+	
恩氏路蜮	*Vibilia stebbingi*	+			
厚足近慎蜮	*Paraphronima crassipes*	+	+		
优细近慎蜮	*Paraphronima gracilis*	+	+	+	+
近慎蜮	*Paraphronima* sp.			+	
水母近泉蜮	*Hyperoche medusarum*	+			
近泉蜮	*Hyperoche* sp.	+			
西巴拟泉蜮	*Hyperioides sibaginis*	+			
孟加蛮蜮	*Lestrigonus bengalensis*	+	+	+	+
大眼蛮蜮	*Lestrigonus macrophthalmus*	+	+	+	+
裂颏蛮蜮	*Lestrigonus schizogeneios*	+	+	+	+
苏氏蛮蜮	*Lestrigonus shoemakeri*		+		
吕宋小泉蜮	*Hyperietta luzoni*	+	+	+	+
斯氏小泉蜮	*Hyperietta stephenseni*		+		
佛氏小泉蜮	*Hyperietta vosseleri*	+			
刺拟慎蜮	*Phronimopsis spinifera*	+	+	+	+
大西洋慎蜮	*Phronima atlantica*	+			+
劲带慎蜮	*Phronima colletti*	+			+
太平洋慎蜮	*Phronima pacifica*	+			
独居慎蜮	*Phronima solitaria*		+		
长形小慎蜮	*Phronimella elongata*	+	+	+	+
半月喜蜮	*Phrosina semilunata*	+	+	+	+
短密海神蜮	*Primno brevidens*	+			
拉氏海神蜮	*Primno latreillei*	+			+
大足海神蜮	*Primno macropa*				+
近法拟狼蜮	*Lycaeopsis themistoides*		+	+	+
三宝拟狼蜮	*Lycaeopsis zamboangae*	+	+	+	+

中文名	拉丁名	春季	夏季	秋季	冬季
中间真海精蜮	*Eupronoe intermedia*	+			
斑点真海精蜮	*Eupronoe maculata*	+	+	+	+
微小真海精蜮	*Eupronoe minuta*		+	+	+
甘氏近海精蜮	*Parapronoe campbelli*	+			
小饼近海精蜮	*Parapronoe crustulum*		+	+	+
长形近海精蜮	*Parapronoe elongata*	+			
贝岛狼蜮	*Lycaea bajensis*	+			
拟波氏狼蜮	*Lycaea bovallioides*	+			
蚤狼蜮	*Lycaea pulex*	+	+	+	+
触角扁鼻蜮	*Simorhynchotus antennarius*	+			+
甲状短腿狼蜮	*Brachyscelus crusculum*	+			+
圆头短腿狼蜮	*Brachyscelus globiceps*	+		+	+
贪婪短腿狼蜮	*Brachyscelus rapax*	+			
短腿狼蜮	*Brachyscelus* sp.	+			
克氏尖头蜮	*Oxycephalus clausi*			+	
阔喙尖头蜮	*Oxycephalus latirostris*	+			
渔夫尖头蜮	*Oxycephalus piscator*	+			
挑战司氏蜮	*Streetsia challengeri*	+			
小猪司氏蜮	*Streetsia porcella*	+			
私氏司氏蜮	*Streetsia steenstrupi*	+			
小喙窄头蜮	*Leptocotis tenuirostris*	+			+
细尖小涂氏蜮	*Tullbergella cuspidata*	+	+	+	+
武装棒体蜮	*Rhabdosoma armatum*	+			
小棒体蜮	*Rhabdosoma minor*	+			
武装宽腿蜮	*Platyscelus armatus*		+	+	
卵形宽腿蜮	*Platyscelus ovoides*		+		
小锯宽腿蜮	*Platyscelus serratulus*		+		+
小手半忱蜮	*Hemityphis tenuimanus*	+			
极小近忱蜮	*Paratyphis parvus*	+			
刺近忱蜮	*Paratyphis spinosus*	+			
钳形四门蜮	*Tetrathyrus forcipatus*	+		+	+
两刺双门蜮	*Amphithyrus bispinosus*	+			
墙双门蜮	*Amphithyrus muratus*	+			
雕刻双门蜮	*Amphithyrus sculpturatus*		+	+	+
爱氏门足蜮	*Thyropus edwardsi*	+	+	+	
球形门足蜮	*Thyropus sphaeroma*	+	+	+	+
麦秆虫亚目	Caprellidea	+			
磷虾类	**EUPHAUSIACEA**				
三刺燧磷虾	*Thysanopoda tricuspidata*	+	+	+	
宽额假磷虾	*Pseudeuphausia latifrons*	+	+	+	+

中文名	拉丁名	春季	夏季	秋季	冬季
中华假磷虾	*Pseudeuphausia sinica*		+	+	+
长额磷虾	*Euphausia diomedeae*		+	+	+
半驼磷虾	*Euphausia hemigibba*			+	
鸟喙磷虾	*Euphausia mutica*			+	+
假驼磷虾	*Euphausia pseudogibba*			+	
卷叶磷虾	*Euphausia recurva*		+	+	+
大眼磷虾	*Euphausia sanzoi*	+			
短额磷虾	*Euphausia sibogae*				+
拟磷虾	*Euphausia similis*	+			
柔弱磷虾	*Euphausia tenera*	+	+	+	
长线脚磷虾	*Nematoscelis atlantica*	+		+	
瘦线脚磷虾	*Nematoscelis gracilis*		+	+	
叶片线脚磷虾	*Nematoscelis lobata*				+
小线脚磷虾	*Nematoscelis microps*	+			+
近缘柱螯磷虾	*Stylocheiron affine*	+	+	+	
隆柱螯磷虾	*Stylocheiron carinatum*	+	+	+	
柱螯磷虾	*Stylocheiron elongatum*				+
长眼柱螯磷虾	*Stylocheiron longicorne*	+		+	+
二晶柱螯磷虾	*Stylocheiron microphthalma*	+	+	+	+
三晶柱螯磷虾	*Stylocheiron suhmii*			+	
十足类	**DECAPODA**				
中国毛虾	*Acetes chinensis*				+
锯齿毛虾	*Acetes serrulatus*		+	+	
毛虾	*Acetes* sp.			+	
费氏莹虾	*Lucifer faxoni*				+
汉森莹虾	*Lucifer hanseni*		+	+	
中型莹虾	*Lucifer intermedius*	+	+	+	+
东方莹虾	*Lucifer orientalis*	+			+
刷状莹虾	*Lucifer penicillifer*		+	+	+
正型莹虾	*Lucifer typus*	+			
莹虾	*Lucifer* sp.	+			
细螯虾	*Leptochela gracilis*	+	+	+	+
海南细螯虾	*Leptochela hainanensis*	+	+	+	
猛细螯虾	*Leptochela pugnax*		+	+	
毛颚类	**CHAETOGNATHA**				
中华异撬虫	*Heterokrohnia sinica*	+			
太平洋撬虫	*Krohnitta pacifica*	+	+	+	
纤细撬虫	*Krohnitta subtilis*		+	+	
龙翼箭虫	*Pterosagitta draco*	+	+	+	+
贝德福滨箭虫	*Aidanosagitta bedfordii*		+		+

中文名	拉丁名	春季	夏季	秋季	冬季
柔弱滨箭虫	*Aidanosagitta delicata*	+	+	+	
小形滨箭虫	*Aidanosagitta neglecta*	+	+	+	+
正形滨箭虫	*Aidanosagitta regularis*	+	+	+	+
隔状滨箭虫	*Aidanosagitta septata*		+		+
大头箭虫	*Caecosagitta macrocephala*				+
多变箭虫	*Decipisagitta decipiens*		+	+	
凶形猛箭虫	*Ferosagitta ferox*	+	+	+	
粗壮猛箭虫	*Ferosagitta robusta*	+	+	+	+
肥胖软箭虫	*Flaccisagitta enflata*	+	+	+	+
六翼软箭虫	*Flaccisagitta hexaptera*	+	+	+	+
微型中箭虫	*Mesosagitta minima*	+	+	+	+
琴形伪箭虫	*Pseudosagitta lyra*		+		
双斑箭虫	*Sagitta bipunctata*		+	+	+
太平洋齿箭虫	*Serratosagitta pacifica*	+	+		+
飘浮齿箭虫	*Solidosagitta planctonis*	+		+	
寻觅齿箭虫	*Solidosagitta zetesios*			+	
百陶带箭虫	*Zonosagitta bedoti*	+	+	+	+
布氏带箭虫	*Zonosagitta littoralis*		+		+
纳嘎带箭虫	*Zonosagitta nagae*		+	+	+
美丽带箭虫	*Zonosagitta pulchra*		+	+	+
有尾类	**APPENDICULATA**				
白住囊虫	*Oikopleura albicans*	+			
角胃住囊虫	*Oikopleura cornutogastra*	+			
异体住囊虫	*Oikopleura dioica*	+	+	+	
梭形住囊虫	*Oikopleura fusiformis*	+			
瘦住囊虫	*Oikopleura graciloides*		+	+	+
中型住囊虫	*Oikopleura intermedia*		+		
长尾住囊虫	*Oikopleura longicauda*	+	+	+	+
大住囊虫	*Oikopleura megastoma*	+			
小型住囊虫	*Oikopleura parva*	+			
红住囊虫	*Oikopleura rufescens*	+	+	+	+
住囊虫	*Oikopleura* sp.	+			
赫氏住囊虫	*Megalocercus huxleyi*	+			
头状住囊虫	*Stegosoma magnum*	+			
双角住筒虫	*Fritillaria bicornis*	+			
北方住筒虫	*Fritillaria borealis*	+			
蚁住筒虫	*Fritillaria formica*	+			
单胃住筒虫	*Fritillaria haplostoma*	+			
透明住筒虫	*Fritillaria pellucida*	+			
软住筒虫	*Fritillaria tenella*	+			

中文名	拉丁名	春季	夏季	秋季	冬季
海樽类	**THALIACEA**				
软拟海樽	*Dolioletta gegenbauri*	+	+	+	+
小齿海樽	*Doliolum denticulatum*	+	+	+	+
模糊海樽	*Doliolina obscura*		+		
殖离海樽	*Doliolina separata*	+			
埃赫火体虫	*Pyrosoma aherniosum*	+			
大西洋火体虫	*Pyrosoma atlanticum*	+			
近缘环纽鳃樽	*Cyclosalpa affinis*		+	+	
羽环纽鳃樽	*Cyclosalpa pinnata*	+	+	+	+
环纽鳃樽	*Cyclosalpa* sp.		+	+	+
长吻纽鳃樽	*Brooksia rostrata*	+	+	+	+
多肌纽鳃樽	*Ritteriella picteti*		+	+	
安纽鳃樽	*Ritteriella amboinensis*	+			
宽肌纽鳃樽	*Iasis zonaria*	+			+
西卡纽缌樽	*Thalia cicar*	+			
双尾纽鳃樽	*Thalia democratica*	+	+	+	+
双尾纽鳃樽东方亚种	*Thalia democratica orientalis*	+			
黄纽鳃樽	*Thalia rhomboids*	+			
贫肌纽鳃樽	*Pegea confoederata*		+		
多手纽鳃樽	*Traustedtia multitentaculata*	+			
韦氏纽鳃樽	*Weelia cylindrica*	+	+	+	+
棱形纽鳃樽	*Salpa fusiformis*	+			
大纽鳃樽	*Salpa maxima*		+	+	+
斑点纽鳃樽	*Ihlea punctata*			+	
浮游幼虫	Planktonic larva				
刺胞动物幼体	Cnidaria larva	+			
筒螅辐射幼虫	Tubularia actinula		+		
纽形动物帽状幼虫	Nemertea pilidium	+			+
线虫动物幼虫	Nematoda larva	+			
多毛类担轮幼虫	Polychaeta trochophora	+			
多毛类疣足幼虫	Polychaeta nectochaete	+	+	+	+
软体动物幼虫	Mollusca larva	+	+	+	+
头足类幼体	Cephalopoda larva	+			
介形类幼虫	Ostracoda larva				+
桡足类无节幼虫	Copepoda nauplii	+			
桡足幼体	Copepodid	+	+	+	+
蔓足类无节幼虫	Cirripedia nauplii	+	+		+
蔓足类腺介幼虫	Cirripedia cypris larva	+			
糠虾类幼体	Mysidacea larva	+			+
端足类幼体	Amphipoda larva	+			

中文名	拉丁名	春季	夏季	秋季	冬季
磷虾类幼体	Euphausiacea larva	+		+	
毛虾幼体	*Acetes* larva	+			
莹虾幼体	*Lucifer* larva	+			+
樱虾幼体	*Sergestes* larva	+			
细螯虾幼体	*Leptochela* larva	+			
长尾类幼体	Macrura larva	+	+	+	+
叶状幼虫	Phyllosoma larva	+	+	+	
异尾类幼体	Anomura larva	+	+	+	+
短尾类溞状幼体	Brachyura zoea larva	+	+	+	+
短尾类大眼幼体	Brachyura megalopa larva	+	+	+	+
伊雷奇幼体	Erichthus larva	+			
阿利玛幼体	Alima larva	+	+	+	+
苔藓虫幼体	Cyphonautes larva	+			
帚虫类辐轮幼虫	Actinotrocha larva	+			
箭虫幼体	Sagittidae larva	+			
海百合类樽形幼虫	Doliolaria larva	+			
海星类羽腕幼虫	Bipinnaria larva	+			
蛇尾类长腕幼虫	Ophiopluteus larva	+	+		
海胆类长腕幼虫	Echinopluteus larva	+	+		
海参类耳状幼虫	Auricularia larva	+			
住囊虫幼虫	*Oikopleura* larva	+			
海樽类幼虫	Thaliacea larva	+			
尾索动物蝌蚪幼虫	Tadpole larva	+			
半索动物柱头幼虫	Tornaria larva	+			
鱼卵	Fish egg	+	+	+	+
仔稚鱼	Fish larva	+	+	+	+
文昌鱼幼体	*Branchiostoma* larva	+			

附录3 南海北部近海渔业资源名录

门	纲	目	科	属	种	拉丁名
软体动物门	头足纲	乌贼目	乌贼科	后乌贼属	图氏后乌贼	*Metasepia tullbergi*
				乌贼属	拟目乌贼	*Sepia lycidas*
					白斑乌贼	*Sepia latimanus*
					目乌贼	*Sepia aculeata*
					神户乌贼	*Sepia kobiensis*
					虎斑乌贼	*Sepia pharaonis*
					金乌贼	*Sepia esculenta*
				无针乌贼属	曼氏无针乌贼	*Sepiella maindroni*
			耳乌贼科	四盘耳乌贼属	柏氏四盘耳乌贼	*Euprymna berryi*
					四盘耳乌贼	*Euprymna morsei*
		八腕目	蛸科	蛸属	卵蛸	*Octopus ovulum*
					条纹蛸	*Octopus striolatus*
					环蛸	*Octopus maculosa*
					短蛸	*Octopus ocellatus*
					长蛸	*Octopus variabilis*
					纺锤蛸	*Octopus fusiformis*
		枪形目	枪乌贼科	枪乌贼属	中国枪乌贼	*Loligo chinensis*
					剑尖枪乌贼	*Loligo edulis*
					日本枪乌贼	*Loligo japonica*
					杜氏枪乌贼	*Loligo duvaucelii*
					火枪乌贼	*Loligo beka*
					田乡枪乌贼	*Loligo tagoi*
				拟乌贼属	莱氏拟乌贼	*Sepioteuthis lessoniana*
			柔鱼科	褶柔鱼属	太平洋褶柔鱼	*Todarodes pacificus*
			菱鳍乌贼科	菱鳍乌贼属	菱鳍乌贼	*Thysanoteuthis rhombus*
脊索动物门	硬骨鱼纲	刺鱼目	海龙科	海马属	三斑海马	*Hippocampus trimaculatus*
					管海马	*Hippocampus kuda*
					日本海马	*Hippocampus japonicus*
				海龙属	尖海龙	*Syngnathus acus*
			烟管鱼科	烟管鱼属	毛烟管鱼	*Fistularia villosa*
					鳞烟管鱼	*Fistularia petimba*
		海鲂目	海鲂科	海鲂属	日本海鲂	*Zeus japonicus*
				腹棘海鲂属	红腹棘海鲂	*Cyttopsis rosea*
				亚海鲂属	雨印亚海鲂	*Zenopsis nebulosus*
		灯笼鱼目	灯笼鱼科	灯笼鱼属	钝吻灯笼鱼	*Myctophum obtusirostre*

门	纲	目	科	属	种	拉丁名
			狗母鱼科	狗母鱼属	印度狗母鱼	*Synodus indicus*
					叉斑狗母鱼	*Synodus macrops*
					肩斑狗母鱼	*Synodus hoshinonis*
					花斑狗母鱼	*Synodus jaculum*
				蛇鲻属	多齿蛇鲻	*Saurida tumbil*
					花斑蛇鲻	*Synodus jaculum*
					长蛇鲻	*Saurida elongata*
				大头狗母鱼属	大头狗母鱼	*Trachinocephalus myops*
			青眼鱼科	青眼鱼属	短吻青眼鱼	*Chlorophthalmus agassizi*
					黑缘青眼鱼	*Chlorophthalmus nigromarginatus*
			龙头鱼科	龙头鱼属	龙头鱼	*Harpadon nehereus*
		金眼鲷目	松球鱼科	松球鱼属	松球鱼	*Monocentrus japonicus*
			须鳂科	须鳂属	贝氏须银眼鲷	*Polymixia berndti*
			鳂科	骨鳂属	日本骨鳂	*Ostichthys japonicus*
				双棘鳂属	红双棘鳂	*Dispinus ruber*
		银汉鱼目	银汉鱼科	下银汉鱼属	凡氏下银汉鱼	*Hypoatherina valenciennei*
		鮟鱇目	单棘躄鱼科	单棘躄鱼属	单棘躄鱼	*Chaunax fimbriatus*
			棘茄鱼科	棘茄鱼属	棘茄鱼	*Halieutaea stellata*
			躄鱼科	躄鱼属	毛躄鱼	*Antennarius hispidus*
			鮟鱇科	黑鮟鱇属	黑鮟鱇	*Lophiomus setigerus*
		鲀形目	六棱箱鲀科	六棱箱鲀属	六棱箱鲀	*Aracana rosapinto*
			三齿鲀科	三齿鲀属	三齿鲀	*Triodo bursariu*
			刺鲀科	刺鲀属	九斑刺鲀	*Diodon novemmaculatus*
					六斑刺鲀	*Diodon holacanthus*
				短刺鲀属	眶短刺鲀	*Chilomycterus orbicularis*
			拟三刺鲀科	拟三刺鲀属	拟三刺鲀	*Triacanthodes anomalus*
				管吻鲀属	管吻鲀	*Halimochirurgus alcocki*
			箱鲀科	三棱箱鲀属	双峰三棱箱鲀	*Rhinesomus concatenatus*
				棘箱鲀属	黄带棘箱鲀	*Kentrocapros flavofasciatus*
			革鲀科	细鳞鲀属	丝背细鳞鲀	*Stephanolepis cirrhifer*
				单角鲀属	中华单角鲀	*Monacanthus chinensis*
				革鲀属	单角革鲀	*Alutera monoceros*
				马面鲀属	密斑马面鲀	*Navodon tessellatus*
					黄鳍马面鲀	*Navodon xanthopterus*

门	纲	目	科	属	种	拉丁名
				副单角鲀属	日本副单角鲀	*Paramonacanthus nipponensis*
				线鳞鲀属	绒纹线鳞鲀	*Arotrolepis sulcatus*
			鲀科	兔头鲀属	克氏兔头鲀	*Lagocephalus gloveri*
					黑鳃兔头鲀	*Lagocephalus inermis*
				密沟鲀属	密沟鲀	*Liosaccus cutaneus*
				扁背鲀属	扁背鲀	*Canthigaster compressa*
					水纹扁背鲀	*Canthigaster rivulatus*
				叉鼻鲀属	星斑叉鼻鲀	*Arothron stellatus*
					纹腹叉鼻鲀	*Arothron hispidus*
				腹刺鲀属	月腹刺鲀	*Gastrophysus lunaris*
					棕腹刺鲀	*Gastrophysus spadiceus*
				宽吻鲀属	棕斑宽吻鲀	*Amblyrhynchotes rufopunctatus*
					白点宽吻鲀	*Amblyrhynchotes honchenii*
					长棘宽吻鲀	*Amblyrhynchotes spinosissimus*
				东方鲀属	横纹东方鲀	*Fugu oblongus*
					铅点东方鲀	*Fugu alboplumbeus*
					弓斑东方鲀	*Fugu ocellatus*
					星点东方鲀	*Fugu niphobles*
					暗纹东方鲀	*Fugu obscurus*
		鲇形目	海鲇科	海鲇属	中华海鲇	*Arius sinensis*
					海鲇	*Arius thalassinus*
			鳗鲇科	鳗鲇属	鳗鲇	*Plotosus anguillaris*
		鲈形目	鲔科	美尾鲔属	丝鳍美尾鲔	*Calliurichthys dorysus*
					美尾鲔	*Calliurichthys japonicus*
				鲔属	基岛鲔	*Callionymus kaianus*
					李氏鲔	*Callionymus richardsoni*
					香鲔	*Callionymus olidus*
			鰧科	鰧属	中华鰧	*Uranoscopus chinensis*
					双斑鰧	*Uranoscopus bicinctus*
					少鳞鰧	*Uranoscopus oligolepis*
					日本鰧	*Uranoscopus japonicus*
			乌鲳科	乌鲳属	乌鲳	*Formio niger*
			乳香鱼科	乳香鱼属	乳香鱼	*Lactarius lactarius*
			军曹鱼科	军曹鱼属	军曹鱼	*Rachycentron canadum*
			双鳍鲳科	玉鲳属	琉璃玉鲳	*Psenes cyanophrys*
				方头鲳属	鳞首方头鲳	*Cubiceps squamiceps*

门	纲	目	科	属	种	拉丁名
			发光鲷科	发光鲷属	发光鲷	*Acropoma japonicum*
					圆鳞发光鲷	*Acropoma hanedai*
				赤鲑属	赤鲑	*Doederleinia berycoides*
			大眼鲷科	大眼鲷属	布氏大眼鲷	*Priacanthus blochi*
					短尾大眼鲷	*Priacanthus macracanthus*
					金目大眼鲷	*Priacanthus hamrur*
					长尾大眼鲷	*Priacanthus tayenus*
					黑鳍大眼鲷	*Priacanthus boops*
				拟大眼鲷属	拟大眼鲷	*Pseudopriacanthus niphonius*
				锯大眼鲷属	日本锯大眼鲷	*Pristigenys niphonia*
			天竺鲷科	天竺鲷属	中线天竺鲷	*Apogon kiensis*
					半线天竺鲷	*Apogon semilineatus*
					四线天竺鲷	*Apogon quadrifasciatus*
					双带天竺鲷	*Apogon taeniatus*
					天竺鲷	*Apogon cyanosoma*
					斑柄天竺鲷	*Apogon fleurieu*
					红天竺鲷	*Apogon erythrinus*
					黑鳍天竺鲷	*Apogon nigripinnis*
				天竺鱼属	斑鳍天竺鱼	*Apogonichthys carinatus*
					宽条天竺鱼	*Apogonichthys striatus*
					细条天竺鱼	*Apogonichthys lineatus*
					黑天竺鱼	*Apogonichthys niger*
					黑边天竺鱼	*Apogonichthys ellioti*
			寿鱼科	寿鱼属	寿鱼	*Banjos banjos*
			帆鳍鱼科	帆鳍鱼属	帆鳍鱼	*Histiopterus typus*
			带鱼科	带鱼属	南海带鱼	*Trichiurus nanhaiensis*
					带鱼	*Trichiurus haumela*
					短带鱼	*Trichiurus brevis*
				窄额带鱼属	窄额带鱼	*Tentoriceps cristatus*
			拟鲈科	拟鲈属	六带拟鲈	*Parapercis sexfasciata*
					斑棘拟鲈	*Parapercis striolata*
					美拟鲈	*Parapercis pulchella*
			方头鱼科	方头鱼属	斑鳍方头鱼	*Branchiostegus auratus*
					日本方头鱼	*Branchiostegus japonicus*
					银方头鱼	*Branchiostegus argentatus*
			无齿鲳科	无齿鲳属	印度无齿鲳	*Ariomma indica*

门	纲	目	科	属	种	拉丁名
					无齿鲳	*Ariomma evermanni*
			欧氏螣科	欧氏螣属	土佐欧氏螣	*Owstonia tosaensis*
			玉筋鱼科	台湾筋鱼属	台湾筋鱼	*Embolichthys mitsukurii*
				玉筋鱼属	玉筋鱼	*Ammodytes personatus*
				布氏筋鱼属	绿布氏筋鱼	*Bleekeria anguilliviridis*
			白鲳科	白鲳属	圆白鲳	*Ephippus orbis*
			鸡笼鲳科	鸡笼鲳属	斑点鸡笼鲳	*Drepane punctata*
					条纹鸡笼鲳	*Drepane longimana*
			眶棘鲈科	眶棘鲈属	伏氏眶棘鲈	*Scolopsis vosmeri*
					双斑眶棘鲈	*Scolopsis bimaculatus*
					横带眶棘鲈	*Scolopsis inermis*
					珠斑眶棘鲈	*Scolopsis margaritifer*
					黑带眶棘鲈	*Scolopsis teniatus*
					双线眶棘鲈	*Scolopsis bilineata*
			眼镜鱼科	眼镜鱼属	眼镜鱼	*Mene maculata*
			石首鱼科	白姑鱼属	大头白姑鱼	*Argyrosomus macrocephalus*
					截尾白姑鱼	*Argyrosomus aneus*
					斑鳍白姑鱼	*Argyrosomus pawak*
					白姑鱼	*Argyrosomus argentatus*
				短须石首鱼属	勒氏短须石首鱼	*Umbrina russelli*
				黄鱼属	大黄鱼	*Pseudosciaena crocea*
				叫姑鱼属	大鼻孔叫姑鱼	*Johnius macrorhynus*
					白条叫姑鱼	*Johnius carutta*
					皮氏叫姑鱼	*Johnius belengeri*
				黄姑鱼属	尖头黄姑鱼	*Nibea acuta*
					黄姑鱼	*Nibea albiflora*
					日本黄姑鱼	*Nibea japonica*
				梅童鱼属	棘头梅童鱼	*Collichthys lucidus*
				鲺属	湾鲺	*Wak sina*
				牙鲺属	红牙鲺	*Otolithes ruber*
					银牙鲺	*Otolithes argenteus*
			石鲈科	矶鲈属	三线矶鲈	*Parapristipoma trilineatus*
				石鲈属	大斑石鲈	*Pomadasys maculatus*
					断斑石鲈	*Pomadasys hasta*
					银石鲈	*Pomadasys argenteus*
					鳃斑石鲈	*Pomadasys grunniens*
				髭鲷属	斜带髭鲷	*Hapalogenys nitens*
					横带髭鲷	*Hapalogenys mucronatus*

门	纲	目	科	属	种	拉丁名
				胡椒鲷属	条纹胡椒鲷	*Plectorhynchus lineatus*
					胡椒鲷	*Plectorhynchus pictus*
					花尾胡椒鲷	*Plectorhynchus cinctus*
			笛鲷科	梅鲷属	二带梅鲷	*Caesio diagramma*
					金带梅鲷	*Caesio chrysozona*
					褐梅鲷	*Caesio coerulaureus*
				笛鲷属	勒氏笛鲷	*Lutjanus russelli*
					画眉笛鲷	*Lutjanus vitta*
					白斑笛鲷	*Lutjanus bohar*
					紫红笛鲷	*Lutjanus argentimaculatus*
					红笛鲷	*Lutjanus sanguineus*
					线纹笛鲷	*Lutjanus lineata*
					金带笛鲷	*Lutjanus vaigiensis*
					金焰笛鲷	*Lutjanus fulviflamma*
					马拉巴笛鲷	*Lutjanus malabaricus*
					黄笛鲷	*Lutjanus lutjanus*
				斜鳞笛鲷属	斜鳞鲷	*Pinjalo pinjalo*
				紫鱼属	紫鱼	*Pristipomoides typus*
					多牙紫鱼	*Pristipomoides multidens*
				红钻鱼属	红钻鱼	*Etelis carbunculus*
			羊鱼科	副绯鲤属	印度副绯鲤	*Parupeneus indicus*
					黄带副绯鲤	*Parupeneus chrysopleuron*
					侧斑副绯鲤	*Parupeneus pleurospilos*
				绯鲤属	斑尾绯鲤	*Upeneus vittatus*
					条尾绯鲤	*Upeneus bensasi*
					摩鹿加绯鲤	*Upeneus moluccensis*
					黄带绯鲤	*Upeneus sulphureus*
					黑斑绯鲤	*Upeneus tragula*
				拟羊鱼属	金带拟羊鱼	*Mulloidichthys auriflamma*
			菱鲷科	菱鲷属	红菱鲷	*Antigonia rubescens*
					高菱鲷	*Antigonia capros*
			篮子鱼科	篮子鱼属	黄斑篮子鱼	*Siganus oramin*
			蛇鲭科	短蛇鲭属	短蛇鲭	*Rexea prometheoides*
				黑鳍蛇鲭属	黑鳍蛇鲭	*Thyrsitoides marleyi*
			蝎鱼科	细刺鱼属	细刺鱼	*Microcanthus strigatus*
			蝴蝶鱼科	蝴蝶鱼属	朴蝴蝶鱼	*Chaetodon modestus*

门	纲	目	科	属	种	拉丁名
				马夫鱼属	马夫鱼	*Heniochus acuminatus*
				荷包鱼属	荷包鱼	*Chaetodontoplus septentrionalis*
			裸颊鲷科	裸颊鲷属	星斑裸颊鲷	*Lethrinus nebulosus*
					黑斑裸颊鲷	*Lethrinus rhodopterus*
			谐鱼科	细谐鱼属	细谐鱼	*Dipterygotus leucogrammicus*
			赤刀鱼科	棘赤刀鱼属	克氏棘赤刀鱼	*Acanthocepola krusensterni*
					印度棘赤刀鱼	*Acanthocepola indica*
				赤刀鱼属	赤刀鱼	*Cepola rubescensi*
			金枪鱼科	狐鲣属	东方狐鲣	*Sarda orientalis*
				舵鲣属	扁舵鲣	*Auxis thazard*
			金眼鲷科	拟棘鲷属	拟棘鲷	*Centroberyx affinis*
					线纹拟棘鲷	*Centroberyx lineatus*
			金线鱼科	金线鱼属	双带金线鱼	*Nemipterus marginatus*
					日本金线鱼	*Nemipterus japonicus*
					横斑金线鱼	*Nemipterus fucosus*
					深水金线鱼	*Nemipterus bathybius*
					苏门答腊金线鱼	*Nemipterus mesoprion*
					金线鱼	*Nemipterus virgatus*
					黄缘金线鱼	*Nemipterus thosaporni*
					圆额金线鱼	*Nemipterus metopias*
			金钱鱼科	金钱鱼属	金钱鱼	*Scatophagus argus*
			银鲈科	十棘银鲈属	日本十棘银鲈	*Gerreomorpha japonica*
				银鲈属	短体银鲈	*Gerres abbreviatus*
					短棘银鲈	*Gerres lucidus*
					长体银鲈	*Gerres macrosoma*
					长棘银鲈	*Gerres filamentosus*
					素银鲈	*Gerres argyreus*
			长鲳科	刺鲳属	刺鲳	*Psenopsis anomala*
			隆头鱼科	离鳍鱼属	侧斑离鳍鱼	*Hemipteronotus verrens*
					暗带离鳍鱼	*Hemipteronotus aneitensis*
				颈鳍鱼属	洛神颈鳍鱼	*Iniistius dea*
				海猪鱼属	蓝侧海猪鱼	*Halichoeres cyanopleura*
					赫氏海猪鱼	*Halichoeres hyrtli*
					侧带海猪鱼	*Halichoeres scapularis*
					纵带海猪鱼	*Halichoeres hartzfeldi*
				普提鱼属	尖头普提鱼	*Bodianus oxycephalus*

门	纲	目	科	属	种	拉丁名
			雀鲷科	猪齿鱼	蓝猪齿鱼	*Choerodon azurio*
				台雅鱼属	乔氏台雅鱼	*Daya jordani*
				细鳞雀鲷属	台湾细鳞雀鲷	*Teixeirichthys formosana*
				豆娘鱼属	五带豆娘鱼	*Abudefduf vaigiensis*
					六带豆娘鱼	*Abudefduf sexfasciatus*
			䲟科	䲟属	䲟	*Echeneis naucrates*
			鮨科	石斑鱼属	云纹石斑鱼	*Epinephelus radiatus*
					六带石斑鱼	*Epinephelus sexfasciatus*
					双棘石斑鱼	*Epinephelus diacanthus*
					宝石石斑鱼	*Epinephelus areolatus*
					小点石斑鱼	*Epinephelus epistictus*
					弧纹石斑鱼	*Epinephelus cometae*
					斑条石斑鱼	*Epinephelus fasciatomaculatus*
					星点石斑鱼	*Epinephelus magniscuttis*
					橙点石斑鱼	*Epinephelus bleekeri*
					灰石斑鱼	*Epinephelus heniochus*
					点带石斑鱼	*Epinephelus coioides*
					蜂巢石斑鱼	*Epinephelus merra*
					青石斑鱼	*Epinephelus awoara*
					鲑点石斑鱼	*Epinephelus fario*
				赤鮨属	侧斑赤鮨	*Chelidoperca pleurospilus*
					燕赤鮨	*Chelidoperca hirundinacea*
					珠赤鮨	*Chelidoperca margaritifera*
				花鮨属	厚唇花鮨	*Anthias pascalus*
					花鮨	*Anthias anthias*
				拟花鮨属	红带拟花鮨	*Pseudanthias rubrizonatus*
				姬鮨属	姬鮨	*Tosana niwaw*
				宽额鲈属	宽额鲈	*Promicrops lanceolatus*
				尖牙鲈属	尖牙鲈	*Synagrops japonicus*
				棘花鮨属	日本棘花鮨	*Plectranthias japonicus*
				美软鱼属	瓦氏软鱼	*Malakichthys wakiyai*
					美软鱼	*Malakichthys elegans*
				三棱鲈属	细鳞三棱鲈	*Trisotropis dermopterus*
				九棘鲈属	横带九棘鲈	*Cephalopholis pachycentron*

门	纲	目	科	属	种	拉丁名
				长鲈属	荒贺粗尾鲈	*Liopropoma aragai*
				黄鲈属	黄鲈	*Diploprion bifasciatum*
			鯻科	牙鯻属	列牙鯻	*Pelates quadrilineatus*
				鯻属	尖吻鯻	*Terapon oxyrhynchus*
					细鳞鯻	*Terapon jarbus*
					鯻	*Terapon theraps*
			鰕虎鱼科	丝鰕虎鱼属	长丝鰕虎鱼	*Cryptocentrus filifer*
				叶鰕虎鱼属	眼带叶鰕虎鱼	*Gobiodon oculineatus*
					纵纹叶鰕虎鱼	*Gobiodon verticalis*
				孔鰕虎鱼属	孔鰕虎鱼	*Trypauchen vagina*
				拟矛尾鰕虎鱼属	拟矛尾鰕虎鱼	*Parachaeturichthys polynema*
				沟鰕虎鱼属	触角沟鰕虎鱼	*Oxyurichthys tentacularis*
				狼牙鰕虎鱼属	红狼牙鰕虎鱼	*Odontamblyopus rubicundus*
				矛尾鰕虎鱼属	矛尾鰕虎鱼	*Chaeturichthys stigmatias*
				细棘鰕虎鱼属	绿斑细棘鰕虎鱼	*Acentrogobius chlorostigmatoides*
				舌鰕虎鱼属	双斑舌鰕虎鱼	*Glossogobius biocellatus*
					斑纹舌鰕虎鱼	*Glossogobius olivaceus*
					舌鰕虎鱼	*Glossogobius giuris*
			鳗鰕虎鱼科	鳗鰕虎鱼属	鲵形鳗鰕虎鱼	*Taenioides anguillaris*
			鱚科	鱚属	多鳞鱚	*Sillago sihama*
			鲅科	马鲛属	康氏马鲛	*Scomberomorus commerson*
					斑点马鲛	*Scomberomorus guttatus*
			鲭科	羽鳃鲐属	羽鳃鲐	*Rastrelliger kanagurta*
				鲐属	鲐鱼	*Pneumatophorus japonicus*
				鲣属	鲣	*Katsuwonus pelamis*
			鲳科	鲳属	中国鲳	*Pampus chinensis*
					灰鲳	*Pampus nozawae*
					银鲳	*Pampus argenteus*
			鲷科	犁齿鲷属	二长棘犁齿鲷	*Evynnis cardinalis*
				四长棘鲷属	四长棘鲷	*Argyrops bleekeri*
				平鲷属	平鲷	*Rhabdosargus sarba*
				真鲷属	真鲷	*Pagrosomus major*
				鲷属	黄鳍鲷	*Sparus latus*

门	纲	目	科	属	种	拉丁名
			鲹科	黄鲷属	黑鲷	*Sparus macrocephalus*
					黄鲷	*Taius tumifrons*
				丝鲹属	短吻丝鲹	*Alecitis ciliaris*
					长吻丝鲹	*Alectis indica*
				凹肩鲹属	牛眼凹肩鲹	*Selar boops*
					脂眼凹肩鲹	*Selar crumenophthalmus*
				叶鲹属	丽叶鲹	*Atule kalla*
					及达叶鲹	*Atule djeddaba*
					游鳍叶鲹	*Atule mate*
					黑鳍叶鲹	*Atule malam*
				圆鲹属	无斑圆鲹	*Decapterus kurroides*
					红鳍圆鲹	*Decapterus russelli*
					蓝圆鲹	*Decapterus maruadsi*
					长体圆鲹	*Decapterus macrosoma*
					颌圆鲹	*Decapterus lajang*
				大甲鲹属	大甲鲹	*Megalapis cordyla*
				沟鲹属	沟鲹	*Atropus atropus*
				细鲹属	金带细鲹	*Selaroides leptolepis*
				若鲹属	海兰德若鲹	*Carangoides hedlandensis*
					高体若鲹	*Carangoides equula*
					马拉巴若鲹	*Carangoides malabaricus*
				裸胸鲹属	马拉巴裸胸鲹	*Citula malabaricus*
				鲭鲹属	台湾鲭鲹	*Chorinemus formosanus*
				鲳鲹属	卵形鲳鲹	*Trachinotus ovatus*
				鲹属	六带鲹	*Caranx sexfasciatus*
					白舌鲹	*Caranx helvolus*
				竹䇲鱼属	竹䇲鱼	*Trachurus japonicus*
				条鰤属	黑纹条鰤	*Zonichthys nirofasciata*
				鰤属	画眉鰤	*Seriola rivoliana*
					高体鰤	*Seriola dumerili*
					黄条鰤	*Seriola aureovittata*
			鲾科	牙鲾属	小牙鲾	*Gazza minuta*
				鲾属	短吻鲾	*Leiognathus brevirostris*
					短棘鲾	*Leiognathus equulus*
					粗纹鲾	*Leiognathus lineolatus*
					细纹鲾	*Leiognathus berbis*
					长棘鲾	*Leiognathus fasciatus*
					长鲾	*Leiognathus elongatus*

门	纲	目	科	属	种	拉丁名
					静鲾	*Leiognathus insidiator*
					鹿斑鲾	*Leiognathus ruconius*
					黄斑鲾	*Leiognathus bindus*
			鳄齿鱼科	鳄齿鱼属	弓背鳄齿鱼	*Champsodon atridorsalis*
			鳚科	带鳚属	带鳚	*Xiphasia setifer*
				短带鳚属	叉尾短带鳚	*Plagiotremus spilistius*
			鹦嘴鱼科	鹦嘴鱼属	福氏鹦嘴鱼	*Scarops forsteni*
			鹰䲔科	鹰䲔属	花尾鹰䲔	*Goniistius zonatus*
		鲉形目	前鳍鲉科	虻鲉属	虻鲉	*Erisphex potti*
				钝顶鲉属	钝顶鲉	*Amblyapistus taenianotus*
				新鳞鲉属	新鳞鲉	*Neocentropogon japonicus*
			棘鲬科	棘鲬属	吉氏棘鲬	*Hoplichthys gilberti*
					棘鲬	*Hoplichthys acanthopleurus*
			红鲬科	红鲬属	红鲬	*Bembras japonicus*
			豹鲂鮄科	单棘豹鲂鮄属	单棘豹鲂鮄	*Daicocus peterseni*
				豹鲂鮄属	东方豹鲂鮄	*Dactyloptena orientalis*
			鲂鮄科	红娘鱼属	日本红娘鱼	*Lepidotrigla japonica*
					翼红娘鱼	*Lepidotrigla alata*
					贡氏红娘鱼	*Lepidotrigla guentheri*
					深海红娘鱼	*Lepidotrigla abyssalis*
				绿鳍鱼属	绿鳍鱼	*Chelidonichthys kumu*
				角鲂鮄属	大棘角鲂鮄	*Pterygotrigla acanthomoplate*
					尖棘角鲂鮄	*Pterygotrigla hemisticta*
					琉球角鲂鮄	*Pterygotrigla ryukuensis*
					长吻角鲂鮄	*Pterygotrigla macrorhynchus*
			黄鲂鮄科	黄鲂鮄属	黑带黄鲂鮄	*Peristedion nierstrasi*
				红鲂鮄属	瑞氏红鲂鮄	*Satyrichthys rieffeli*
				轮头鲂鮄属	轮头鲂鮄	*Gargariscus prionocephalus*
			鲉科	囊头鲉属	长臂囊头鲉	*Setarches longimanus*
				拟蓑鲉属	拟蓑鲉	*Parapterois heterurus*
				拟鲉属	须拟鲉	*Scorpaenopsis cirrhosa*
					驼背拟鲉	*Scorpaenopsis gibbosa*
				新平鲉属	新平鲉	*Neosebastes entaxis*
				狮头毒鲉属	狮头鲉	*Erosa erosa*
				盔蓑鲉属	盔蓑鲉	*Ebosia bleekeri*

门	纲	目	科	属	种	拉丁名
				短鳍蓑鲉属	美丽短鳍蓑鲉	*Dendrochirus bellus*
					花斑短鳍蓑鲉	*Dendrochirus zebra*
				蓑鲉属	勒氏蓑鲉	*Pterois russelli*
					环纹蓑鲉	*Pterois lunulata*
					翱翔蓑鲉	*Pterois volitans*
					触须蓑鲉	*Pterois antennata*
					辐蓑鲉	*Pterois radiata*
				虎鲉属	无备虎鲉	*Minous inermis*
				锯蓑鲉属	锯蓑鲉	*Brachypterois serrulatus*
				须蓑鲉属	须蓑鲉	*Apistus carinatus*
				鬼鲉属	居氏鬼鲉	*Inimicus cuvieri*
					日本鬼鲉	*Inimicus japonicus*
				鲉属	斑鳍鲉	*Scorpaena neglecta*
				鳞头鲉属	大鳞鳞头鲉	*Sebastapistes megalepis*
					百瑙鳞头鲉	*Sebastapistes bynoensis*
				新棘鲉属	钝吻新棘鲉	*Neomerinthe rotunda*
			鲬科	丝鳍鲬属	丝鳍鲬	*Elates ransonneti*
				倒棘鲬属	倒棘鲬	*Rogadius asper*
				凹鳍鲬属	凹鳍鲬	*Kumococius detrusus*
				鲬属	鲬	*Platycephalus indicus*
				鳞鲬属	大鳞鳞鲬	*Onigocia macrolepis*
		鲑形目	水珍鱼科	舌珍鱼属	半带水珍鱼	*Glossanodon semifasciatus*
		鲱形目	宝刀鱼科	宝刀鱼属	宝刀鱼	*Chirocentrus dorab*
			鲱科	圆腹鲱属	圆腹鲱	*Dussumieria hasselti*
				小沙丁鱼属	裘氏小沙丁鱼	*Sardinella jussieui*
					金色小沙丁鱼	*Sardinella aurita*
					雷氏小沙丁鱼	*Sardinella richardsoni*
					青鳞小沙丁鱼	*Sardinella zunasi*
				脂眼鲱属	脂眼鲱	*Etrumeus micropus*
				鰶属	斑鰶	*Clupanodon punctatus*
				鰳属	印度鰳	*Ilisha indica*
					鰳	*Ilisha elongata*
			鳀科	小公鱼属	中华小公鱼	*Anchoviella chinensis*
					印度小公鱼	*Anchoviella indica*
					尖吻小公鱼	*Anchoviella heteroloba*
					康氏小公鱼	*Anchoviella commersoni*
				棱鳀属	中颌棱鳀	*Thryssa mystax*
					杜氏棱鳀	*Thryssa dussumieri*
					汉氏棱鳀	*Thryssa hamiltonii*

门	纲	目	科	属	种	拉丁名
					赤鼻棱鳀	*Thryssa kammalensis*
					长颌棱鳀	*Thryssa setirostris*
					黄吻棱鳀	*Thryssa vitirostris*
				鲚属	凤鲚	*Coilia mystus*
				黄鲫属	黄鲫	*Setipinna tenuifilis*
		鲸头鱼目	辫鱼科	辫鱼属	紫辫鱼	*Ateleopus purpureus*
		鲻形目	马鲅科	四指马鲅属	四指马鲅	*Eleutheronema tetradactylus*
				马鲅属	六指马鲅	*Polynemus sextarius*
			舒科	舒属	大眼舒	*Sphyraena forsteri*
					斑条舒	*Sphyraena jello*
					日本舒	*Sphyraena japonica*
					油舒	*Sphyraena pinguis*
					钝舒	*Sphyraena obtusata*
			鲻科	骨鲻属	前鳞骨鲻	*Osteomugil ophuyseni*
				鲻属	鲻鱼	*Mugil cephalus*
		鲽形目	冠鲽科	冠鲽属	冠鲽	*Samaris cristatus*
				沙鲽属	满月沙鲽	*Samariscus latus*
					短颌沙鲽	*Samariscus inornatus*
			牙鲆科	大鳞鲆属	高体大鳞鲆	*Tarphops oligolepis*
				斑鲆属	五点斑鲆	*Pseudorhombus quinquocellatus*
					五眼斑鲆	*Pseudorhombus pentophthalmus*
					双瞳斑鲆	*Pseudorhombus dupliocellatus*
					圆鳞斑鲆	*Pseudorhombus levisquamis*
					大牙斑鲆	*Pseudorhombus arsius*
					少牙斑鲆	*Pseudorhombus oligodon*
					高体斑鲆	*Pseudorhombus elevatus*
					三眼斑鲆	*Pseudorhombus triocellatus*
			瓦鲽科	瓦鲽属	双斑瓦鲽	*Poecilopsetta plinthus*
					长体瓦鲽	*Poecilopsetta praelonga*
			鳎科	鳎属	卵鳎	*Solea ovata*
				条鳎属	峨眉条鳎	*Zebrias quagga*
				栉鳞鳎属	褐斑栉鳞鳎	*Aseraggodes kobensis*
				角鳎属	角鳎	*Aesopia cornuta*
				豹鳎属	眼斑豹鳎	*Pardachirus pavoninus*

门	纲	目	科	属	种	拉丁名
			舌鳎科	舌鳎属	中华舌鳎	*Cynoglossus sinicus*
					半滑舌鳎	*Cynoglossus semilaevis*
					大鳞舌鳎	*Cynoglossus macrolepidotus*
					斑头舌鳎	*Cynoglossus puncticeps*
					黑鳍舌鳎	*Cynoglossus nigropinnatus*
			鲆科	土佐鲆属	八斑土佐鲆	*Tosarhombus octoculatus*
				左鲆属	小头左鲆	*Laeops parviceps*
				拟棘鲆属	大鳞拟棘鲆	*Citharoides macrolepidotus*
				拟鲆属	短腹拟鲆	*Parabothus coarctatus*
				短额鲆属	多鳞短额鲆	*Engyprosopon multisquama*
					大鳞短额鲆	*Engyprosopon grandisquama*
					长腿短额鲆	*Engyprosopon longipelvis*
					长鳍短额鲆	*Engyprosopon filipennis*
				缨鲆属	多牙缨鲆	*Crossorhombus kanekonis*
					长臂缨鲆	*Crossorhombus kobensis*
					青缨鲆	*Crossorhombus azureus*
				羊舌鲆属	多斑羊舌鲆	*Arnoglossus polyspilus*
					纤羊舌鲆	*Arnoglossus tenuis*
				鲆属	繁星鲆	*Bothus myriaster*
				鲽鲆属	土佐鲽鲆	*Psettina tosana*
					丝指鲽鲆	*Psettina filimanus*
			鲽科	拟庸鲽属	大牙拟庸鲽	*Hippoglossoides dubius*
				木叶鲽属	角木叶鲽	*Pleuronichthys cornutus*
				高眼鲽属	高眼鲽	*Cleisthenes herzensteini*
		鳕形目	深海鳕科	小褐鳕属	灰小褐鳕	*Physiculus nigrescens*
			犀鳕科	犀鳕属	麦氏犀鳕	*Bregmaceros macclellandi*
			长尾鳕科	腔吻鳕属	多棘腔吻鳕	*Coelorhynchus multispinulosus*
			鼬鳚科	仙鼬鳚属	仙鼬鳚	*Sirembo imberbis*
				新鼬鳚属	黑斑新鼬鳚	*Neobythites nigromaculatus*
				棘鼬鳚属	棘鼬鳚	*Hoplobrotula armata*

门	纲	目	科	属	种	拉丁名
				须鼬鳚属	多须须鼬鳚	*Brotula multibarbata*
				鼬鳚属	席鳞鼬鳚	*Ophidion asiro*
		鳗鲡目	前肛鳗科	前肛鳗属	前肛鳗	*Dysomma anguillaris*
					高氏前肛鳗	*Dysomma goslinei*
			康吉鳗科	吻鳗属	黑尾吻鳗	*Rhynchoconger ectenurus*
				奇鳗属	大奇鳗	*Alloconger major*
				尾鳗属	尖尾鳗	*Uroconger lepturus*
				突吻鳗属	银色突吻鳗	*Rhynchocymba nystromi*
				齐头鳗属	齐头鳗	*Anago anago*
			海鳗科	海鳗属	海鳗	*Muraenesox cinereus*
					鹤海鳗	*Muraenesox talabonoides*
				细颌鳗属	细颌鳗	*Oxyconger leptognatus*
			海鳝科	弯牙海鳝属	长海鳝	*Strophidon ui*
				裸胸鳝属	匀斑裸胸鳝	*Gymnothorax reevesi*
					密花裸胸鳝	*Gymnothorax thyrsoideus*
					网纹裸胸鳝	*Gymnothorax reticularis*
					蠕纹裸胸鳝	*Gymnothorax kidako*
			蛇鳗科	列齿鳗属	光唇鳗	*Xyrias revulsus*
				蛇鳗属	尖吻蛇鳗	*Ophichthus apicalis*
					斑纹小齿蛇鳗	*Ophichthus erabo*
					短尾蛇鳗	*Ophichthus brevicudatus*
					艾氏蛇鳗	*Ophichthus evermanni*
					裙鳍蛇鳗	*Ophichthus urolophus*
				豆齿鳗属	食蟹豆齿鳗	*Pisodonophis cancrivorus*
			鸭嘴鳗科	草鳗属	台湾草鳗	*Chlopsis taiwanensis*
		鼠鳝目	鼠鳝科	鼠鳝属	鼠鳝	*Gonorynchus abbreviatus*
	软骨鱼纲	扁鲨目	扁鲨科	扁鲨属	日本扁鲨	*Squatina japonica*
		真鲨目	猫鲨科	斑鲨属	斑鲨	*Atelomycterus marmoratus*
				梅花鲨属	梅花鲨	*Halaelurus buergeri*
				绒毛鲨属	阴影绒毛鲨	*Cephaloscyllium umbratile*
			双髻鲨科	双髻鲨属	路氏双髻鲨	*Sphyrna lewini*
			皱唇鲨科	光唇鲨属	光唇鲨	*Eridacnis radcliffei*
			真鲨科	斜齿鲨属	尖头斜齿鲨	*Scoliodon sorrakowah*
		角鲨目	角鲨科	角鲨属	短吻角鲨	*Squalus brevirostris*

门	纲	目	科	属	种	拉丁名
				荆鲨属	长吻角鲨	*Squalus mitsukurii*
					短吻荆鲨	*Centroscymnus cryptacanthus*
		锯鲨目	锯鲨科	锯鲨属	日本锯鲨	*Pristiophorus japonicus*
		须鲨目	须鲨科	斑竹鲨属	条纹斑竹鲨	*Chiloscyllium plagiosum*
		鲭鲨目	长尾鲨科	长尾鲨属	浅海长尾鲨	*Alopias pelagicus*
		银鲛目	银鲛科	银鲛属	黑线银鲛	*Chimaera phantasma*
		电鳐目	单鳍电鳐科	单鳍电鳐属	日本单鳍电鳐	*Narke japonica*
			电鳐科	双鳍电鳐属	丁氏双鳍电鳐	*Narcine timlei*
					黑斑双鳍电鳐	*Narcine maculata*
		鳐形目	鳐科	短鳐属	短鳐	*Breviraja tobitukai*
				鳐属	美鳐	*Raja pulchra*
					何氏鳐	*Raja hollandi*
					尖吻鳐	*Raja oxyrinchus*
					尖棘鳐	*Raja acutispina*
					斑鳐	*Raja kanojei*
		鲼形目	团扇鳐科	团扇鳐属	中国团扇鳐	*Platyrhina sinensis*
			扁魟科	扁魟属	褐黄扁魟	*Urolophus aurantiacus*
			燕魟科	燕魟属	日本燕魟	*Gymnura japonica*
			魟科	魟属	古氏魟	*Dasyatis kuhli*
					尖吻魟	*Dasyatis zugei*
					紫魟	*Dasyatis violacea*
					赤魟	*Dasyatis akajei*
					黄魟	*Dasyatis bennetti*
					齐氏魟	*Dasyatis gerrardi*
			鲼科	鲼属	鸢鲼	*Myliobatis tobijei*
节肢动物门	软甲纲	十足目	关公蟹科	关公蟹属	伪装关公蟹	*Dorippe facchino*
					日本关公蟹	*Dorippe japonica*
					疣面关公蟹	*Dorippe frascone*
					颗粒关公蟹	*Dorippe granulata*
			扇蟹科	斗蟹属	红斑斗蟹	*Liagore rubromaculata*
				静蟹属	双刺静蟹	*Galene bispinosa*
				鳞斑蟹属	鳞斑蟹	*Demania scaberrima*
			方蟹科	绒螯蟹属	狭颚绒螯蟹	*Eriocheir leptognathus*
			梭子蟹科	梭子蟹属	三疣梭子蟹	*Portunus trituberculatus*
					威迪梭子蟹	*Portunus tweediei*
					拥剑梭子蟹	*Portunus haanii*
					矛形梭子蟹	*Portunus hastatoides*
					红星梭子蟹	*Portunus sanguinolentus*

门	纲	目	科	属	种	拉丁名
					纤手梭子蟹	*Portunus gracilimanus*
					远海梭子蟹	*Portunus pelagicus*
					银光梭子蟹	*Portunus argentatus*
				狼牙蟹属	菲岛狼牙蟹	*Lupocyclus philippinensis*
				蟳属	变态蟳	*Charybdis variegata*
					日本蟳	*Charybdis japonica*
					武士蟳	*Charybdis miles*
					直额蟳	*Charybdis truncata*
					钝齿蟳	*Charybdis hellerii*
					锈斑蟳	*Charybdis feriatus*
					锐齿蟳	*Charybdis acuta*
					香港蟳	*Charybdis hongkongensis*
					光掌蟳	*Charybdis riversandersoni*
					双斑蟳	*Charybdis bimaculata*
				长眼蟹属	看守长眼蟹	*Podophthalmus vigil*
				青蟹属	锯缘青蟹	*Scylla serrata*
				圆趾蟹属	虹色圆趾蟹	*Ovalipes iridescens*
			沙蟹科	大眼蟹属	日本大眼蟹	*Macrophthalmus japoicus*
					短齿大眼蟹	*Macrophthalmus brevis*
					绒毛大眼蟹	*Macrophthalmus tomentosus*
			玉蟹科	栗壳蟹属	七刺栗壳蟹	*Arcania heptacantha*
				玉蟹属	带纹玉蟹	*Leucosia vittata*
					红斑玉蟹	*Leucosia haematosticta*
				转轮蟹属	双角转轮蟹	*Ixoides cornutus*
			绵蟹科	板蟹属	颗粒板蟹	*Petalomera granulati*
				绵蟹属	绵蟹	*Dromia dehaani*
			菱蟹科	菱蟹属	强壮菱蟹	*Parthenopw validus*
			蛙蟹科	蛙形蟹属	蛙形蟹	*Ranina ranina*
				琵琶蟹属	窄琵琶蟹	*Lyreidus stenops*
			蜘蛛蟹科	互敬蟹属	双角互敬蟹	*Hyastenus diacanthus*
				扁蛛蟹属	阿氏扁蛛蟹	*Platymaia alcocki*
				绒球蟹属	日本绒球蟹	*Doclea japonica*
					沟痕绒球蟹	*Doclea canalifera*
					羊毛绒球蟹	*Doclea ovis*
			长脚蟹科	强蟹属	阿氏强蟹	*Eucrate alcocki*

门	纲	目	科	属	种	拉丁名
				隆背蟹属	隆线强蟹	*Eucrate crenata*
					紫隆背蟹	*Carcinoplax pururea*
			馒头蟹科	馒头蟹属	卷折馒头蟹	*Calappa lophos*
					逍遥馒头蟹	*Calappa philargius*
					地区馒头蟹	*Calappa terrae-rcginae*
				黎明蟹属	红线黎明蟹	*Matuta planipes*
				圆蟹属	颗粒圆蟹	*Cycloes granulosa*
			对虾科	仿对虾属	亨氏仿对虾	*Parapenaeopsis hungerfordi*
					哈氏仿对虾	*Parapenaeopsis hardwickii*
					细巧仿对虾	*Parapenaeopsis tenella*
				对虾属	中国对虾	*Penaeus chinensis*
					墨吉对虾	*Penaeus merguiensis*
					斑节对虾	*Penaeus monodon*
					日本对虾	*Penaeus japonicus*
					短沟对虾	*Penaeus semisulcatus*
					长毛对虾	*Penaeus penicillatus*
				拟对虾属	假长缝拟对虾	*Parapenaeus fissuroides*
				新对虾属	刀额新对虾	*Metapenaeus ensis*
					周氏新对虾	*Metapenaeus joyneri*
					沙栖新对虾	*Metapenaeus moyebi*
					近缘新对虾	*Metapenaeus affinis*
				赤虾属	宽突赤虾	*Metapenaeopsis palmensis*
					须赤虾	*Metapenaeopsis barbata*
				鹰爪虾属	鹰爪虾	*Trachypenaeus curvirostris*
					澎湖鹰爪虾	*Trachypenaeus pescadoreensis*
			异指虾科	拟异指虾属	东方拟异指虾	*Nikoides sibogae*
			海螯虾科	后海螯虾属	红斑后海螯虾	*Metanephrops thompsoni*
			管鞭虾科	管鞭虾属	中华管鞭虾	*Solenocera crassicornis*
					高脊管鞭虾	*Solenocera alticarinata*
			蝉虾科	扁虾属	东方扁虾	*Thenus orientalis*
				扇虾属	九齿扇虾	*Ibacus novemdentatus*
					毛缘扇虾	*Ibacus ciliatus*
				蝉虾属	双斑蝉虾	*Scyllarus bertholdi*
			褐虾科	疣褐虾属	泥污疣褐虾	*Pontocaris pennata*

门	纲	目	科	属	种	拉丁名
			长臂虾科	沼虾属	日本沼虾	*Macrobrachium nipponense*
			长额虾科	异腕虾属	东方异腕虾	*Heterocarpus sibogae*
			鼓虾科	鼓虾属	窄足鼓虾	*Alpheus malabaricus*
					贪食鼓虾	*Alpheus avarus*
					鲜明鼓虾	*Alpheus distinguendus*
					日本鼓虾	*Alpheus japonicus*
			龙虾科	脊龙虾属	脊龙虾	*Linuparus trigonus*
				龙虾属	锦绣龙虾	*Panulirus ornatus*
		口足目	猛虾蛄科	猛虾蛄属	棘突猛虾蛄	*Harpiosquilla raphidea*
					猛虾蛄	*Harpiosquilla harpax*
			琴虾蛄科	琴虾蛄属	沟额琴虾蛄	*Lysiosquilla sulcirostris*
					斑琴虾蛄	*Lysisquilla maculata*
			虾蛄科	口虾蛄属	伍氏口虾蛄	*Oratosquilla woodnasoni*
					口虾蛄	*Oratosquilla oratoria*
					装饰口虾蛄	*Oratosquilla ornata*
					长叉口虾蛄	*Oratosquilla nepa*
					黑斑口虾蛄	*Oratosquilla kempi*
				糙虾蛄属	尖刺糙虾蛄	*Kempina mikado*
				绿虾蛄属	绿虾蛄	*Clorida clorida*
					饰尾绿虾蛄	*Clorida decorata*